DEUTSCHE AKADEMIE DER WISSENSCHAFTEN ZU BERLIN

FORSCHUNGSSTELLE FÜR LIMNOLOGIE

LIMNOLOGICA

HERAUSGEGEBEN VON THEODOR SCHRÄDER

UNTER MITWIRKUNG VON ALFRED RIETH

BAND 2 · HEFT 4

AKADEMIE-VERLAG · BERLIN

1964

INHALTSVERZEICHNIS

Band 2 · Heft 4
(Schlußheft des Bandes)
(Ausgegeben im Oktober 1964)

Band 3, Heft 1 wird folgende Arbeiten enthalten:

Die LIMNOLOGICA erscheinen als Schriftenreihe der Forschungsstelle für Limnologie der Forschungsgemeinschaft der naturwissenschaftlichen, technischen und medizinischen Institute der Deutschen Akademie der Wissenschaften zu Berlin.
Die LIMNOLOGICA erscheinen in zwangloser Folge in Heften wechselnden Umfangs. Ab Band 2 (1964) werden die im Verlaufe eines Jahres erscheinenden Hefte einen Jahresband von etwa 30 Druckbogen (480 Seiten) bilden.
Die LIMNOLOGICA veröffentlichen Originalarbeiten aus allen Gebieten der wissenschaftlichen Erforschung der Binnengewässer aller Art und der benachbarten Lebensräume, mit Vorrang die Forschungsergebnisse der Mitarbeiter der Forschungsstelle für Limnologie und der in den Einrichtungen der Forschungsstelle als Gäste arbeitenden Wissenschaftler. Neben diesen Originalarbeiten werden die Tätigkeitsberichte der Forschungsstelle, Übersichten der Fachliteratur osteuropäischer Staaten, Tagungsberichte und Buchbesprechungen regelmäßig erscheinen.

Anschrift des Herausgebers:
Dozent Dr. habil. THEODOR SCHRÄDER, Direktor der Forschungsstelle für Limnologie der Deutschen Akademie der Wissenschaften zu Berlin, Jena-Lobeda, Alte Landstraße 3
Erschienen im Akademie-Verlag GmbH, Berlin W 8, Leipziger Straße 3–4

Lizenznummer: 202 · 100/568/64
Gesamtherstellung: VEB Druckerei „Thomas Müntzer" Bad Langensalza
Bestellnummer: 2111/2/4 · ES 18 E 4/18 G 1, 2, 3 · Preis: MDN 27,20

Limnologica (Berlin)	2	4	1964	397–405

Aus der Forschungsstelle für Limnologie
der Deutschen Akademie der Wissenschaften zu Berlin, Jena-Lobeda

Direktor: Dozent Dr. habil. TH. SCHRÄDER

THEODOR SCHRÄDER

Tätigkeitsbericht 1963 der Forschungsstelle für Limnologie

1. Allgemeines

Am Ende des fünften Jahres ihres Bestehens verfügte die Forschungsstelle für Limnologie der Deutschen Akademie der Wissenschaften zu Berlin, Forschungsgemeinschaft der naturwissenschaftlichen, technischen und medizinischen Institute, über folgenden Stab wissenschaftlicher und wissenschaftlich-technischer Mitarbeiter:

Direktor:
Dozent Dr. phil. Dr. rer. nat. habil. THEODOR SCHRÄDER (Jena-Lobeda).

Stellvertreter des Direktors:
Professor Dr. rer. nat. ALFRED RIETH (Gatersleben Kr. Aschersleben).

Sekretariat (Jena-Lobeda):
CHRISTA PEHLERT, Sekretärin.

Außenstelle Stechlinsee (Neuglobsow Kr. Gransee):
Örtlicher Leiter: Dr. rer. nat. GEORG MOTHES, wiss. Arbeitsleiter.

Arbeitsgruppe Physiographie (Jena-Lobeda):
LUDWIG KREY, wiss. Assistent,
Dipl.-Min. GOTTFRIED PROFT, wiss. Assistent.

Arbeitsgruppe Bakteriologie (Greifswald):
HANS-DIETRICH BABENZIEN, wiss. Assistent,
RENATE SCHULZ, biol.-techn. Assistentin.

Arbeitsgruppe Botanik:
Leiter: Prof. Dr. rer. nat. ALFRED RIETH.
Arbeitsbereich Algologie (Gatersleben):
Dr. rer. nat. JOST S. CASPER, wiss. Oberassistent,
Dipl.-Biol. GISELA BUSSE, wiss. Assistentin.
Arbeitsbereich Vegetationskunde (Potsdam):
Dr. rer. nat. HEINZ-DIETER KRAUSCH, wiss. Arbeitsleiter.

Arbeitsgruppe Zoologie (Jena-Lobeda):
Leiter: Doz. Dr. habil. THEODOR SCHRÄDER.
Dr. rer. nat. GEORG MOTHES, wiss. Arbeitsleiter,
Dr. rer. nat. DIETRICH FLÖSSNER, wiss. Oberassistent,
Dr. rer. nat. WILFRIED SCHÖNBORN, wiss. Oberassistent,
Dipl.-Biol. DIETHELM RONNEBERGER, wiss. Assistent,
INGRID FLÖSSNER, biol.-techn. Assistentin,
HELGA KLITZ, biol.-techn. Assistentin,
WOLFRAM SCHEFFLER, biol.-techn. Assistent.

Arbeitsgruppe Dokumentation (Jena-Lobeda):
FRIEDER HARTUNG, wiss. Mitarbeiter,
RENATE DOLZ, Bibliothekarin.

Das zusätzliche Betriebspersonal gehört organisatorisch zur „Zentralen Verwaltung und Versorgung naturwissenschaftlicher Institute (ZVV) Jena“ der Akademie.

Ende des Berichtsjahres begannen an der Außenstelle Stechlinsee Umbauten im ehemaligen Fischerwohnhaus, die bis zum Beginn der verstärkten Belegung der Gebäude im Frühjahr 1964 beendet sein sollen. Die Arbeiten betreffen die Einrichtung von Zucht- und Kulturenräumen im Keller und den Ausbau von drei im Dachgeschoß dieses Hauses gelegenen Unterkünften, die bisher nicht heizbar und daher nur im Sommerhalbjahr benutzbar waren.

Die Ausrüstung der Forschungsstelle mit Geräten wurde 1963 weiter ergänzt; insbesondere wurden beschafft: ein PULFRICH-Photometer mit photoelektrischem Zusatz, zwei weitere Stereomikroskope, eine Photokamera „Praktisix" 6×6 cm, ein großer Kühlschrank, zwei Wasserdestillations-Anlagen sowie eine Reihe weiterer optischer, elektrischer und mechanischer Geräte. Das algologische Laboratorium an der Außenstelle Stechlinsee wurde völlig neu mit zweckmäßigen Wandschränken ausgestattet.

2. Forschungstätigkeit

Auch im Berichtsjahre erfolgte noch keinerlei Beeinflussung des Systems Stechlinsee—Nehmitzsee durch das im Bau befindliche Atomkraftwerk. Es bestand daher die willkommene Möglichkeit, die floristisch- und faunistisch-ökologische Bestandsaufnahme der Organismen und Lebensgemeinschaften im Stechlingebiet vor der zu erwartenden Änderung der thermischen Verhältnisse als Schwerpunktaufgabe weiterzubearbeiten. Im Interesse einer möglichst breiten und tiefen Erfassung des noch weitgehend unveränderten Zustandes dieser für die limnologische Grundlagenforschung ungewöhnlich interessanten und lohnenden Gewässer wurden andere Forschungsthemen, die teilweise schon im Vorjahre begonnen worden waren, im Berichtsjahre mit geringerer Intensität als geplant bearbeitet, da für diese Themen kein Terminzwang besteht.

Arbeitsgruppe Physiographie

Phosphorhaushalt der Gewässer (G. PROFT): Nachdem Ende 1962 ein neuer Mitarbeiter für die Durchführung limnochemischer Untersuchungen eingestellt werden konnte, wurde im Frühjahr des Berichtsjahres mit Bestimmungen des im Wasser des Stechlinsees und des Nehmitzsees gelösten Phosphors als des wichtigsten Minimumstoffes für die Urproduktion begonnen. Im oligotrophen Stechlinsee bleibt der P-Gehalt des Wassers unterhalb der Nachweisgrenze der üblichen Bestimmungsmethoden für freies PO_4 im Wasser. Es mußte daher in Modifikation des neuen Deutschen Einheitsverfahrens eine empfindlichere Nachweismethode erarbeitet werden. Der Phosphor-Molybdänblau-Komplex wurde mit Amylalkohol oder einem Benzol-Butanol-Gemisch extrahiert. Mit dieser Methode sind noch Konzentrationen bis 0,2 μg P/l abwärts nachweisbar; damit wurde die Größenordnung des PO_4-Gehalts des Stechlinseewassers erreicht. P-Analysen, bei denen die Wasserprobe in Polyäthylen-Flaschen aufbewahrt worden war, mußten verworfen werden, da dieses Material P absorbiert. Neben der Untersuchung von P-Profilen im freien Wasser des Stechlin- und Nehmitzsees wurde auch mit P-Bestimmungen in Wasserpflanzen und in den Sedimenten begonnen. In Proben mit höherem P-Gehalt wurde dieser als Phosphor–Molybdo–Vanado-Komplex in perchlorsaurer Lösung bestimmt; eine Ausarbeitung dieser Methode ergab Vorteile gegenüber der Molybdänblau-Methode. Erste Ergebnisse an einem Profil im Großen Stechlinsee deuten darauf hin, daß eine Beziehung zwischen der Seetiefe und dem P-Gehalt des Sediments besteht, indem mit zunehmender Tiefe der P-Gehalt ansteigt; weitere Profile müssen jedoch diesen Befund noch erhärten.

Elektrochemische Sauerstoffbestimmung (G. PROFT & L. KREY): In Anlehnung an das von OHLE beschriebene Gerät wurde in Zusammenarbeit mit Kollegen der Werkstatt der ZVV Jena ein Sauerstofflot gebaut. Bei seiner Verwendung zeigten sich im Berichtsjahre noch erhebliche Schwierigkeiten, hervorgerufen durch Ermüdungserscheinungen der Elektroden, störende Einflüsse des Elektrolytgehalts und der Temperatur des Wassers sowie durch schlechte Reproduzierbarkeit der in größeren Zeitabständen gewonnenen Meßergebnisse. An der Ausschaltung und Beseitigung der Fehlerquellen wird weiter gearbeitet.

Hydrogeographische Untersuchungen im Zechsteingebiet der Orla-Senke (L. KREY): Durch die Erfassung der wasserwirtschaftlich genutzten Gewässer, insbesondere der Quellen, wurden mehrere Versinkungsstellen von Bächen gefunden, die heute durch Überleitungen umgangen werden. Im Berichtsjahre mußten die hier beabsichtigten Versickerungsmessungen verschoben werden, weil der extrem trockene Sommer 1963 mit seinen geringen Abflußwerten für solche Messungen ungeeignet war.

Arbeitsgruppe Bakteriologie

Mikrobiologie der See-Sedimente (H.-D. BABENZIEN): Die Ergebnisse der Untersuchung der Bakterienflora im Pelagial des Stechlinsees, die im Vorjahre abgeschlossen worden war, wurden zur Veröffentlichung zusammengestellt [H.-D. BABENZIEN: Hydrobakteriologische Untersuchungen im Stechlinsee. Inzwischen erschienen in: Limnologica 2 (1), 9—34]. In Weiterführung dieser Arbeiten wurde mit der Untersuchung der Bakterienflora der Sedimente der Seen im Stechlinsee-Gebiet begonnen.

Mikrobiologie des Neustons (H.-D. BABENZIEN): Die Standortuntersuchungen, zunächst im Raume Greifswald, später auch im Gebiete des Stechlinsees, konnten abgeschlossen werden. In experimentellen Laborversuchen, die nahezu beendet werden konnten, wurden die Bedingungen untersucht, die die Entwicklung des bakteriellen Neustons beeinflussen. In diesem Zusammenhang konnte auch ein Beitrag zur Taxonomie der Bakterien geleistet werden, indem das Caulobakterium *Nevskia* sp. erstmalig genauer beschrieben und photographisch abgebildet werden konnte.

Im Berichtsjahr erschien die unter [63] aufgeführte Veröffentlichung.

Arbeitsgruppe Botanik

Der Arbeitsbereich Algologie mußte auch während des Berichtsjahres weiterhin gastweise im Institut für Kulturpflanzenforschung der Deutschen Akademie der Wissenschaften zu Berlin (Direktor: Akademiemitglied Prof. Dr. Dr. h. c. H. STUBBE) in Gatersleben untergebracht bleiben.

Experimentelle Ökologie, Taxonomie und Entwicklungsgeschichte von Algen, Pilzen und Moosen (A. RIETH): Im Rahmen dieser großen Thematik wurden die

Untersuchungen über das Verhalten der einzelligen Rotalge *Porphyridium cruentum* (AG.) NAEG. unter Extrembedingungen an Kulturen weitergeführt. Der Winter 1962/63 bot mit länger andauernden Perioden strengen Frostes bei sonnigem Wetter Gelegenheit, die Wirkung tiefer Temperatur in Verbindung mit starker Beleuchtung ohne großen apparativen Aufwand zu prüfen. Es fand sich ein bisher augenscheinlich kaum beachteter, aber ökologisch äußerst wichtiger Zusammenhang zwischen Frost und Lichtintensität in ihrer Wirkung auf die Alge derart, daß bei tiefen Temperaturen und Licht eine zum Tod der Zellen führende Farbstoffzerstörung erfolgt, während dieselben Kältegrade bei Beschattung oder im Dunkeln, also bei Vermeidung intensiver Lichteinwirkung, überlebt werden. Die Phycomyceten-Studien wurden mit der Beschreibung eines neuen, auf *Vaucheria* Gallbildung auslösenden Parasiten fortgeführt. In Zusammenarbeit mit der Arbeitsgruppe Zoologie (B. KOCH-ALTHAUS) konnte eine für Europa neue, ebenfalls gallbildende Rotatorienart in ihrer Entwicklung verfolgt werden. Die Vorarbeiten zu einer Monographie der Gattung *Vaucheria* erstreckten sich im Berichtsjahr auf die Untersuchung weiterer Arten auf ihre Variabilität an Hand von Kulturen. Dabei wurde eine für Europa neue Spezies im Harz gefunden. Während des Berichtsjahres erschienen die unter [64] bis [67] aufgeführten Veröffentlichungen.

Algologie des Stechlinsee-Gebiets (G. BUSSE): Die Beobachtungen der Phytoplankton-Jahreszyklen im System Stechlin-, Gerlin- und Nehmitzsee, das in den Kühlwasserkreislauf des im Bau befindlichen Kernkraftwerks einbezogen werden wird, sowie mehrerer benachbarter Seen des Gebietes wurden planmäßig fortgeführt und durch quantitative Tiefenserien ergänzt. Ein Vergleich der Ergebnisse des Berichtsjahres mit den Befunden der Jahre 1959 bis 1962 zeigte für das Plankton einerseits interessante Parallelen, andrerseits aber auch bemerkenswerte Unterschiede. Dies ist ein erneuter Hinweis für die Richtigkeit der Forderung, zur kritischen Charakterisierung eines Gewässers nur langfristige Untersuchungen heranzuziehen. Die Artenkartei der im Stechlinsee-Gebiet nachgewiesenen Algen wurde weiter vervollständigt.

Hyphomyceten (S. J. CASPER): Die qualitativen Untersuchungen der Hyphomyceten-Flora des Stechlinsee-Gebiets wurden intensiv weitergeführt. In diese Untersuchungen wurden Beobachtungen zur Allotrophie des Fallaubs der den See umgebenden Wälder einbezogen.

Lentibulariaceen (S. J. CASPER): Die systematisch-monographische Bearbeitung der Gattung *Pinguicula* steht unmittelbar vor ihrem Abschluß. Die Anzahl der für die Wissenschaft als neu beschriebenen Arten erhöhte sich im Berichtsjahr um eine auf vier. Im Berichtsjahr erschienen die unter [54] bis [57] aufgeführten Veröffentlichungen.

Arbeitsbereich Vegetationskunde (H.-D. KRAUSCH): Von der Monographie „Die Pflanzengesellschaften des Stechlinsee-Gebietes“, in der die Ergebnisse der pflanzensoziologisch-ökologischen Untersuchungen dargestellt werden, konnten im Berichtsjahr die Manuskripte der ersten beiden Teile fertiggestellt und zum Druck gegeben werden [I. Die Gesellschaften des offenen Wassers. Erschienen in: Limnologica 2 (2), 145—203; II. Röhrichte und Großseggengesellschaften. Erscheint in: Limnologica 2 (4), 423—482]. Der dritte Teil der Monographie, der die Grünland- und Moorgesellschaften behandelt, stand im Mittelpunkt der Arbeiten des Berichtsjahres. Eine unfreiwillige Beschränkung der Beweglichkeit des Bearbeiters, der wegen einer Heilbehandlung nach einem Unfall längere Zeit an seinen Wohnsitz Potsdam gebunden war, wurde zu Erhebungen über die Sumpf- und Wasservegetation der Havelgewässer im Raum Potsdam und des Springbruches ausgenutzt. Die bei dieser Gelegenheit gewonnenen vegetationskundlichen Aufnahmen dienen in erster Linie als Vergleichsmaterial zu den Aufnahmen im Stechlingebiet und als Unterlagen für die systematische Gliederung der Wasser- und Sumpfpflanzengesellschaften. In Zusammenarbeit mit Herrn Prof. Dr. MÜLLER-STOLL wurde mit der Materialsammlung für die fünfte Reihe der Verbreitungskarten brandenburgischer Leitpflanzen begonnen, der u. a. eine Exkursion an die Hänge des Odertals im Gebiet von Frankfurt diente. Im Berichtsjahr erschienen die unter [60] bis [62] aufgeführten Veröffentlichungen.

Arbeitsgruppe Zoologie

Auch im Berichtsjahr lag der Schwerpunkt der Forschungstätigkeit bei der Bearbeitung ausgewählter Tiergruppen in den Gewässern des Stechlinsee-Gebietes; daneben wurden die faunistisch-ökologischen Untersuchungen in terrestrischen Lebensräumen fortgeführt.

Testaceen (W. SCHÖNBORN): Im Mittelpunkt der Bearbeitung der aquatischen Formen stand die Erforschung der biologischen Rolle dieser Tiergruppe im Haushalt der Gewässer, insbesondere der Frage, ob die Testaceen an der Humifizierung beteiligt sind. Gleichzeitig wurde mit der systematischen Untersuchung der einheimischen Testaceen des Erdbodens begonnen. Dabei wurden bisher 4 Arten und 3 Varietäten als neu für die Wissenschaft und 2 Gattungen, 9 Arten und 4 Varietäten als neu für die deutsche Fauna festgestellt. Als weiteres Ergebnis dieser Forschungsarbeiten konnten morphologische Kriterien für die Autochthonie von Boden-Testaceen aufgestellt werden [W. SCHÖNBORN: Bodenbewohnende Testaceen aus Deutschland. I. Untersuchungen im Naturschutzgebiet Serrahn (Mecklenburg). Erschienen in: Limnologica 2 (1), 105—122]. Eine weitere Untersuchung beschäftigte sich mit dem Biotopwechsel der Testaceen von aquatischen zu terrestrischen Lebensräumen. Dabei ergab sich die Erkenntnis, daß die einzelnen Lebensformtypen der Testaceen der Seebiotope in die semiterrestrischen und terrestrischen Lebensräume eindringen, wenn dort analoge Raumstrukturen gegeben sind. In verschiedenen Fällen kommt es zu einer ökologischen Umwertung adaptiver und indifferenter Merkmale der Testaceen bei ihrem Biotopwechsel [W. SCHÖNBORN: Lebensformtypen und Lebensraumwechsel der Testaceen. Erschienen in: Limnologica 2 (3), 321—335]. Im Berichtsjahr erschien die unter [68] aufgeführte Veröffentlichung.

Rotatorien: Im Berichtsjahr erschien die umfangreiche Bearbeitung der Rotatorien des Stechlinsees aus der Feder der im Vorjahre ausgeschiedenen ehemaligen Bearbeiterin dieser Tiergruppe, Frau Dr. B. KOCH-ALTHAUS [59].

Entomostracen (D. FLÖSSNER): In den Seen des Stechlingebietes begann nach Abschluß der Bearbeitung der litoralen Cladoceren, die im Berichtsjahr zum Druck gegeben wurde [D. FLÖSSNER: Zur Cladocerenfauna des Stechlinsee-Gebietes II. Ökologische Untersuchungen über die litoralen Arten. Erschienen in: Limnologica 2 (1), 35—103], die soziologische und synökologische Untersuchung der Taxozönosen der Copepoden und Ostracoden im Litoral und Profundal der Seen. Die Copepodenfauna des Stechlinsees scheint mit 41 bisher festgestellten Arten bereits weitgehend erfaßt zu sein. Die gleichzeitig aufgenommenen Untersuchungen der Entomostracen der Hochmoorgewässer des Stechlingebietes erbrachten bereits wesentliche Ergebnisse, die aber noch durch Weiterführung der Bearbeitung ergänzt und gesichert werden müssen. Im Berichtsjahr erschien die unter [58] aufgeführte Veröffentlichung.

Tierwelt des Benthals (G. MOTHES): Ein Überblick über die quantitative Verteilung des Benthos im Stechlinsee wurde im Berichtsjahre abgeschlossen und zum Druck eingereicht [G. MOTHES: Die makroskopische Bodenfauna des Stechlinsees. Ein Überblick über ihre quantitative Verteilung. Erschienen in: Limnologica 2 (2), 205 bis 216]. Von den speziellen Bearbeitungen benthischer Tiergruppen wurde im Berichtsjahr die Untersuchung der Hydracarinen abgeschlossen. Der oligotrophe Stechlinsee beherbergt 52 Arten, die jedoch in geringer Individuendichte und vornehmlich in den Randbiotopen auftreten. Die hohe Artenzahl konnte nur durch intensives Suchen in den verschiedensten Biotopstrukturen mittels des autonomen Tauchens gewonnen werden. Hinsichtlich der Ökologie der Arten ergaben sich Abweichungen gegenüber den herrschenden Vorstellungen z. B. bei der Gattung *Hydrochoreutes* [G. MOTHES: Die Hydracarinen des Stechlinsees. Erschienen in: Limnologica 2 (2), 217—225]. Die Bearbeitung der Chironomiden wurde planmäßig fortgesetzt. Praktisch abgeschlossen wurde im Berichtsjahr die Untersuchung der qualitativen und quantitativen Verteilung der Mollusken des Stechlinsees. Auch von dieser Tiergruppe enthalten nur die eutropheren Randbiotope des oligotrophen Sees eine Reihe von Arten, die in anderen Seen zum normalen Bestand gehören. Eine Ausnahme bildet die Wandermuschel *Dreissena*, die überdurchschnittlich hohe Besiedlungsdichten aufweist, aber bisher im Stechlinsee anormal langsam wächst. Eine Änderung der thermischen Verhältnisse des Stechlinsees nach Zuführung der Abwärme des Atomkraftwerks läßt einen erheblichen Einfluß auf die Wandermuschel im Sinne einer Förderung erwarten.

Grundwassertierwelt und Psammal (D. RONNEBERGER): Im Stechlingebiet wurde mit der Bearbeitung des interstitiellen ufernahen Grundwassers (des Mesopsammons) begonnen; Hauptbesiedler dieses Biotops sind nach den bisherigen Feststellungen Nematoden und Oligochaeten. Das Grundwasser in größerer Entfernung vom See erwies sich bei den im Berichtsjahre entnommenen Proben überall als anaerober Raum und von höheren Organismen unbesiedelt. In Thüringen waren die Untersuchungen im Zechsteingebiet der Orla-Senke bisher noch wenig ergiebig; dagegen konnte in den Schotterablagerungen der Saaleaue in und um Jena bereits eine größere Anzahl echter Grundwassertiere festgestellt werden; neben altertümlichen Formen wie *Troglochaetus beranecki* und *Bathynella natans* vor allem Cyclopiden und Harpacticiden, die noch weiter bearbeitet werden müssen.

Terrestrische Ökologie (W. SCHÖNBORN): Im Berichtsjahr wurde mit der Untersuchung der Stratozönosen der Krautschicht der Wälder in den terrestrischen Randbiotopen des Stechlinsees begonnen. Dabei wurden Arbeitsmethoden entwickelt, die bei bisher etwa 400 Proben angewandt wurden und die Bindung der Tiere an bestimmte Horizonte erkennen lassen. Es wurden Zuchten angelegt, teils um die Larven bestimmen zu können, teils um spezielle Verhaltensweisen bestimmter Arten zu prüfen. Im Berichtsjahre erschienen die unter [69] und [70] aufgeführten Veröffentlichungen.

Arbeitsgruppe Dokumentation

Im Berichtsjahr erschienen die zusammen 292 Druckseiten umfassenden Hefte 4 und 5 der im Akademie-Verlag Berlin herausgegebenen Schriftenreihe „Limnologica" der Forschungsstelle, die den Band 1 (1962/63) abschlossen. Die Auflage der „Limnologica" wurde erhöht, nachdem die ersten drei Hefte bereits beim Verlag vergriffen sind. Die

Schriftenreihe, die in erster Linie der Veröffentlichung der Forschungsergebnisse der Mitarbeiter der Forschungsstelle dient, brachte bereits im Band 1 zwei Dokumentationen der tschechoslowakischen hydrobiologischen Literatur des Jahres 1960 (Band 1, Heft 2) und 1961 (Band 1, Heft 4). Die Fühlungnahmen mit Fachkollegen des befreundeten Auslandes im Sinne einer Ausweitung dieser Dokumentation waren erfolgreich. Während des Berichtsjahres liefen fünf Literaturberichte ein, die in den 4 Heften des Bandes 2 (1964) der „Limnologica" veröffentlicht werden: Z. SPURIS (Riga): Die lettländische limnologische Literatur 1949—1962 [Limnologica 2 (1), 123—137]; K. STANGENBERG-OPOROWSKA (Wrocław): Übersicht über die polnische limnologische Literatur 1953 bis 1962. 1. Teil [Limnologica 2 (2), 227—254]; V. SLÁDEČEK (Prag): Übersicht über die tschechoslowakische hydrobiologische Literatur des Jahres 1962 [Limnologica 2 (3), 355—368]; B. ENTZ (Tihany): Übersicht über die ungarische limnologische Literatur des Jahres 1962 [Limnologica 2 (3), 369—380]; N. I. SEMENOVIČ & N. JU. JAKOVLEVA (Leningrad): Übersicht über die sowjetische hydrobiologische Literatur des Jahres 1961 [Limnologica 2 (4), 501—538].

Im Berichtsjahr wurde der Austausch der Hefte der Schriftenreihe mit befreundeten Institutionen vor allem in den nord- und westeuropäischen Ländern weiter ausgebaut. Die Anzahl der für die Bibliothek der Forschungsstelle eingehenden Periodica stieg durch diesen Austausch bis zum Jahresende auf rund 200.

3. Lehrtätigkeit, Kolloquien, Vorträge, Gäste

Der Direktor der Forschungsstelle hielt im Berichtsjahr als Dozent an der Math.-Nat. Fakultät der Friedrich-Schiller-Universität Jena folgende Vorlesungen:

Rest des Herbstsemesters 1962/63:
Nord- und Ostsee als Lebensräume (2 Wochenstunden).
Frühjahrsemester 1963:
Biologie der Süßwassertiere (2 Wochenstunden).
Herbstsemester 1963/64:
Die Binnengewässer als Lebensräume I (2 Wochenstunden).

Auch im Berichtsjahr absolvierten Studenten der Biologie mehrerer Universitäten (Greifswald, Halle, Jena) ein Berufspraktikum oder einen Studienaufenthalt zum Sammeln von Tiermaterial an der Außenstelle Stechlinsee und in der Arbeitsgruppe Botanik in Gatersleben.

Infolge der noch andauernden räumlichen Trennung der Arbeitsgruppen der Forschungsstelle konnten auch im Berichtsjahr keine regelmäßigen Kolloquien durchgeführt werden. Folgende Vorträge wurden gehalten:

BABENZIEN, HANS-DIETRICH: Jahresgang und Schichtung der Bakterien im Stechlinsee. Kolloquium an der Außenstelle Stechlinsee (3. Mai 1963).
— Hydrobakteriologische Untersuchungen im Stechlinsee. Vortragstagung der Sektion Hydrobiologie der Biologischen Gesellschaft der DDR in Dresden (3. Oktober 1963).

FLÖSSNER, DIETRICH: Zur Ökologie der litoralen Cladoceren in Seen des Stechlingebietes. Kolloquium des Zoologischen Instituts der Martin-Luther-Universität Halle-Wittenberg (29. Mai 1963).

KRAUSCH, HEINZ-DIETER: Erläuterungen zu einer Vegetationskarte des Stechlinsees. Kolloquium an der Außenstelle Stechlinsee (3. Mai 1963).

— Forschungsarbeiten der Forschungsstelle für Limnologie im Naturschutzgebiet Stechlinsee Naturschutz- und Botanikertagung in Rheinsberg/Mark (11. Mai 1963).
— Die Wasserpflanzengesellschaften des Stechlinsee-Gebietes. Vortragstagung der Sektion Hydrobiologie der Biologischen Gesellschaft in der DDR in Dresden (3. Oktober 1963).
— Stand und Aufgaben der botanischen Erforschung der Niederlausitz. Floristischer Arbeitskreis der Niederlausitz in Guben (10. November 1963).
— Die Pflanzengesellschaften des Stechlinsee-Gebietes. Kolloquium des Botanischen Instituts der Pädagogischen Hochschule Potsdam (29. November 1963).

MOTHES, GEORG: Der Wert des autonomen Tauchens bei limnologischen Arbeiten. Kolloquium des Fachgebiets Biologie der Arbeitsgemeinschaft für Unterwasserforschung der Deutschen Akademie der Wissenschaften zu Berlin (29. November 1963).

RIETH, ALFRED: Einige Überlegungen zur derzeitigen Situation von Taxonomie und Ökologie in der Algenkunde. Sektion für Biologie der Deutschen Akademie der Wissenschaften zu Berlin (2. Mai 1963).

SCHÖNBORN, WILFRIED: Neue Erkenntnisse zur Ökologie der Testaceen. Kolloquium an der Außenstelle Stechlinsee (3. Mai 1963).
— Untersuchungen über bodenbewohnende Testaceen. Vortragstagung der Arbeitsgruppe Bodenzoologie der Sektion Zoologie der Biologischen Gesellschaft in der DDR in Dresden (2. Oktober 1963).
— Lebensformtypen und Lebensraumwechsel bei Testaceen. Vortragstagung der Sektion Hydrobiologie der Biologischen Gesellschaft in der DDR in Dresden (3. Oktober 1963).

SCHRÄDER, THEODOR: Forschungsarbeiten der Forschungsstelle für Limnologie. Tagung des Zentralen Arbeitskreises Wasserwirtschaft, Arbeitsgruppe Wassergüte, beim Forschungsrat der DDR in Magdeburg (10. Januar 1963).
— Entdeckungen im Stechlinsee. Deutscher Fernsehfunk, Studio Naturwissenschaften, Berlin-Adlershof (Originalsendung am 11. August, Wiederholung am 22. August 1963).
— Fische als Indikatoren der Wasserbeschaffenheit. Einführungskurs der Abteilung Trink-, Brauch- und Abwasserbiologie des Zoologischen Instituts der Karl-Marx-Universität Leipzig (10. September 1963).

Professor Dr. MARIAN STANGENBERG, Lehrstuhl für Limnologie und Fischzucht an der Landwirtschaftlichen Hochschule Wrocław: Limnologische Forschung in der Volksrepublik Polen. Kolloquium an der Außenstelle Stechlinsee (24. Juli 1963).

RUDOLF WIEDRICH, Forschungsinstitut für Hydrometeorologie, Berlin: Deutsche Spitzbergen-Expedition 1962. Außenstelle Stechlinsee (18. September 1963).

Auf Einladung der Deutschen Akademie der Wissenschaften zu Berlin besuchte der Nationalrepräsentant für die VR Polen in der Internationalen Vereinigung für Limnologie, Prof. Dr. MARIAN STANGENBERG, Wrocław, in den Tagen vom 22. bis 30. Juli 1963 die Einrichtungen der Forschungsstelle in Jena-Lobeda, Gatersleben und am Stechlinsee sowie limnologisch besonders interessante Objekte in der DDR. Zu einem kurzen Besuch, der Gelegenheit zu einer anregenden Diskussion mit den Mitarbeitern der Arbeitsgruppe Zoologie gab, begrüßte die Forschungsstelle am 28. November 1963 Herrn Prof. Dr. ADOLF REMANE, Kiel.

Zur Durchführung spezieller Forschungsarbeiten im Stechlingebiet besuchten auch im Berichtsjahre Mitarbeiter des Instituts für angewandte Isotopenforschung Berlin-Buch der Deutschen Akademie der Wissenschaften und des Geologischen Instituts der Bergakademie Freiberg die Außenstelle Stechlinsee zu wiederholten bzw. längeren Gastaufenthalten. Zur Mithilfe bei diesen Arbeiten und bei den eigenen Arbeiten der Forschungsstelle weilten auch Mitglieder des Arbeitskreises Unterwasserforschung der Deutschen Akademie der Wissenschaften zu Berlin häufiger und teilweise längere Zeit an der Außenstelle.

LIMNOLOGICA

BAND 2 · 1964

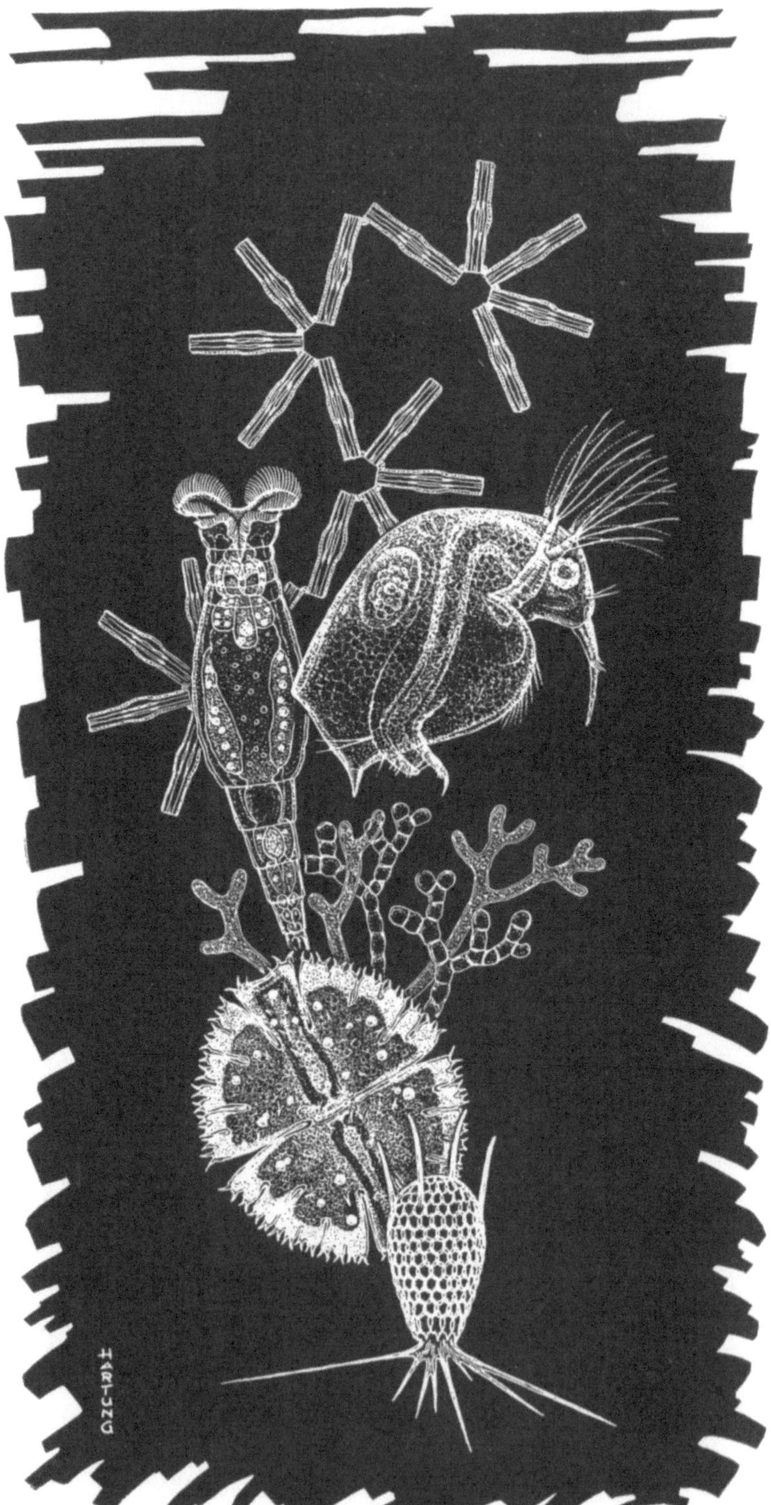
HARTUNG

DEUTSCHE AKADEMIE DER WISSENSCHAFTEN ZU BERLIN
FORSCHUNGSSTELLE FÜR LIMNOLOGIE

LIMNOLOGICA

HERAUSGEGEBEN VON THEODOR SCHRÄDER
UNTER MITWIRKUNG VON ALFRED RIETH

BAND 2

AKADEMIE-VERLAG · BERLIN
1964

Band 2

Mit 7 Tafeln, 107 Abbildungen, 63 Tabellen und 1 Beilage

Heft 1, Januar 1964, Seite 1–144
Heft 2, April 1964, Seite 145–264
Heft 3, August 1964, Seite 265–396
Heft 4, Oktober 1964, Seite 397–550

Die LIMNOLOGICA erscheinen als Schriftenreihe der Forschungsstelle für Limnologie der Forschungsgemeinschaft der naturwissenschaftlichen, technischen und medizinischen Institute der Deutschen Akademie der Wissenschaften zu Berlin.
Die LIMNOLOGICA erscheinen in zwangloser Folge in Heften wechselnden Umfangs. Ab Band 2 (1964) werden die im Verlaufe eines Jahres erscheinenden Hefte einen Jahresband von etwa 30 Druckbogen (480 Seiten) bilden.
Die LIMNOLOGICA veröffentlichen Originalarbeiten aus allen Gebieten der wissenschaftlichen Erforschung der Binnengewässer aller Art und der benachbarten Lebensräume, mit Vorrang die Forschungsergebnisse der Mitarbeiter der Forschungsstelle für Limnologie und der in den Einrichtungen der Forschungsstelle als Gäste arbeitenden Wissenschaftler. Neben diesen Originalarbeiten werden die Tätigkeitsberichte der Forschungsstelle, Übersichten der Fachliteratur osteuropäischer Staaten, Tagungsberichte und Buchbesprechungen regelmäßig erscheinen.

Anschrift des Herausgebers:
Dozent Dr. habil. THEODOR SCHRÄDER. Direktor der Forschungsstelle für Limnologie der Deutschen Akademie der Wissenschaften zu Berlin, Jena-Lobeda, Alte Landstraße 3

Erschienen im Akademie-Verlag GmbH, Berlin W 8, Leipziger Straße 3–4

Lizenznummer: 202 · 100/568/64
Gesamtherstellung: VEB Druckerei „Thomas Müntzer" Bad Langensalza
Bestellnummer: 2111/2/1–4 · ES 18 E 4/18 G 1, 2, 3

INHALTSVERZEICHNIS

Forschungsstelle für Limnologie

Originalarbeiten

Literaturübersichten

Tagungsberichte

Kurze Originalmitteilungen

Buchbesprechungen

Verzeichnis
der in Band 2 der LIMNOLOGICA neu beschriebenen Formen

Neue Gattungen, Arten, Unterarten und Varietäten

RHIZOPODA TESTACEA

ROTATORIA

Neue Kombination

RHIZOPODA TESTACEA

Neuer Name

ROTATORIA

4. Veröffentlichungen 1963

Im Berichtsjahr erschienen aus der Forschungsstelle für Limnologie die folgenden 18 Publikationen im Druck:

[54] CASPER, S. JOST: Gedanken zur Gliederung der Gattung *Pinguicula* L. Bot. Jahrb. **82** (3), 321–335.

[55] CASPER, S. JOST: „Systematisch maßgebende" Merkmale für die Einordnung der Lentibulariaceen in das System. Österr. Bot. Z. **110** (1), 108–131.

[56] CASPER, S. JOST: Neue *Pinguicula*-Arten aus Mexiko. Feddes Repert. **67** (1/3), 11–16.

[57] CASPER, S. JOST: Note sur *Pinguicula longifolia* RAM. ex DC. dans les Pyrenées orientales. Le Monde des Plantes (Toulouse) **58**, 2.

[58] FLÖSSNER, DIETRICH: *Scapholeberis microcephala* (LILLJEBORG MS) G. O. SARS 1890 und *Alona karelica* STENROOS 1897 (Crustacea, Cladocera) in Norddeutschland gefunden. Zool. Anz. **170** (5/6), 253–254.

[59] KOCH-ALTHAUS, BRIGITTE: Systematische und ökologische Studien an Rotatorien des Stechlinsees. Limnologica (Berlin) **1** (5), 375–456.

[60] KRAUSCH, HEINZ-DIETER: Zur Soziologie der *Juncus acutiflorus*-Quellwiesen Brandenburgs. Limnologica (Berlin) **1** (4), 323–338.

[61] KRAUSCH, HEINZ-DIETER: Die Salzstellen im Westen des Kreises Zossen. Heimatkal. Kr. Zossen **1963**, 129–136.

[62] MÜLLER-STOLL, W. R., W. FISCHER & H.-D. KRAUSCH: Verbreitungskarten brandenburgischer Leitpflanzen, 4. Reihe. Wiss. Z. Pädag. Hochsch. Potsdam, Math.-Nat. **7** (1962), 95–150.

[63] OVERBECK, JÜRGEN & HANS-DIETRICH BABENZIEN: Nachweis von freien Phosphatasen, Amylase und Saccharase im Wasser eines Teiches. Naturwiss. **50**, 571–572.

[64] RIETH, ALFRED: Die Algen der chinesisch-deutschen biologischen Sammelreise durch Nord- und Nordostchina 1956. I. Die Vaucheriaceen. 1. Teil. Limnologica (Berlin) **1** (4), 287–313.

[65] RIETH, ALFRED: Beiträge zur Kenntnis der Gattung *Vaucheria*. IX. *Vaucheria lii* RIETH in Europa. Arch. Protistenk. **106** (4), 583–590.

[66] RIETH, ALFRED: Beiträge zur Kenntnis der Gattung *Vaucheria*. X. *Vaucheria arrhyncha* HEIDINGER [= *V. uncinata* KÜTZ. = *Vaucheriopsis arrhyncha* (HEIDINGER) HEERING] im Harz. Limnologica (Berlin) **1** (5), 457–472.

[67] RIETH, ALFRED: *Helianthus tuberosus* L. als Pilznährsubstrat. Die Kulturpflanze **XI**, 376 bis 402.

[68] SCHÖNBORN, WILFRIED: Die Stratigraphie lebender Testaceen im Sphagnetum der Hochmoore. Limnologica (Berlin) **1** (4), 315–321.

[69] SCHÖNBORN, WILFRIED: Vergleichende zoozönotische Untersuchungen an Exkrementen, Kadavern, Hutpilzen und Vogelnestern. Biol. Zbl. **82** (2), 165–184.

[70] SCHÖNBORN, WILFRIED: Die Biochorien, ihre Abgrenzung und Einteilung. Mber. Dt. Akad. Wiss. **5** (4), 220–227.

[71] SCHRÄDER, THEODOR: Pracoviště pro základní limnologický výzkum v NDR (Eine Institution für limnologische Grundlagenforschung in der DDR). Vodní hospodářství **13** (7), 255–257.

Weitere 18 Arbeiten befanden sich am Ende des Berichtsjahres im Druck; ihre Titel sind zum großen Teil im Abschnitt über die Forschungstätigkeit des vorliegenden Berichtes angegeben.

Anschrift des Verfassers:
Dozent Dr. habil. THEODOR SCHRÄDER,
Direktor der Forschungsstelle für Limnologie der DAW.
Jena-Lobeda, Alte Landstraße 3

Limnologica (Berlin)	2	4	1964	407—409

Aus der Forschungsstelle für Limnologie
der Deutschen Akademie der Wissenschaften zu Berlin, Jena-Lobeda

Direktor: Dozent Dr. habil. TH. SCHRÄDER

GOTTFRIED PROFT

Bestimmung von Gesamtphosphor in Wasser und Abwasser als Molybdo-Vanado-Phosphorsäure[1]

(Eingegangen am 14. März 1964)

Zur Bestimmung des Phosphors als Molybdo-Vanado-Phosphorsäure sind für verschiedene Substanzen geeignete Modifizierungen der Methode beschrieben worden. Gegenüber der Molybdänblau-Methode ist der Molybdo-Vanado-Komplex beständiger, was zu einer besseren Analysengenauigkeit führt; die Empfindlichkeit des Nachweises ist dagegen um etwa eine Größenordnung geringer. Der Farbkomplex kann gebildet werden in schwefelsaurer Lösung (DIRSCHERL & ERNE 1960), salpetersaurer Lösung (SCHEFFER & PAJENKAMP 1952) und perchlorsaurer Lösung (QUINLAN & DE SESA 1955 und TALVITIE, PEREZ & ILLUSTRE 1962).

Zur Bestimmung des Gesamtphosphor-Gehaltes des Wassers erprobten wir die folgende Methode.

Aufschluß

Der Phosphorgehalt des Wassers setzt sich aus folgenden Komponenten zusammen:

Phosphor in echter Lösung,
Phosphor in kolloidaler Lösung,
Phosphor, organisch gebunden,
Phosphor, anorganisch gebunden.

Bei der Bestimmung des Gesamtphosphors müssen der gebundene Anteil gelöst und der kolloidale Anteil in echte Lösung überführt werden. Bei der Molybdänblau-Methode erfolgte der Aufschluß meist durch Abrauchen mit $H_2SO_4 + H_2O_2$ oder $H_2SO_4 + HClO_4$ (OHLE 1938). KABANOVA (1961) schließt Meerwasserproben nur mit H_2SO_4 im Autoklaven bei 2 atü auf. TALVITIE & Mitarbeiter (1962) beschreiben eine Aufschlußmethode für Luftstaubproben mit $HClO_4 + HNO_3$, die von uns für Wasseranalysen erprobt wurde:

Eine Wassermenge, die 5—300 μg Phosphor enthält (100 ml bei 50—300 μg p/l), wird in einem 100 ml-Enghals-ERLENMEYERkolben etwa zur Hälfte eingedampft. Das Eindampfen kann bei 120 °C im Trockenschrank erfolgen. Nach Zusatz von 5 ml $HClO_4$ und 5 ml HNO_3 wird auf einer Heizplatte unter dem Abzug weiter eingedampft, bis weiße Nebel von Perchlorsäure entweichen. Nach dem Abkühlen werden der Probe einige ml destilliertes Wasser zugesetzt, dabei der Kolbenhals gespült, und es wird nochmals erhitzt, bis sich wiederum weiße Perchlorsäure-Dämpfe bilden. Nach erneutem Abkühlen wird die Lösung verdünnt; falls nötig, wird die ausgeschiedene Kiesel-

[1]) Herrn Dozent Dr. habil. TH. SCHRÄDER zum 60. Geburtstag gewidmet.

säure abfiltriert und die Probe in ein 50 ml-Meßkölbchen überführt. Papierfilter müssen vor und nach dem Filtrieren gründlich gewaschen werden; Glasfilter G 4 sind besser geeignet.

Besonders stark verschmutzte Wässer, Abwässer oder Proben, die einen hohen Gehalt an anorganischen Schwebstoffen aufweisen, werden besser nach der von QUINLAN & DE SESA (1955) beschriebenen Methode aufgeschlossen. Die Proben werden in einer Platinschale eingedampft; die organische Substanz wird durch Glühen zerstört und der Rückstand mit HF + $HClO_4$ abgeraucht. Kalziumarme, tonreiche Proben werden besser mit HF + H_2SO_4 + HNO_3 aufgeschlossen. Der Eindampfrückstand wird in 5 ml $HClO_4$ aufgenommen und in ein 50 ml-Meßkölbchen gespült.

Bildung des Farbkomplexes

Der perchlorsauren Aufschlußlösung werden zugesetzt:

5 ml Vanadatlösung,
5 ml Molybdatlösung.

Nach dem Auffüllen mit H_2O auf 50 ml wird kräftig durchgeschüttelt. Der gelbbraune Farbkomplex wird mit dem Photometer bei einer Wellenlänge von 400 μm gemessen.

Reagentien

Vanadatlösung: 1,17 g Ammoniummetavanadat $(NH_4)VO_3$ in heißem Wasser lösen, 15 ml $HClO_4$ zusetzen und auf 500 ml auffüllen.

Molybdatlösung: 70,6 g Ammoniummolybdat $(NH_4)Mo_7O_{24} \cdot 4\,H_2O$ in 500 ml Wasser lösen.

Phosphor-Eichlösung: 0,4472 g Kaliumdihydrogenphosphat KH_2PO_4 in 1 l H_2O lösen = 100 μg P/ml.

Die Eichkurve ist leicht gekrümmt; nur bei geringer Schichtdicke und in kleinen Bereichen wird das LAMBERT-BEERsche Gesetz erfüllt.

Einfluß der Säurekonzentration

Der Molybdo-Vanado-Phosphor-Komplex bildet sich in saurer Lösung und die Farbtiefe nimmt mit zunehmender Säurekonzentration ab. Nach TALVITIE & Mitarbeitern (1962) ist die Komplexbildung bei 0,4 mol $HClO_4$ optimal und im Bereich von 0,8 bis 1,7 mol $HClO_4$ konstant. Es ist vorteilhafter, in diesem Bereich zu messen und die Probenlösung auf 1,16 mol $HClO_4$ einzustellen.

Störende Ionen

Reduzierende Substanzen und komplexbildende Ionen, z. B. Citrate, Tartrate und Oxalate stören; sie werden aber durch die beschriebene Aufschlußmethode zerstört.

Fluorit und Chlorid sollen nach KITSON & MELLON (1944) den Farbkomplex aufhellen; GEE & DIETZ (1953) und QUINLAN & DE SESA (1955) konnten keinen Einfluß feststellen. Bei einem Zusatz bis zu 1000 μg F als NaF konnten wir keine Störung beobachten. Beim Abrauchen der Probe mit Perchlorsäure oder Schwefelsäure entweichen Fluor und Chlor.

Chrom ist das einzige Element, das als Störfaktor zu beachten ist. Nach QUINLAN & DE SESA (1955) ergibt 1 μg Cr eine Färbung entsprechend 0,14 μg P_2O_5. Durch einen

Zusatz von NaCl zur Aufschlußlösung kann Chrom als Chromylchlorid abgetrennt werden.

Der Gehalt an störenden Elementen ist in natürlichen Gewässern gegenüber dem Phosphorgehalt so gering, daß eine Störung der Bestimmung nicht eintritt.

Literatur

DIRSCHERL, A. & F. ERNE, 1960: Anwendung der Kolbenverbrennung auf die Mikrobestimmung des Phosphors in organischen Substanzen. Mikrochim. Acta **5** (6), 779–788.

GEE, A. & V. R. DIETZ, 1953: Determination of Phosphate by Differential Spectrophotometry. Anal. Chem. **25** (9), 1320–1325.

KABANOVA, JU. G., 1961: Zur Bestimmung des organischen Phosphors im Meerwasser (Russisch). Tr. inst. Okeanol. **47**, 182–187.

KITSON, R. E. & M. G. MELLON, 1944: Colorimetric Determination of Phosphorus as Molybdovanadophosphoric Acid. Ind. Eng. Chem., Analyt. Ed. **16**, 379–383.

KUHN, W. & J. BOCHEM, 1959: Kolorimetrische Bestimmung der Phosphorsäure in Kessel- und Kesselspeisewässern. Mitt. Verein. Großkesselbes. **60** (6), 238–240.

OHLE, W., 1938: Zur Vervollkommnung der hydrochemischen Analyse III. Die Phosphorbestimmung. Z. angew. Chem. **51**, 906–911.

QUINLAN, K. P. & M. A. DE SESA, 1955: Spectrophotometric Determination of Phosphorus as Molybdovanadophosphoric Acid. Anal. Chem. **27** (10), 1626–1629.

SCHEFFER, F. & H. K. PAJENKAMP, 1952: Phosphatbestimmung in Pflanzenaschen nach der Molybdän–Vanadin-Methode. Z. Pflanzenernährung, Düngung, Bodenkd. **56**, 2–8.

TALVITIE, N. A., E. PEREZ & D. P. ILLUSTRE, 1962: Spectrophotometric Determination of Phosphorus as Molybdovanado-phosphoric Acid. Anal. Chem. **34** (7), 866–867.

Anschrift des Verfassers:
Dipl.-Min. GOTTFRIED PROFT,
Forschungsstelle für Limnologie der DAW,
Jena-Lobeda, Alte Landstraße 3

Limnologica (Berlin)	2	4	1964	411–421

Aus der Forschungsstelle für Limnologie
der Deutschen Akademie der Wissenschaften zu Berlin, Jena-Lobeda

Direktor: Dozent Dr. habil. TH. SCHRÄDER

GEORG MOTHES

Die Mollusken des Stechlinsees[1]

Mit 1 Abbildung und 1 Tabelle

(Eingegangen am 16. Januar 1964)

Inhaltsverzeichnis

1. Einleitung

Eine größere Arbeit über Mollusken aus dem norddeutschen Raum liegt von SCHERMER (1931, 1932) vor, der mehrere ostholsteinische Seen untersuchte, die von höherer Trophie waren als sie der Stechlinsee noch in seinem heutigen Zustande aufweist. Ferner berichtete JAECKEL (1950) über die Mollusken verschiedener Gewässer der ehemaligen Neumark und Grenzmark.

SCHERMER kam durch seine Vergleichsmöglichkeiten zu dem Schluß, daß die Mollusken des Süßwassers vor allem an kleinere Gewässer angepaßt sind und primär in ihnen lebten; erst in späterer Zeit besiedelten sie auch die größeren Seen. Es ist daher verständlich, daß die Molluskenfauna des oligotrophen Stechlinsees gering ist.

Die vorliegende Arbeit beruht auf quantitativen und qualitativen Proben aus den Jahren 1960 bis 1963. Sie schließt als ein weiterer spezieller Beitrag an den Überblick über die quantitative Verteilung der makroskopischen Bodenfauna des Stechlinsees (MOTHES 1964) an. Die Nachbestimmung des Materials sowie die Überprüfung der Nomenklatur übernahm Herr Dr. R. KILIAS (Zoologisches Museum, Berlin); ihm sei auch an dieser Stelle herzlich dafür gedankt.

2. Untersuchungsgebiet und Methodik

In dieser Arbeit werden zwei limnologisch verschiedene Lebensräume miteinander verglichen:

a) der eigentliche Stechlinsee mit einer maximalen Tiefe von rund 70 m und einem Areal von 4,24 km². Hier sind folgende Biotope zu unterscheiden: Das flache Sandufer bzw. das lockere Schilfgelege (0–1,20 m = Litoral I), das Charetum filiformis (1,20 bis

[1]) Herrn Dozent Dr. habil. TH. SCHRÄDER zum 60. Geburtstag gewidmet.

5 m = Litoral IIa), das Nitellopsidetum obtusae (5—8,5 m = Litoral IIb), das Nitello-Vaucherietum dichotomae (8,5—20 m = Litoral III) und das Profundal (20—35 m = Profundal I, 35—60 m = Profundal II; im Profundal III unterhalb 60 m Tiefe konnten keine Mollusken gefunden werden). Im Litoral ließ sich noch eine horizontale Gliederung in oligotrophere und eutrophere Seeabschnitte durchführen; in den eutropheren Teilen des Sees war eine Untergliederung in Litoral IIa und b nicht möglich (Zur Verteilung und Gliederung der submersen Pflanzengesellschaften des Stechlinsees vgl. KRAUSCH 1964).

b) Tümpelbiotope im hohen Litoral des Stechlinsees. Nur an wenigen Stellen des Sees gibt es dichte Schilfgelege; diese können in Form eines Schwingrasens in den See wachsen. Auf diesen Schwingrasen gibt es kleine Wasseransammlungen, die gesondert untersucht wurden. An anderen Stellen des Ufers schließen an das Schilfgelege Sumpfwiesen an, die kleine Wasseransammlungen einschließen. Diese Tümpel haben eine Tiefe bis zu 50 cm, in denen sogar *Nymphaea* wächst und blüht. Alle diese Tümpel stehen mit dem Stechlinsee in Verbindung.

Die Tümpelbiotope wurden nur stichprobenartig qualitativ untersucht, zusätzlich zu den eigentlichen Stechlinseebiotopen. Da die Zusammensetzung der Molluskenfauna im eigentlichen Stechlinsee und in den Tümpelbiotopen sehr unterschiedlich ist, werden bei der Besprechung der einzelnen Arten entsprechende Angaben über ihr Auftreten im „eigentlichen Stechlin“ bzw. in den „Tümpelbiotopen“ gemacht.

Der größte Teil des gesammelten Materials stammt aus den quantitativen Bodengreiferproben mit dem EKMAN-BIRGE-Greifer. Ergänzend mußten an manchen Stellen qualitative Proben herangezogen werden, die sich auf Einzelkollektionen und Dredgenfänge beschränken. Eine zusätzliche Kontrolle der erhaltenen Daten konnte durch Beobachtungen im Biotop mittels des autonomen Tauchens durchgeführt werden.

Alle Proben wurden frisch und unfixiert ausgelesen. Die hier angegebenen Werte beziehen sich auf lebende Individuen; nur in 2 Fällen mußten leere Schalen berücksichtigt werden, was aber besonders vermerkt ist.

3. Die gefundenen Arten und ihr Vorkommen

1. *Lymnaea stagnalis* (LINNAEUS)

Sie findet im eigentlichen Stechlinsee kaum Lebensmöglichkeit. In den Tümpelbiotopen dagegen ist sie sehr häufig, besonders im ganz flachen Wasser zwischen den verschiedenen Pflanzen (vgl. auch JONES 1961).

2. *Galba palustris* (O. F. MÜLLER)

Sie ist ebenso wie *Lymnaea* kein Charaktertier des Stechlinsees und bleibt ganz auf die Tümpelbiotope beschränkt, wo sie häufig lebt.

3. *Radix peregra ovata* DRAPARNAUD

Sie besiedelt das gesamte Litoral des Stechlinsees. In den Tümpelbiotopen ist sie vorhanden. Die Besiedelungsdichte erreicht im Litoral IIa des oligotropheren Teiles ein Maximum von 357 i/m².

4. *Physa fontinalis* (Linnaeus)

Sie ist für den Stechlinsee typisch. Sie meidet den flachen Spülsaum und bevorzugt vor allem den Tiefenbereich zwischen 3 und 8 m Wassertiefe, bleibt aber im Bereich des Epilimnions. Nur wenige Individuen dringen in die tieferen Wasserschichten vor. Für die Tümpelbiotope ist sie nicht charakteristisch. Die höchste Besiedelungsdichte wird in den eutropheren Teilen bei 5 m Tiefe mit 660 i/m² erreicht.

5. *Planorbarius corneus* (Linnaeus)

Die Art ist nicht typisch für den Stechlinsee und findet sich nur in Einzelexemplaren in den Tümpelbiotopen.

6. *Planorbis planorbis* (Linnaeus)

Die Art besitzt ein stetiges Vorkommen in den Tümpelbiotopen; im eigentlichen Stechlinsee wurde sie nicht gefunden.

7. *Anisus vortex* (Linnaeus)

Charaktertier der hier untersuchten Tümpel; im eigentlichen Stechlinsee nicht nachweisbar.

8. *Gyraulus acronicus* Férossac

Diese Art lebt vor allem im Flachwasser (Litoral I) des oligotropheren Teils, wo sich eine Maximalbesiedelung von 357 i/m² findet. In den eutropheren Teilen erreicht sie nicht das Litoral II; im oligotropheren Teil geht sie tiefer hinab. In den Tümpelbiotopen lebt sie selten.

9. *Gyraulus albus* (O. F. Müller)

Kommt im Stechlinsee im gesamten Litoral vor, bevorzugt aber den oberen Teil des Litorals II. In dieser Zone liegt die Maximalbesiedelung mit 820 i/m². Auf die Trophieunterschiede der Teile des eigentlichen Stechlinsees scheint sie nicht zu reagieren. In den Tümpelbiotopen trat sie nicht auf.

10. *Gyraulus riparius* (Westerlund)

Die Art lebt begrenzt im Litoral II des Stechlinsees und zwar fast ausschließlich in der oberen Zone bis in 5 m Tiefe. Hier hat sie auch ihre Maximalbesiedelung mit 408 i/m² in den eutropheren Teilen, wo sie häufiger als im oligotropheren auftritt. In den Tümpelbiotopen kommt sie teilweise häufig vor.

11. *Bathyomphalus contortus* (Linnaeus)

Einzelexemplare finden sich im Litoral I und im oberen Teil des Litorals II des eigentlichen Stechlinsees sowie in den Tümpelbiotopen.

12. *Armiger crista* (Linnaeus)

Die Art lebt im Litoral IIa des oligotropheren Teils; nur ein Exemplar wurde im Litoral I des oligotropheren Teils gefunden. In den anderen Biotopen fehlt sie. Im Litoral IIa erreicht sie eine Maximalbesiedelung von 357 i/m².

13. *Hippeutis complanatus* (LINNAEUS)

Die Art hat ihr Hauptvorkommen im Litoral II der eutropheren Teile mit einer maximalen Besiedelungsdichte von 357 i/m². Einzelexemplare findet man im Litoral I der eutropheren Teile und im Litoral IIb des oligotropheren Teils des eigentlichen Stechlinsees.

14. *Acroloxus lacustris* (LINNAEUS)

Die Art ist auf den oberen Teil des Litorals II, besonders der eutropheren Teile des eigentlichen Sees beschränkt; hier erreicht sie eine maximale Besiedelungsdichte von 765 i/m². Der Tiefenbereich ihres Vorkommens erstreckt sich im Stechlinsee von 1 bis 4 m. In den Tümpelbiotopen kommt sie in geringer Zahl auch im Flachwasser vor.

15. *Bithynia tentaculata* (LINNAEUS)

Ihr Hauptverbreitungsgebiet ist das Litoral II; man findet sie auch stetig im Litoral I, jedoch in geringerer Besiedelungsdichte. Im eutropheren Bereich scheint sie häufiger vorzukommen als im oligotropheren und erreicht im eutropheren Bereich ihre Maximalbesiedelung mit 2000 i/m². Sie lebt auch in den Tümpelbiotopen. *Bithynia tentaculata* ist die häufigste Schnecke des Stechlinsees. Sehr oft bleiben die Individuen klein und das Gehäuse variiert in der Form. Manchmal treten Formen auf, die man für *Bithynia leachi* halten könnte. Es sind aber alle Übergänge dieser Varianten zu *B. tentaculata* vorhanden, so daß mit ziemlicher Sicherheit nur die Art *B. tentaculata* vorliegt. Die typische Form von *B. leachi* wurde nie gefunden.

16. *Viviparus contectus* (MILLET)

Diese Schnecke verhält sich ganz ähnlich wie *Lymnaea stagnalis*. Im eigentlichen Stechlinsee konnte sie nicht nachgewiesen werden. Von den Tümpelbiotopen bevorzugt aber *Viviparus* die Schwingrasen von *Phragmites*, während *Lymnaea* mehr in den Sumpfwiesen zwischen den Gräsern lebt.

17. *Valvata cristata* O. F. MÜLLER

Sie besiedelt das ganze Litoral des Stechlinsees, hat aber ihr Hauptverbreitungsgebiet im Litoral II. Eine Bevorzugung der eutropheren oder des oligotropheren Teils ist nicht sicher festzustellen. Ihr Besiedelungsmaximum liegt mit 1220 i/m² im oligotropheren Teil. In den Tümpelbiotopen trat sie nicht auf.

18. *Valvata piscinalis piscinalis* (O. F. MÜLLER)

Sie lebt vereinzelt im Litoral II des Stechlinsees, scheint aber im eutropheren Bereich häufiger aufzutreten als im oligotropheren und fehlt in den Tümpelbiotopen. Die Maximalbesiedelung beträgt 100 i/m².

19. *Valvata pulchella* STUDER

Sie ist auf das Litoral II beschränkt und erreicht eine maximale Besiedelungsdichte von 400 i/m² im eutropheren Bereich.

20. *Theodoxus fluviatilis* (LINNAEUS)

Die Art ist ein typischer Bewohner der flachen, sandigen Brandungsufer. Manchmal findet man sie auch an Sandhängen in einigen Metern Tiefe. Die Besiedelungsdichte bleibt im Stechlinsee gering.

21. *Dreissena polymorpha* (PALLAS)

Die Wandermuschel ist das häufigste Tier der bisher quantitativ untersuchten Meso- und Makrofauna im gesamten Litoral des Stechlinsees (MOTHES 1964). Im Litoral II stellt *Dreissena* etwa die Hälfte der Gesamtbesiedelung und erreicht im Litoral IIa des oligotropheren Teiles eine Maximalbesiedelung von 158000 i/m². Die höchsten Besiedelungsdichten werden an Standorten erreicht, wo in einer Tiefe von 2 bis 5 m stärkere Strömungen häufig sind. Diese Stellen liegen besonders an vorspringenden Landzungen oder an Uferbiegungen zwischen zwei Buchten. Die Wasserströmung ist hier bei Windeinwirkung durch den „Eckeneffekt" immer recht lebhaft und dadurch werden relativ viele Larven an diese Orte verfrachtet. Im Wasser liegendes Holz ist völlig mit Wandermuscheln überzogen, so daß von der Unterlage nichts mehr zu sehen ist; auch *Myriophyllum* ist im Herbst völlig mit Jungmuscheln besetzt. Hierdurch kommen die maximalen Besiedelungszahlen zustande. An anderen Orten, die weniger von Wasserströmungen berührt werden, liegen die Verhältnisse ganz anders; dort überziehen die Muscheln das im Wasser liegende Holz nicht so stark und große Teile der Anheftungsflächen bleiben frei und sind teilweise mit Algen bewachsen.

An Holz, an perennierenden Pflanzen und an Steinen usw. fallen die älteren Muscheln auf. An den Schwimmblattpflanzen, die im Winter absterben, findet man vor allem im Herbst Jungtiere, ganz selten größere Muscheln. Rein quantitativ ergeben sich im Herbst die Maximalbesiedelungen in den Biotopen mit Schwimmblattpflanzen, hervorgerufen durch die Jungtiere. Im Winter sterben die Pflanzen ab. Damit gerät wahrscheinlich der größte Teil der Muscheln in das Sediment und geht hier zugrunde. Die Besiedelungszahlen verringern sich dann in diesen Biotopen oft auf ein Zehntel. In den benachbarten Characeen-Wiesen nimmt die Besiedelungsdichte nicht sichtbar zu; das Wandervermögen der Muschel scheint so gering zu sein, daß diese Katastrophen nicht vermieden werden können.

Durchschwimmt man als autonomer Taucher das Litoral zwischen 0 und 20 m Tiefe, dann stellt man fest, daß besonders große Muscheln auf dem flachen Sandufer an den Steinen leben, wo die Wasserbewegung groß ist. Im mittleren Litoral fallen die großen Exemplare nicht besonders auf; das Bild wird durch die Mittelgrößen beherrscht. Im unteren Teil des Litorals, unterhalb 12 m Wassertiefe, nimmt die Durchschnittsgröße der Muscheln anscheinend wieder zu, während die Besiedelungsdichte selbst abnimmt.

Wegen der zu erwartenden Trophieänderung des Stechlinsees nach der bevorstehenden Einleitung von Kühlwasser des im Bau befindlichen Atomkraftwerks wurde auch das Wachstum der Muschel untersucht. Alle mit dem Bodengreifer gefangenen Wandermuscheln wurden gemessen. Bei der Auswertung der Meßergebnisse wurden die sich auf die Biotope des Sandstrandes und des tiefen Litorals beziehenden Messungen weggelassen, weil nur vergleichbares Material herangezogen werden sollte; eine solche Auswahl wäre auch für eine spätere Feststellung von Veränderungen notwendig. Auf eine Angabe der Wachstumsverhältnisse in den hier weggelassenen Biotopen wird verzichtet, da das hier gesammelte Material zu gering blieb.

Die Messung der Tiere erfolgte unter dem „Citoplast" auf einer erleuchteten Glasplatte, die einen Maßstab mit Einteilung in 0,1 mm besaß. Die abgelesenen Werte wurden in größeren Gruppen von je 0,5 mm zusammengefaßt. Gemessen wurden insgesamt 11 523 Individuen.

Nach WESENBERG-LUND (1939) erreicht *Dreissena* im ersten Jahr, also im Geburtsjahr, eine Länge von 5 bis 10 mm. Die Muschel wächst im Sommer; im Winter stagniert das Wachstum. Ähnliche Werte gibt auch SCHERMER (1931). Diese Angaben treffen jedoch offenbar nur für mehr oder weniger eutrophe Seen zu, wo die Muscheln jederzeit reichlich Nahrung zur Verfügung haben und der Temperaturfaktor die ausschlaggebende Rolle für das Wachstum spielt. Im Stechlinsee liegen die Verhältnisse aber ganz anders, weil hier wahrscheinlich das geringe Nahrungsangebot von höherer Bedeutung ist als die Temperatur.

In der Abbildung 1 sind die Meßergebnisse für die 9235 Individuen aus der Litoralzone I der eutropheren Teile und der Litoralzone II des gesamten Sees eingetragen. Das Habi-

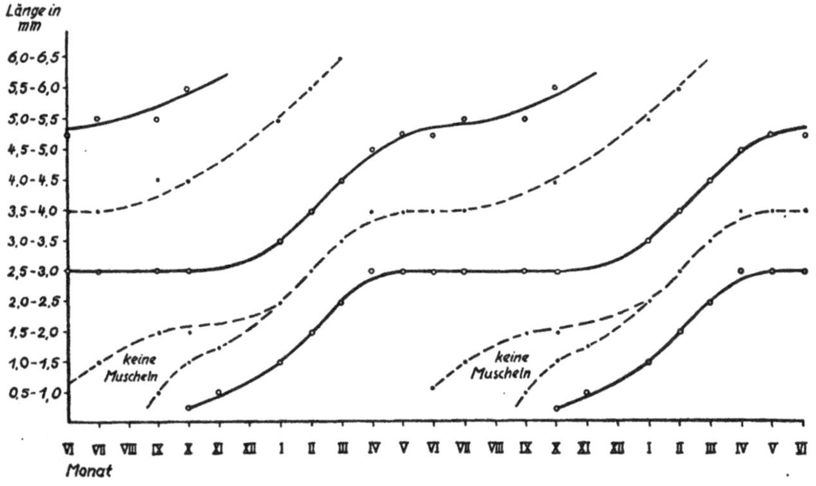

Abb. 1. Wachstumskurve von *Dreissena polymorpha* im Litoral I der eutropheren Teile und Litoral II des gesamten Stechlinsees.

———————— häufigste Größenklasse der einzelnen Jahrgänge
- - - - - - - - - - seltenste Größenklasse zwischen den Jahrgängen.

tat ist mehr oder weniger bewachsener Seeboden mit mindestens zum Teil schlammigem Untergrund in Wassertiefen zwischen 0 und 8,50 m. Die Individuen entstammen den Bodengreiferfängen der Jahre 1960 bis 1963. Aus den August-Monaten liegen keine Meßergebnisse vor; in den Dezember-Monaten blieb das Material für eine Angabe der Größen zu gering und für den November reicht die Individuenzahl nur für eine Charakterisierung des ersten Jahrgangs aus. Die mit einer starken ausgezogenen Linie verbundenen Kreise geben die häufigste Größenklasse des jeweiligen Jahrgangs an; die mit einer dünnen gestrichelten Linie verbundenen Punkte bezeichnen die zwischen den Maxima liegenden Minima, also die ungefähren Grenzen zwischen den einzelnen Jahrgängen.

Die ersten im Frühsommer geschlüpften Larven erreichen erst im September eine Größe, in der sie feste Schalen tragen und gemessen werden können. Die häufigste

Größenklasse erreicht im Oktober des Geburtsjahres eine Länge von knapp 0,5 mm; sie wächst im November auf 1 mm heran. Im Dezember, zu Ende des ersten Kalenderjahres, dürften die größten Individuen eine Länge von etwa 2 mm erreicht haben.

Den ganzen Winter hindurch wachsen die Tiere langsam, aber stetig weiter. Die größten Individuen erreichen im April eine Länge von 4 mm; die in gleicher Weise ansteigende häufigste Größenklasse erreicht einen Wert von 3 mm. Von diesem Zeitpunkt an sistiert im zweiten Sommer das Wachstum mindestens bis zum Juli; die häufigste Größenklasse bleibt sogar bis zum Oktober etwa auf diesem Stand.

Wie aus der Kurvendarstellung hervorgeht, erreichen die im Sommer und Spätsommer des Vorjahres geschlüpften kleinsten Larven erst im Juni des zweiten Jahres die meßbare Größe. Diese kleinsten Individuen des Jahrgangs wachsen im Gegensatz zu denen der häufigsten Größenklasse auch in den Sommermonaten des zweiten Jahres; denn die Werte für die kleinsten Individuen steigen von etwa 1 mm im Juni auf etwa 2 mm im September. Erst zum Jahresende überschneiden sich die Meßwerte der kleinsten Individuen des zweiten Jahres mit denen der größten Individuen des folgenden Jahrgangs (Vereinigung der anfangs getrennten gestrichelten Linien in Abbildung 1). Am Ende des zweiten Jahres erreichen die größten Individuen eine Länge von etwa 5 mm, während die häufigste Größenklasse bei 3 bis 3,5 mm liegt.

Einen ähnlichen Wachstumsverlauf wie im zweiten Jahr kann man auch im dritten Jahre beobachten. Die Muscheln wachsen während des Winters mit etwa derselben Geschwindigkeit wie im Vorjahr, während sich im Sommer das Wachstum wieder verlangsamt, wenn auch nicht so stark wie im zweiten Jahr. Im Herbst des dritten Jahres wird das Wachstum wieder beschleunigt; die häufigste Größenklasse besitzt im Oktober eine Länge von 6 mm. Die größten Individuen erreichen bereits im März des dritten Jahres 6,5 mm Länge. Die Muscheln von mehr als 6,5 mm Länge lassen sich mit der gewählten Methodik nicht mehr nach Jahrgängen trennen.

Möglicherweise zeigt das Wachstum der Wandermuschel nicht in allen Biotopen des Stechlinsees den geschilderten ungewöhnlichen Verlauf. Nach den wenigen Messungen der Wandermuscheln des flachen Sandstrandes ist zu vermuten, daß *Dreissena* hier den in der Literatur allgemein angegebenen Wachstumsrhythmus besitzt, nämlich im Winter nicht wächst, dagegen im Sommer wesentlich rascher an Größe zunimmt. Vermutlich erreichen diese Tiere im ersten Jahre eine Durchschnittslänge von 3,5 mm, im zweiten Jahr eine solche von 8 bis 9 mm. Ein solcher Wachstumsverlauf könnte durch die winterliche Eisbedeckung und durch das höhere sommerliche „physiologische Nahrungsangebot“ infolge der Wasserbewegung erklärt werden.

Abgesehen von den Individuen der flachen Brandungsufer ergeben sich für *Dreissena* in den ausgewerteten Litoralbezirken des Stechlinsees folgende Besonderheiten:

a) Das Wachstum verläuft anormal langsam infolge des geringen Nahrungsangebotes. Nach eigenen Messungen in den eutrophen Seen des Stechlinsee-Gebietes (unveröffentlicht) verläuft hier das Wachstum wesentlich schneller.

b) Während des Frühjahrs und Sommers sistiert das Wachstum der mittelgroßen Tiere (2,5 bis 3 mm; 2. Lebensjahr); das der Individuen des 3. Lebensjahres (etwa 5 mm Länge) wird deutlich verlangsamt. Daraus darf vielleicht geschlossen werden, daß *Dreissena* im Stechlinsee bereits im zweiten Sommer, ab etwa 2 mm Länge, fortpflanzungsfähig ist und daher das Wachstum sistiert, weil die vorhandene geringe Nahrung für die Reproduktion aufgebraucht wird.

c) Das Wachstum der *Dreissena* erfolgt vor allem im Winter. In den ersten Monaten des Jahres scheint es größer zu sein als in den letzten, da viele Pflanzen erst im Verlaufe des Winters absterben und erst dann den Muscheln als Detritus-Nahrung zur Verfügung stehen.

d) Die Besiedelungsdichte erreicht im Stechlinsee ungewöhnlich hohe Werte, vor allem im oligotropheren Teil.

22. *Unio pictorum* (LINNAEUS)

Einzelne leere Schalen finden sich im oberen Litoral IIa auf sandig-schlammigem, aber unbewachsenem Boden. Trotz intensivem Suchen war es nicht möglich, lebende Exemplare zu erbeuten. Es ist daher unsicher, ob diese Art noch im Stechlinsee lebt. In den eutrophen Nachbarseen dagegen findet man diese Tiere häufig; sie bleiben jedoch im flachen Wasser (1,5—2,5 m) auf Sanduntergrund klein. Sie sind häufig mit *Dreissena* besetzt. Einige Exemplare leben auch tiefer im Schlamm; ihre Existenz wird durch ein Loch im Sediment, durch das das Wasser zirkuliert, angezeigt. Diese Individuen sind im Verhältnis zu den im Wasser lebenden Tieren groß. Es bleibt zu vermuten, daß im viel nährstoffärmeren Wasser des Stechlinsees *Unio* infolge der Konkurrenz mit *Dreissena* zugrunde ging; denn die großen Muscheln im Schlamm der Nachbarseen zeigen keinen Besatz mit *Dreissena* (vgl. WESENBERG-LUND 1939; KILIAS, mündl. Mittlg.).

23. *Anodonta cygnea* (LINNAEUS)

Hier liegt derselbe Fall wie bei *Unio* vor; nur findet man im Stechlinsee *Anodonta*-Schalen in einer Größe, wie sie in den eutrophen Nachbarseen nicht erbeutet werden konnten. *Anodonta*-Schalen sind im Stechlinsee häufiger als solche von *Unio*. In den Nachbarseen dominiert dagegen *Unio* gegenüber *Anodonta*.

24. *Pisidium amnicum* (O. F. MÜLLER)

Ein Exemplar vom flachen, sandigen Ufer eines eutropheren Teils des Stechlinsees.

25. *Pisidium casertanum* (POLI)

Einzelexemplare leben auf dem Flachufer der eutropheren Teile und der Tümpelbiotope.

25a. *Pisidium casertanum ponderosum* STELFOX

Einzelexemplare findet man im Litoral IIa des oligotropheren Teils des Stechlinsees und in den Tümpelbiotopen.

26. *Pisidium ferugineum* PRIME

Diese Muschel kommt im Litoral I des oligotropheren Teils des Stechlinsees mit einer Maximalbesiedelung von 100 i/m^2 vor.

27. *Pisidium henslowanum* (SHEPPARD)

Einzelexemplare finden sich im gesamten Litoral; in den Tümpelbiotopen fehlt die Art.

28. *Pisidium lilljeborgi* CLESSIN

Die Art ist überall im Stechlinsee zu finden, vom oberen Litoral bis ins mittlere Profundal (Tiefe 51 m), nicht aber in den Tümpelbiotopen. Die Maximalbesiedelung beträgt 250 i/m^2.

29. *Pisidium personatum* Malm

Diese Art ist die häufigste der Gattung sowohl im eigentlichen Stechlinsee wie in den Tümpelbiotopen. Sie ist im gesamten Litoral und oberen Profundal häufig und erreicht eine Maximalbesiedelung von 1070 i/m². Die Muscheln sind oft sehr flach.

30. *Pisidium pulchellum* Jenyns

Einzelexemplare kommen in den Litoralzonen sowie in den Tümpelbiotopen vor.

4. Die Verteilung der gefundenen Arten im See

Auf Grund der Annahme von Schermer (1932), daß die Mollusken vor allem an kleinere Gewässer angepaßt seien und später erst größere Seen besiedelt haben, ist die geringe Arten- und oft auch Individuenzahl im Stechlinsee nicht verwunderlich. Von den im gesamten Stechlinsee nachgewiesenen Gastropoden entfallen 6 Arten (= 30%) auf die Tümpelbiotope des Litorals. Abgesehen von wenigen Pisidien und teilweise auch *Dreissena*, konzentrieren sich alle Mollusken auf das Litoral I und II. Diese Litoralzonen liegen während des Sommers im Bereich des Epilimnions. Auch die Besiedelungsdichte von *Dreissena* nimmt zur Tiefe hin deutlich ab. Die Temperatur des Wassers scheint damit eine gewisse Rolle zu spielen. Andererseits sind sicher atmungsphysiologische Probleme für das Vorkommen mancher Arten im Stechlin von Bedeutung (Jones 1961), denn die Tiere finden erst in einiger Tiefe Nahrung; im flachen Wasser ist für viele Arten die Turbulenz zu groß und die Schwimmblattpflanzen haben im Stechlinsee im Verhältnis zu anderen Seen nur einen ganz schwachen Aufwuchs.

Die Besiedelungsdichte der Mollusken bleibt gering (Tab. 1). Außer *Dreissena*, die Durchschnittsbesiedlungen von über 1000 Individuen/m² aufweist, überschreiten nur zwei Schnecken, *Physa fontinalis* und *Bithynia tentaculata*, sowie die Muschel *Pisidium personatum* eine Dichte von 100 i/m². Eine Dichte von 50 i/m² erreichen *Radix peregra ovata*, *Gyraulus albus*, *Acroloxus lacustris* und *Valvata cristata*. Damit bleiben von den 22 quantitativ erfaßten Mollusken 14 unter der Abundanz von 50 i/m² in irgendeinem untersuchten Biotop; 64% dieser Arten sind als selten anzusprechen.

Der Versuch, die 8 häufigeren Mollusken auf ihre Reaktion gegenüber dem Trophieunterschied in den Teilen des eigentlichen Stechlinsees zu prüfen, führt zu keinem echten Ergebnis. Die Unterschiede im See beruhen hauptsächlich auf der Strömung und der damit verbundenen Sedimentierung. Die beiden Muscheln bevorzugen jeweils die oligotropheren Biotope, was aus der Art des Nahrungserwerbes zu fordern wäre. Von den Gastropoden scheinen *Radix peregra ovata* und *Valvata cristata* die oligotropheren Teile zu bevorzugen. Diese Unterschiede sind jedoch nicht sehr deutlich; nur bei der seltenen Art *Armiger crista* scheint dieses Bevorzugen oligotropher Wasserregionen oder solcher mit viel Strömung und wenig Sedimentation ganz klar zu sein. Vergleicht man aber die in der Literatur angegebenen Fundorte und die eigenen Funde aus anderen Seen (unveröffentlicht), so zeigt sich klar, daß diese Angaben Trugschlüsse sind. Die Mollusken reagieren wohl weniger auf Trophieunterschiede in den Seen, vielleicht von einzelnen Ausnahmen abgesehen, sondern es haben wohl andere Faktoren, wie sie in der Gewässermorphologie und -Physiographie zum Ausdruck kommen, größere Bedeutung. Das hat auch schon Schermer (1932) ausgedrückt.

TABELLE 1

Quantitative Verteilung (Durchschnittsbesiedelung) der mit dem Bodengreifer erfaßten Mollusken in den verschiedenen Biotopen des eigentlichen Stechlinsees; Individuen je m²

oligo = oligotropherer Teil eu = eutrophere Teile

Biotop	Litoral I		Litoral II				Litoral III		Profundal I	Profundal II
	oligo	eu	oligo			eu	oligo	eu	oligo	oligo
			II	IIa	IIb					
Anzahl der Proben	15	11	31	24	7	17	24	9	17	26
Radix peregra ovata	34	14	49	64	.	21	6	45	.	.
Physa fontinalis	.	.	98	66	211	144	8	.	.	.
Gyraulus acronicus	44	19	10	13	.	.	2	.	.	.
Gyraulus albus	.	9	49	60	15	51	6	.	.	.
Gyraulus riparius	.	.	20	23	7	48	.	.	.	.
Bathyomphalus contortus	.	5	5	6	.	3	.	.	.	.
Armiger crista	3	.	16	21	.	.	.	.	.	.
Hippeutis complanatus	.	5	3	.	15	33	.	.	.	.
Acroloxus lacustris	.	.	20	25	.	54	.	.	.	.
Bithynia tentaculata	31	74	220	244	14	318	2	.	.	.
Valvata cristata	7	5	72	89	15	42	11	6	.	.
Valvata p. piscinalis	.	.	3	4	.	21	.	.	.	.
Valvata pulchella	3	.	23	30	.	27	.	.	.	.
Theodoxus fluviatilis	.	.	2	2	.	.	.	.	.	.
Dreissena polymorpha	590	793	12800	14500	6550	5300	3039	4324	.	.
Pisidium amnicum	.	5	.	.	.	.	.	.	.	.
Pisidium casertanum	.	5	.	.	.	.	.	.	.	.
Pisidium c. ponderosum	.	.	2	2	.	.	.	.	.	.
Pisidium ferugineum	24	.	.	.	.	.	.	.	.	.
Pisidium henslowanum	3	5	2	2	.	.	2	.	.	.
Pisidium lilljeborgi	7	23	10	13	.	.	11	.	.	6
Pisidium personatum	61	51	62	76	15	18	110	6	93	.
Pisidium pulchellum	.	.	2	2	.	.	4	.	.	.

Die Vertikalverteilung der Mollusken würde es möglich machen, die Litoralzone II auch in den eutropheren Teilen des Stechlinsees in zwei Gürtel zu untergliedern, wie es für den oligotropheren Teil bereits geschah (MOTHES 1964). Davon wird aber hier abgesehen, weil diese Tiergruppe aus den oben genannten Gründen zu uncharakteristisch erscheint.

Ein Vergleich der einzelnen Seezonen mit den Angaben von SCHERMER (1931, 1932) scheint nicht möglich zu sein. Der Stechlinsee ist zu verschieden gegenüber den von SCHERMER untersuchten Seen. Ein Vergleich wird wahrscheinlich erst möglich, wenn die benachbarten eutropheren Seen des Stechlingebietes eingehender untersucht worden sind.

5. Literatur

BERG, K., 1961: On the oxygen consumption of some freshwater snails. Verh. Internat. Verein. Limnol. **14**, 1019–1022.

BERRIE, A. D., 1961: Variation in the radula of the freshwater snail *Lymnaea peregra* (MÜLLER). Ark. Zool., 2. Ser. **12**, 391–404.

BREITIG, G., 1961: *Dreissena polymorpha* PALL. als Schädling in Kraft- und Industrieanlagen Norddeutschlands und Versuche zu ihrer Bekämpfung durch Ultraschall. Verh. Internat. Verein. Limnol. **14**, 690–694.

EHRMANN, P., 1956: Kreis: Weichtiere, Mollusca. In: Die Tierwelt Mitteleuropas **2**. Quelle & Meyer, Leipzig.

FRÖMMING, E., 1953: Quantitative Untersuchungen über die Nahrungsaufnahme der Süßwasserlungenschnecke *Lymnaea stagnalis*. Z. Fischerei NF. **2**, 451–456.

—, 1957: Giftige Schlammschnecken. Z. Fischerei NF. **5**, 477.

—, 1959: Über das Lebensalter unserer großen Tellerschnecke und die Bedeutung der sogenannten Jahresringe für die Bestimmung derselben. Z. Fischerei NF. **8**, 105–110.

HUBENDICK, B., 1957: The eating function in *Lymnaea stagnalis* L. Ark. Zool. 2. Ser. **10**, 511–521.

JAECKEL, S., 1950: Zur Molluskenfauna der Neumark und Grenzmark. Zool. Anz./Suppl. **14**, 84–95.

JONES, J. D., 1961: Aspects of respiration in *Planorbis corneus* L. and *Lymnaea stagnalis* L. (Gastropoda: Pulmonata). Comp. Biochem. Physiol. **4**, 1–29.

KLEKOWSKI, R. Z., 1961: Gas compression in the lungs of desiccating snails *Coretus corneus* L. and *Lymnaea stagnalis* (L.). Polskie Arch. Hydrobiol. **9**, 361–381.

—, 1963: Water balance and osmoregulation in the snail *Coretus corneus* (L.) under conditions of desiccation and in diluted sea water. Polskie Arch. Hydrobiol. **11**, 219–240.

KLIMOWICZ, H., 1959: Tentative classification of small water bodies on the basis of the differentiation of the molluscan fauna. Polskie Arch. Hydrobiol. **6**, 85–103.

KRAUSCH, H.-D., 1964: Die Pflanzengesellschaften des Stechlinsee-Gebietes I. Die Gesellschaften des offenen Wassers. Limnologica (Berlin) **2** (2), 145–203.

MAHLER, F., 1951: Beitrag zur Molluskenfauna des Hallstätter Sees. Arch. Hydrobiol. **44**, 333–337.

MIKHEEV, V. P., 1961: Tests on the murdering of *Dreissena* with warmed up water (Russisch). Bjull. Inst. biol. vodochranilišč **11**, 10–12.

—, 1962: On the distribution of *Dreissena polymorpha* PALL. on the constructions of the Volga hydro-electric power station named after Lenin (Russisch). Bjull. inst. biol. vodochranilišč **12**, 32–33.

MOTHES, G, 1964: Die makroskopische Bodenfauna des Stechlinsees. Ein Überblick über ihre quantitative Verteilung. Limnologica (Berlin) **2** (2), 205–216.

NEUMANN, D., 1960: Experimentelle Untersuchungen des Farbmusters der Schale von *Theodoxus fluviatilis* L. Zool. Anz./Suppl. **23**, 152–156.

—, 1961: Ernährungsbiologie einer rhipidoglossen Kiemenschnecke. Hydrobiologia (Den Haag) **17**, 133–151.

SCHÄFER, H., 1952: Ein Beitrag zur Ernährungsbiologie von *Bithynia tentaculata* L. (Gastropoda Prosobranchia). Zool. Anz. **148**, 299–303.

SCHERMER, E., 1931: Die Molluskenfauna der ostholsteinischen Seen. Arch. Hydrobiol. **22**, 259–305.

—, 1932: Die Molluskenfauna der ostholsteinischen Seen. 2. Teil. Arch. Hydrobiol. **24**, 637 bis 659.

STAROBOGATOV, Y. I., 1958: Anatomische Unterschiede zwischen zwei paläarktischen Arten der Gattung *Planorbis* (Russisch). Zool. Ž. **37**, 139–140.

TIMMERMANNS, L. P. M., 1959: Stimulation of ovoposition on some land- and freshwater-snails. Proc. kon. ned. Akad. Wet. C **62**, 363–372.

WESEMEIER, H., 1960: Untersuchungen über die Stoffwechselreduktion. Ein intra- und interspezifischer Vergleich an 17 Molluskenarten. Z. vgl. Phys. **43**, 1–28.

WESENBERG-LUND, C., 1939: Biologie der Süßwassertiere. Wirbellose Tiere. Springer, Wien.

Anschrift des Verfassers:
Dr. rer. nat. GEORG MOTHES
Menz-Neuroofen (Kreis Gransee)

Limnologica (Berlin)	2	4	1964	423–482

Aus der Forschungsstelle für Limnologie
der Deutschen Akademie der Wissenschaften zu Berlin, Jena-Lobeda
Direktor: Dozent Dr. habil. TH. SCHRÄDER

HEINZ-DIETER KRAUSCH

Die Pflanzengesellschaften des Stechlinsee-Gebietes

II. Röhrichte und Großseggengesellschaften, Phragmitetea TX. & PRSG. 1942[1])

Mit Tafel VI sowie 6 Abbildungen und 13 Tabellen im Text

(Eingegangen am 28. Dezember 1963)

Inhaltsverzeichnis

A. Einleitung

Mit der vorliegenden Darstellung der Röhrichte und Großseggengesellschaften wird die in dieser Schriftenreihe begonnene Beschreibung der Pflanzengesellschaften des Stechlinsee-Gebietes fortgesetzt. Über Lage und Standortsverhältnisse des Untersuchungsgebietes unterrichten die Übersichtskarte und der Abschnitt B des Teiles I

[1]) Herrn Dozent Dr. habil. TH. SCHRÄDER zum 60. Geburtstag gewidmet.

(KRAUSCH 1964), auf die hiermit verwiesen sei. Auch die in der Einleitung zum Teil I enthaltenen Angaben gelten zu einem großen Teil für den vorliegenden Teil II der Gesamtdarstellung der Pflanzengesellschaften des Stechlinsee-Gebietes.

B. Röhrichte und Großseggengesellschaften, Phragmitetea TX. & PRSG. 1942

In der Vegetation des Stechlinsee-Gebietes spielen Röhrichte und Großseggen-Rieder eine große Rolle. Sie ziehen sich als primäre Verlandungsgesellschaften in mehr oder weniger dichten Säumen an den Ufern der zahlreichen Gewässer hin oder treten als Ersatzgesellschaften nasser Bruchwälder in den vermoorten Talsenken in Erscheinung. Entsprechend dem überwiegend mesotrophen Standortscharakter des Untersuchungsgebietes haben unter diesen Vegetationseinheiten Gesellschaften und Ausbildungen ärmerer Standorte eindeutig das Übergewicht. Auf Einzelheiten wird bei den einzelnen Gesellschaften eingegangen werden.

In der Gliederung der Klasse Phragmitetea folgen wir der auf PIGNATTI zurückgehenden und neuerdings von BALÁTOVÁ-TULÁČKOVÁ (1963) weiter ausgebauten Einteilung, die sich in unserem Untersuchungsgebiet durchaus als zutreffend bewährt hat. Auf einige Abweichungen von dem von BÁLATOVÁ-TULÁČKOVÁ (1963) vorgeschlagenen System insbesondere der Großseggen-Rieder wird in der Einleitung zum Abschnitt III (Seite 453 ff.) zurückzukommen sein.

I. See- und Teichröhrichte, Phragmitetalia (W. KOCH 1926) PIGN. 1953 und Phragmition communis W. KOCH 1926

1. Schilf-Röhricht, Scirpo-Phragmitetum W. KOCH 1926 (Tab. 1)

Das Scirpo-Phragmitetum ist im Untersuchungsgebiet an den Rändern der Seen weit verbreitet, zeigt jedoch eine unterschiedliche Verteilung. An stark windexponierten Uferstrecken, wie sie z. B. am Großen Stechlinssee vorkommen, kann es überhaupt fehlen. An Uferabschnitten mit steil abfallendem Litoral ist die Gesellschaft oft nur als schmaler, schütterer und lückiger Saum entwickelt. Verschiedentlich wird sie auch durch das Cladietum marisci und Caricion rostratae-Gesellschaften ersetzt. Zur optimalen Entfaltung gelangt das Scirpo-Phragmitetum hauptsächlich in seichten Buchten und an den Rändern der flacheren Seen, wo es dichte und hohe Schilfgürtel bildet.

Zu den Kennarten der Gesellschaft zählen wir *Scirpus lacustris*, *Typha angustifolia*, *T. latifolia*, *Sparganium erectum* und lokal auch *Sagittaria sagittifolia*. Von diesen Arten beschränkt sich *Scirpus lacustris* auf die nässesten und mehr lockerwüchsigen Ausbildungen, wo er stellenweise dominiert (*Scirpus*-Fazies). Die Art fehlt dagegen in den trockeneren und dichteren Beständen der Subassoziation von *Solanum dulcamara*. Die *Typha*-Arten gelangen vor allem an Standorten mit mächtigen Schlammauflagen zur vollen Entwicklung. Von ihnen kann *Typha angustifolia* ebenfalls vorherrschen (*Typha angustifolia*-Fazies). Die etwas anspruchsvollere *Typha latifolia* ist dagegen nur mit geringen Deckungswerten vertreten. Ebenso wie die *Typha*-Arten entfaltet sich *Sparganium crectum* überwiegend auf schlammigem Untergrund und kann gleichfalls zur Dominanz gelangen (*Sparganium*-Fazies), wie z. B. am Kl. Boberow-See (Aufn. 17).

Sagittaria sagittifolia ist im Gebiet ausgesprochen selten, bildet aber an einigen Stellen im Schilfröhricht schlammiger Uferabschnitte ansehnliche und zur Blütezeit auffällige Bestände.

Die wichtigste Art des Scirpo-Phragmitetum aber ist das Schilfrohr selbst. Es hat in dieser Gesellschaft seine optimale Entfaltung, wenn es auch seiner weiten Verbreitung wegen nur als Verbands-Kennart angesehen werden kann. Im Scirpo-Phragmitetum ist es durchgehend vorhanden und fehlt selten völlig. Vielfach herrscht das Schilfrohr überhaupt vor (*Phragmites*-Fazies), so besonders in der Subassoziation von *Solanum dulcamara*. In den Initialstadien beherrscht es vor allem die sandigen und stärker windexponierten Standorte. Von den übrigen Kennarten höherer Ordnung tritt in größerem Maße eigentlich nur noch *Equisetum fluviatile* in Erscheinung. Der Schlamm-Schachtelhalm ist auf schlammige Standorte beschränkt und kann an solchen Stellen ebenfalls faciesbildend auftreten. Weitere Verbands-Ordnungs- und Klassen-Kennarten sind selten; in der Hauptsache sind sie jeweils an bestimmte Untereinheiten gebunden, als deren Trennarten sie fungieren.

Untereinheiten: Im Gegensatz zu anderen Pflanzengesellschaften hat man sich beim Scirpo-Phragmitetum im allgemeinen mit einer Unterteilung nach den verschiedenen auf der Dominanz einzelner Komponenten beruhenden Fazies-Bildungen der Gesellschaft begnügt. Ein derartiges, sich lediglich auf die Physiognomie der Bestände gründendes Vorgehen aber kann heute nicht mehr genügen. Es muß vielmehr versucht werden, auch hier zu einer floristisch-soziologischen, die ökologischen Abstufungen innerhalb der Gesellschaft widerspiegelnden Gliederung zu gelangen. Wir haben daher, von eigenen Untersuchungen und Beobachtungen ausgehend, anhand der vorliegenden Literatur eine neue Gliederung für das mitteleuropäische Scirpo-Phragmitetum ausgearbeitet, die im Einzelnen an anderer Stelle dargestellt werden soll. Den folgenden Ausführungen liegt bereits diese Neugliederung zugrunde.

Wie beim Myriophyllo-Nupharetum ist auch beim Scirpo-Phragmitetum die Untergliederung durch Unterschiede im Wasserfaktor vorgezeichnet. Während die Ausbildungsformen des $\pm$ tiefen Wassers durch die Anwesenheit von Arten der vorangehenden Pflanzengesellschaften des offenen Wassers ausgezeichnet sind, treten in den Ausbildungsformen des $\pm$ festen, nur noch zeitweilig überspülten Ufers bereits Arten von Magnocaricetalia- und Alnetea-Gesellschaften auf. Unterschiedliche Nährstoffverhältnisse sowie die Wind- und Wellenwirkung bedingen die weitere Untergliederung, die auf diese Weise sowohl floristisch als auch ökologisch gut begründet ist.

Unter Zugrundelegung dieser Prinzipien lassen sich im Stechlinsee-Gebiet 4 Subassoziationen des Scirpo-Phragmitetum unterscheiden. Die ersten umfassen die noch mehr oder weniger lockeren Ausbildungsformen im tieferen Wasser (bis maximal 1,80 m Wassertiefe). Dabei besiedeln die Subassoziationen von *Potamogeton filiformis* und von *Chara delicatula* Uferabschnitte mit stärkerer Wellenbewegung, an denen sich Schwimmblattpflanzen nicht zu halten vermögen. Die Subassoziation von *Potamogeton filiformis* ist vor allem auf grobem bis kiesig-steinigem Sand, die Subassoziation von *Chara delicatula* auf Feinsand und Gyttja anzutreffen. In der letzteren Subassoziation vermittelt die Variante von *Potamogeton natans* an weniger stark windexponierten Standorten bereits zur Subassoziation von *Nuphar luteum*.

An noch stärker windexponierten Standorten flacher Sand- und Geröllufer, wie sie im Untersuchungsgebiet vor allem am Gr. Stechlin-See auftreten, gibt es Röhricht-Initialen,

TABELLE 1

Scirpo-Phragmitetum

	Subass. von *Potamogeton filiformis*				Subass. von *Chara delicatula*										Subass. von				
					Typische Variante					Var. von *Potamogeton natans*					Typische Variante				
Aufnahme-Nr.:	1	2	3	4	5	6	7	8	9	10	11	12	13	14	15	16	17	18	19
Artenzahl:	2	3	4	4	2	3	2	6	8	5	5	6	7	5	6	7	6	6	4
C-Assoziation:																			
Scirpus lacustris	.	.	2	2	.	.	.	1	2	2	2	2	.	.	3	3	1	3	.
Typha angustifolia	.	.	.	.	.	.	2	2	.	.	.	.	3	.	.	.	.	.	4
Sparganium erectum	.	.	.	.	.	.	.	.	.	.	.	.	+	.	.	+	3	.	.
Typha latifolia	.	.	.	.	.	.	.	.	.	.	.	.	.	.	.	.	.	1	.
Sagittaria sagittifolia (lok.)	.	.	.	.	.	.	.	.	.	.	.	.	.	1	.	.	.	+	.
D-Subass. von *Potamogeton filiformis:*																			
Potamogeton filiformis	+	1	1	2	.	.	.	.	.	.	.	.	.	.	.	.	.	.	.
Potamogeton rutilus	.	1	+	.	.	.	.	.	.	.	.	.	.	.	.	.	.	.	.
D-Subass. von *Chara delicatula:*																			
Chara delicatula	.	.	.	.	1	1	3	+	2	2	2	2	2	1	.	.	.	.	.
Chara filiformis	.	.	.	.	.	.	.	+	1	+	+	.	.	.	.	.	.	.	.
D-Subass. von *Nuphar luteum:*																			
Potamogeton natans	.	.	.	.	.	.	.	.	.	1	3	1	1	2	1	1	+	3	1
Nuphar luteum	.	.	.	.	.	.	.	.	.	.	.	.	.	.	2	2	.	.	.
Nymphaea alba	.	.	.	.	.	.	.	.	.	.	.	.	.	.	1	.	1	.	1
Polygonum amphibium f. *natans*	.	.	.	.	.	.	.	.	.	.	.	.	.	.	.	.	.	1	.
D-Var. von *Carex rostrata:*																			
Carex rostrata	.	.	.	.	.	.	.	.	.	.	.	.	.	+	.	.	.	.	.
D-Var. von *Glyceria maxima:*																			
Glyceria maxima	.	.	.	.	.	.	.	.	.	.	.	.	.	.	.	.	.	.	.
D-Subass. von *Solanum dulcamara:*																			
Solanum dulcamara	.	.	.	.	.	.	.	.	.	.	.	.	.	.	.	.	.	.	.
Lysimachia vulgaris	.	.	.	.	.	.	.	.	.	.	.	.	.	.	.	.	.	.	.
Galium palustre	.	.	.	.	.	.	.	.	.	.	.	.	.	.	.	.	.	.	.
Cicuta virosa	.	.	.	.	.	.	.	.	.	.	.	.	.	.	.	.	.	.	.
Lythrum salicaria	.	.	.	.	.	.	.	.	.	.	.	.	.	.	.	.	.	.	.
Mentha aquatica	.	.	.	.	.	.	.	.	.	.	.	.	.	.	.	.	.	.	.
Carex elata	.	.	.	.	.	.	.	.	.	.	.	.	.	.	.	.	.	.	.
Lycopus europaeus	.	.	.	.	.	.	.	.	.	.	.	.	.	.	.	.	.	.	.
D-Var. von *Thelypteris palustris:*																			
Thelypteris palustris	.	.	.	.	.	.	.	.	.	.	.	.	.	.	.	.	.	.	.
Carex acutiformis	.	.	.	.	.	.	.	.	.	.	.	.	.	.	.	.	.	.	.
Acrocladium cuspidatum	.	.	.	.	.	.	.	.	.	.	.	.	.	.	.	.	.	.	.
Epilobium palustre	.	.	.	.	.	.	.	.	.	.	.	.	.	.	.	.	.	.	.
Calamagrostis canescens	.	.	.	.	.	.	.	.	.	.	.	.	.	.	.	.	.	.	.
Peucedanum palustre	.	.	.	.	.	.	.	.	.	.	.	.	.	.	.	.	.	.	.

W. KOCH 1926

TABELLE 1

Nuphar luteum									Typ. Subass.					Subass. von *Solanum dulcamara*											
Var. von *Carex rostrata*					Var. von *Glyceria maxima*				Typ. Var.			Var. von *Carex rostrata*	Var. v. *Glyceria*	Variante von *Thelypteris palustris*											
20	21	22	23	24	25	26	27	28	29	30	31	32	33	34	35	36	37	38	39	40	41	42	43	44	45
5	8	9	9	8	5	6	7	7	4	4	1	4	5	6	7	11	12	12	13	16	16	17	17	22	25
.	+	1	1	.	.	.	2	.	.	1	.	1	1	.	.	.	.	.	.	.	.	.	.	.	.
.	2	.	.	.	.	.	.	.	4	3	.	2	1	1	.	.	1	+	.	+	.	.	.	.	.
.	.	1	+	1	.	.	.	.	1	.	.	.	.	.	.	.	.	.	.	.	.	.	.	.	.
.	.	+	+	.	.	.	.	.	.	.	.	.	.	.	.	+	.	.	.	.	.	1	+	.	.
3	.	.	.	.	.	.	.	.	.	.	.	.	.	.	.	.	.	.	.	.	.	.	.	.	.
.	.	.	.	.	.	.	.	.	.	.	.	.	.	.	.	.	.	.	.	.	.	.	.	.	.
.	.	.	.	.	.	.	.	.	.	.	.	.	.	.	.	.	.	.	.	.	.	.	.	.	.
.	.	.	.	.	.	.	.	.	.	.	.	.	.	.	.	.	.	.	.	.	.	.	.	.	.
.	.	.	.	.	.	.	.	.	.	.	.	.	.	.	.	.	.	.	.	.	.	.	.	.	.
1	2	.	1	+	.	.	.	+	.	.	.	.	.	.	.	.	.	.	.	.	.	.	.	.	.
.	.	1	+	1	1	+	+	.	.	.	.	.	.	.	.	.	.	.	.	.	.	.	.	.	.
.	.	.	1	.	.	+	1	2	.	.	.	.	.	.	.	.	.	.	.	.	.	.	.	.	.
.	.	.	.	.	.	.	.	.	.	.	.	.	.	.	.	.	.	.	.	.	.	.	.	.	.
1	1	1	2	3	.	.	.	.	.	.	.	1	.	.	.	.	.	.	.	.	.	.	.	.	.
.	.	.	.	.	1	1	1	2	.	.	.	.	1	.	.	.	.	.	.	.	.	.	.	.	.
.	.	.	.	.	.	.	.	.	.	.	.	.	.	+	1	+	+	+	.	1	.	.	1	.	.
.	.	.	.	.	.	.	.	.	.	.	.	.	.	.	.	+	.	.	+	1	1	+	.	1	+
.	.	.	.	.	.	.	.	.	.	.	.	.	.	.	.	.	.	+	.	.	1	.	1	1	+
.	.	.	.	.	.	.	.	.	.	.	.	.	.	.	+	.	.	+	.	.	.	r	.	.	1
.	.	.	.	.	.	.	.	.	.	.	.	.	.	.	.	.	+	.	.	.	.	1	+	+	+
.	.	.	.	.	.	.	.	.	.	.	.	.	.	.	+	.	.	.	.	.	3	.	.	+	2
.	.	.	.	.	.	.	.	.	.	.	.	.	.	.	.	+	1	.	+	.	.	.	.	+	.
.	.	.	.	.	.	.	.	.	.	.	.	.	.	.	.	.	.	+	.	+	.	.	.	+	+
.	.	.	.	.	.	.	.	.	.	.	.	.	.	1	.	+	1	.	+	3	3	3	2	3	+
.	.	.	.	.	.	.	.	.	.	.	.	.	.	2	1	2	.	3	.	2	1	1	.	.	1
.	.	.	.	.	.	.	.	.	.	.	.	.	.	.	.	.	+	.	1	1	1	3	2	1	1
.	.	.	.	.	.	.	.	.	.	.	.	.	.	.	.	.	.	.	.	+	+	1	1	+	1
.	.	.	.	.	.	.	.	.	.	.	.	.	.	.	.	.	.	.	1	.	.	.	.	+	1
.	.	.	.	.	.	.	.	.	.	.	.	.	.	.	.	+	.	.	.	+	.	.	.	+	.

TABELLE I (Fortsetzung)

Aufnahme-Nr.:	1	2	3	4	5	6	7	8	9	10	11	12	13	14	15	16	17	18	19
Artenzahl:	2	3	4	4	2	3	2	6	8	5	5	6	7	5	6	7	6	6	4
VC-Phragmition und KC-Phragmitetea:																			
Phragmites communis	2	3	3	3	2	2	.	.	1	1	+	1	1	3	1	1	1	+	+
Equisetum fluviatile	.	.	.	.	.	.	.	.	.	.	.	+	+	.	.	.	.	.	.
Ranunculus lingua	.	.	.	.	.	.	.	.	.	.	.	.	.	.	.	.	.	.	.
Lysimachia thyrsiflora	.	.	.	.	.	.	.	.	.	.	.	.	.	.	.	.	.	.	.
Carex paniculata	.	.	.	.	.	.	.	.	.	.	.	.	.	.	.	.	.	.	.
Cladium mariscus	.	.	.	.	.	.	.	.	.	.	.	.	.	.	.	.	.	.	.
Rumex hydrolapathum	.	.	.	.	.	.	.	.	.	.	.	.	.	.	.	.	.	.	.
Sium erectum	.	.	.	.	.	.	.	.	.	.	.	.	.	.	.	.	.	.	.
Cardamine palustris	.	.	.	.	.	.	.	.	.	.	.	.	.	.	.	.	.	.	.
Eleocharis palustris	.	.	.	.	.	.	.	.	.	.	.	.	.	.	.	.	.	.	.
Carex appropinquata	.	.	.	.	.	.	.	.	.	.	.	.	.	.	.	.	.	.	.
Carex pseudocyperus	.	.	.	.	.	.	.	.	.	.	.	.	.	.	.	.	.	.	.
Poa palustris	.	.	.	.	.	.	.	.	.	.	.	.	.	.	.	.	.	.	.
Begleiter:																			
Potamogeton perfoliatus	.	.	.	.	.	.	.	1	+	.	.	+	.	.	.	.	.	.	.
Lemna minor	.	.	.	.	.	.	.	.	.	.	.	.	.	.	.	.	.	.	.
Stratiotes aloides	.	.	.	.	.	.	.	.	.	.	.	.	.	.	.	.	.	.	.
Cirsium palustre	.	.	.	.	.	.	.	.	.	.	.	.	.	.	.	.	.	.	.
Lemna trisulca	.	.	.	.	.	.	.	.	.	.	.	.	.	.	+	.	.	.	.
Hydrocharis morsus-ranae	.	.	.	.	.	.	.	.	.	.	.	.	.	.	.	.	.	.	.
Chiloscyphus fragilis	.	.	.	.	.	.	.	.	.	.	.	.	.	.	.	.	.	.	.
Alnus glutinosa juv.	.	.	.	.	.	.	.	.	.	.	.	.	.	.	.	.	.	.	.
Myosotis palustris	.	.	.	.	.	.	.	.	.	.	.	.	.	.	.	.	.	.	.

Außerdem in je 2 Aufnahmen: *Carex lasiocarpa* + (6), 2 (21); *Potamogeton lucens* 1 (8), 1 (27); *tum* 1 (17), + (35); *Epilobium hirsutum* + (35), 1 (45); *Urtica dioica* + (38), r (40); *Hydrocotyle* 2 (43); *Plagiothecium rivulare* 1 (42), 2 (43); *Comarum palustre* + (43), 1 (44).

In je 1 Aufnahme: *Chara hispida* ssp. *rudis* 1 (4); *Potamogeton friesii* + (9); *Myriophyllum* + (35); *Galium aparine* + (36); *Impatiens glandulifera* r (38); *Potamogeton gramineus* r, *Salix ina* 1, *Mnium seligeri* 1, *Aneura pinguis* +, *Valerianan dioica* + (41); *Amblystegium riparium effusus* +, *Salix cinerea* +, *Frangula alnus* +, *Caltha palustris* + (44); *Bidens tripartitus* +, *Scro-*

Fundorts-Nachweis zu Tabelle 1:

1. Roofen-See, Mittel-Teil, E-Ufer, 0,2—0,9 m. 19. 7. 1961.
2. Roofen-See, Mittel-Teil, E-Ufer, 0,3—1,2 m. 19. 7. 1961.
3. Roofen-See, Mittel-Teil, E-Ufer, 0,3—1,1 m. 19. 7. 1961.
4. Roofen-See, Mittel-Teil, E-Ufer, 0,2—1,1 m. 19. 7. 1961.
5. Gr. Stechlin-See, E-Bucht, N-Ufer, 1,0—1,5 m. 4. 10. 1960.
6. Nehmitz-See, N-Teil, W-Ufer, 0,1—0,5 m. 22. 9. 1960.
7. Gr. Stechlin-See, SW-Bucht, S-Ufer, 1,0 m. 23. 6. 1960.
8. Gr. Stechlin-See, N-Bucht, W-Ufer, 0,6 m. 17. 8. 1960.
9. Nehmitz-See, N-Teil, E-Ufer, 1,0—1,7 m. 15. 9. 1960.
10. Gr. Tietzen-See, S-Ufer, 0,1—0,2 m. 6. 8. 1962.
11. Peetsch-See, SE-Bucht, 0,5—0,7 m. 6. 9. 1962.
12. Gr. Stechlin-See, SW-Bucht, S-Ufer, 0,9—1,7 m. 4. 10. 1960.
13. Gr. Stechlin-See, S-Bucht, NW-Ufer, 0,4 m. 16. 8. 1960.
14. Gr. Stechlin-See, S-Bucht, S-Ufer, 0,3—0,5 m. 16. 8. 1960.
15. Roofen-See, N-Spitze, 0,6—1,2 m. 7. 7. 1961.
16. Roofen-See, N-Spitze, 0,9—1,2 m. 7. 7. 1961.
17. Kl. Boberow-See, E-Seite, 0,3—0,5 m. 10. 8. 1962.
18. Peetsch-See, NW-Ufer, 0,4—0,6 m. 6. 9. 1962.
19. Gr. Stechlin-See, SW-Bucht, Endzipfel S-Bucht, 0,7—1,1 m. 4. 10. 1960.
20. Gr. Stechlin-See, S-Bucht, E-Ufer, 0,1—0,2 m. 20. 7. 1963.
21. Gr. Glietzen-See, W-Teil, S-Bucht, 0,2—0,4 m. 21. 9. 1960.
22. Breutzen-See, E-Ufer, an der Durchfahrt, 0,6—1,0 m. 15. 9. 1960.

20	21	22	23	24	25	26	27	28	29	30	31	32	33	34	35	36	37	38	39	40	41	42	43	44	45
5	8	9	9	8	5	6	7	7	4	4	1	4	5	6	7	11	12	12	13	16	16	17	17	22	25
3	1	3	2	3	3	+	.	3	1	2	5	2	2	5	4	5	5	3	5	4	4	4	4	4	5
.	+	+	+	.	1	4	1	1	.	.	.	.	+	.	.	r	.	.	.	.	.	.	.	.	.
.	.	1	.	.	.	.	.	.	.	.	.	.	.	.	.	.	+	.	.	.	.	.	.	1	.
.	.	.	.	.	.	.	.	1	.	.	.	.	.	.	.	.	.	.	2	.	.	.	.	.	.
.	.	.	.	.	.	.	.	.	.	.	.	.	.	.	.	+	.	.	.	.	.	.	.	.	+
.	.	.	.	.	.	.	.	.	.	.	.	.	.	.	.	.	+	.	1	.	.	.	.	.	.
.	.	.	.	.	.	.	.	.	.	.	.	.	.	.	.	.	1	.	.	.	.	.	.	.	+
.	.	.	.	.	.	.	.	.	.	.	.	.	.	.	.	.	.	+	.	.	.	.	.	.	+
.	.	.	.	.	.	.	.	.	.	.	.	.	.	.	.	.	.	.	.	+	.	.	+	.	.
.	.	1	.	.	.	.	.	.	.	.	.	.	.	.	.	.	.	.	.	.	.	.	.	.	.
.	.	.	.	.	.	.	.	.	.	.	.	.	.	.	.	.	.	.	.	.	.	+	.	.	.
.	.	.	.	.	.	.	.	.	.	.	.	.	.	.	.	.	.	.	.	.	.	.	+	.	.
.	.	.	.	.	.	.	.	.	.	.	.	.	.	.	.	.	.	.	.	.	.	.	.	.	+
.	.	.	.	.	2	1	2	+	.	.	.	.	.	.	.	.	.	.	.	.	.	.	.	.	.
.	.	.	.	+	.	.	.	.	.	.	.	.	.	.	.	.	+	.	.	.	.	1	1	.	.
+	.	.	.	+	.	.	.	.	.	.	.	.	.	.	.	.	.	.	.	.	.	.	.	.	.
.	.	.	.	.	.	.	.	.	.	.	.	.	.	.	.	.	.	.	.	.	+	+	+	.	+
.	.	.	.	.	.	.	.	.	.	.	.	.	.	.	.	.	+	1	.	.	.	.	.	.	.
.	.	.	.	.	.	.	.	.	.	.	.	.	.	+	.	.	.	+	.	.	.	+	.	.	.
.	.	.	.	.	.	.	.	.	.	.	.	.	.	.	.	.	.	.	+	.	1	3	.	.	.
.	.	.	.	.	.	.	.	.	.	.	.	.	.	.	.	.	.	.	+	+	.	.	.	1	.
.	.	.	.	.	.	.	.	.	.	.	.	.	.	.	.	.	.	.	.	.	+	.	.	+	+

Myriophyllum spicatum + (9), + (13); *Utricularia vulgaris* 1 (9), 2 (30); *Myriophyllum verticilla-*
vulgaris 1 (39), + (44); *Eupatorium cannabinum* + (40), + (45); *Marchantia polymorpha* 2 (42),

alterniflorum 1 (21); *Menyanthes trifoliata* 1 (24); *Fontinalis antipyretica* 2 (29); *Bidens cernuus*
aurita + (39); *Rubus idaeus* +, *Bryum* spec. + (40); *Juncus subnodulosus* 2, *Festuca rubra genu-*
1 (42); *Drepanocladus aduncus* 3, *Calliergon cordifolium* + (43), *Scutellaria galericulata* +, *Juncus*
phularia alata +, *Agrostis stolonifera* +, *Lathyrus pratensis* +, *Filipendula ulmaria* + (45).

23. Nehmitz-See, N-Teil, NW-Bucht, S-Ufer, 0,3—0,8 m. 22. 9. 1960.
24. Roofen-See, N-Spitze, 0,3—0,4 m. 7. 7. 1961.
25. Roofen-See, N-Teil, W-Ufer, 0,6—1,2 m. 18. 7. 1961.
26. Roofen-See, Mittel-Teil, W.-Ufer, 0,2—0,4 m. 18. 7. 1961.
27. Roofen-See, N-Teil, W-Ufer, 0,6—1,4 m. 18. 7. 1961.
28. Roofen-See, N-Teil, W-Ufer, 0,2—0,6 m. 18. 7. 1961.
29. Gr. Stechlin-See, S-Bucht, NW-Ufer, 0,4 m. 16. 8. 1960.
30. Gr. Dagow-See, N-Teil, W-Ufer, 0,2—0,9 m. 16. 9. 1960.
31. Roofen-See, S-Teil, E-Ufer, 0,2—1,1 m. 19. 7. 1961.
32. Gr. Stechlin-See, S-Bucht, S-Ufer, 0,2 m. 4. 9. 1962.
33. Pälitz-See, E-Ufer, 0,1—0,5 m. 11. 7. 1962.
34. Gr. Dagow-See, N-Ufer. 11. 10. 1962.
35. Gr. Dagow-See, S-Ufer. 11. 10. 1962.
36. Zernickower Mühlenteich. 9. 8. 1962.
37. Wittwe-See, N-Ufer bei Feldgrieben. 4. 9. 1962.
38. Gr. Dagow-See, S-Ufer bei Neuglobsow. 11. 10. 1962.
39. Gr. Krukow-See, E-Ufer. 5. 9. 1962.
40. Gr. Boberow-See, NW-Bucht, N-Ufer. 10. 8. 1963.
41. Pölzer Fließ, E-Ufer nördl. des Kl. Gramzow-Sees. 28. 6. 1961.
42. Kl. Kessel-See, S-Seite. 6. 7. 1961.
43. Kl. Kessel-See, N-Seite. 6. 7. 1961.
44. Kl. Tietzen-See, N-Ende. 21. 7. 1963.
45. Dollgower-See, N-Ufer unterhalb Dollgow. 24. 7. 1963.

die lediglich aus locker stehenden, niederwüchsigen und meist steril bleibenden *Phragmites*-Halmen bestehen. Diese Bestände stellen standortsbedingte Dauerstadien außerhalb der Sukzessionsvorgänge dar. Verzahnungen mit dem Charetum asperae der röhrichtfreien Uferabschnitte sind häufig.

Die Subassoziation von *Nuphar luteum* beschränkt sich dagegen auf windgeschützte Standorte. Meist bildet sie die vordere Zone des Schilfröhrichts, auf die dann am Ufer die geschlossenen Bestände der Subassoziation von *Solanum dulcamara* folgen. Die Wassertiefe liegt zwischen 0,25 und 1,50 m, zumeist bei 0,70 m. Es handelt sich um nicht allzu dichte, vielfach auch aufgelockerte Bestände, die stark zur Fazies-Bildung neigen. Häufig sind Fazies von *Scirpus lacustris*, *Phragmites communis* oder *Typha* *angustifolia*, seltener solche von *Sparganium erectum* oder *Equisetum fluviatile*. Gelegentlich tritt hier auch *Scirpus tabernaemontani* auf, so am Dollgower See und am Peetsch-See. Gekennzeichnet wird die Subassoziation von *Nuphar luteum* durch noch regelmäßig beigemengte nymphaeoide Wasserpflanzen wie *Potamogeton natans*, *Nymphaea alba*, *Nuphar luteum* und, seltener, *Polygonum amphibium natans*. Die Grenze dieser Subassoziation gegen die seewärts vorgelagerten Nymphaeion-Gesellschaften mit vorgeschobenen Röhrichtpflanzen ist oft schwer festzulegen. Sie sollte dort gezogen werden, wo der Deckungsgrad der Phragmitetea-Arten bereits eindeutig den der Potametea-Arten übertrifft.

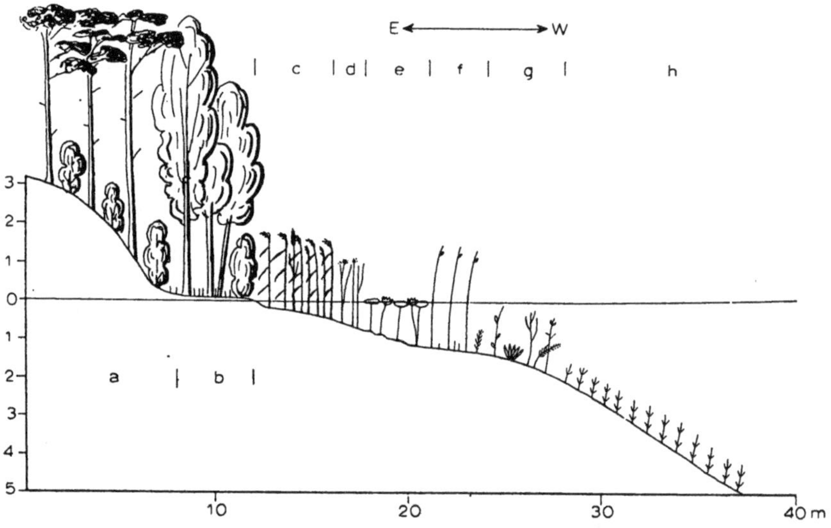

Abb. 1. Vegetationszonierung am E-Ufer des Großen Krukow-Sees.
a Kiefernwald; b Querco-Betuletum molinietosum; c Scirpo-Phragmitetum; d Cladietum marisci typicum; e Nymphaeetum minoris; f *Scirpus lacustris*-Initialen; g Potametum lucentis; h Charetum filiformis.

Je nach den Nährstoffverhältnissen lassen sich innerhalb dieser Subassoziation drei Varianten unterscheiden. Von ihnen ist die Variante von *Carex rostrata* für die ärmeren Standorte kennzeichnend. Neben der Trennart *Carex rostrata* sind dieser Variante mit geringerer Stetigkeit noch *Carex lasiocarpa*, *Myriophyllum alterniflorum* und, in Tabelle 1 nicht recht erfaßt, *Cladium mariscus* vertreten.

Auf reicheren, hauptsächlich sekundär eutrophierten, schlammigen Standorten findet sich kleinflächig auch eine Variante von *Glyceria maxima.* Sie ist im Gebiet auf die relativ nährstoffreichsten Gewässer beschränkt und wurde besonders im Dollgower See, im Ostteil des Roofen-Sees und im Gr. Pälitz-See festgestellt. Die typische Variante nimmt hinsichtlich der Nährstoffansprüche eine mittlere Stellung ein.

In unmittelbarer Nähe des Ufers auf nur noch sehr flach überfluteten, bei niedrigem Wasserstand sogar gelegentlich trocken fallenden Standorten schließen sich die Röhrichtbildner dichter zusammen. Die für die Subassoziation von *Nuphar luteum* kenn-

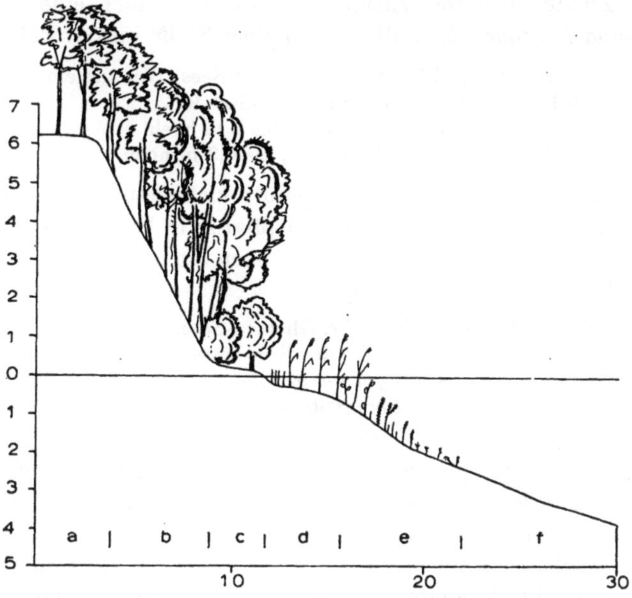

Abb. 2. Vegetationszonierung am SW-Ufer des Roofen-Sees.
a Fago-Quercetum der Hochfläche; b Fago-Quercetum des Steilhanges mit *Polypodium vulgare* und *Equisetum hiemale*; c fragm. Carici-Alnetum und Salicetum; d schütteres Scirpo-Phragmitetum, dahinter z. T. lockeres Caricetum ripario-acutiformis; e Potametum lucentis; f vegetationslose Tiefenzone.

zeichnenden Schwimmblattpflanzen fallen bereits aus, während andererseits Arten der Großseggenrieder und des Erlenbruches noch nicht Fuß fassen können. Diese Ausbildungen stellen die typische Subassoziation des Scirpo-Phragmitetum dar. Aus Platzmangel begnügen wir uns in der Tabelle 1 mit der Wiedergabe von 5 charakteristischen Aufnahmen dieser Ausbildungsform, zumal sie bereits allgemein bekannt und außerdem sehr artenarm ist. Es sind dichte, meist übermannshohe Röhrichtbestände, die nur aus wenigen, oft sogar nur aus einer einzigen Art bestehen. Fazies-Bildungen von *Typha angustifolia* und *Phragmites communis* sind häufig, wohingegen *Scirpus lacustris* und andere Röhrichtpflanzen zurücktreten. Im flachen Wasser zwischen den Röhrichthalmen finden sich gelegentlich noch einige Wasserpflanzen, vor allem *Fontinalis antipyretica* und *Utricularia vulgaris.* Letztere Art gelangt an diesen Standorten bisweilen zur Massenentwicklung, wie folgende Aufnahme zeigt:

6. 8. 1962, Törn-See, E-Ufer, Wasserstand 0,10 m:
4.4 *Phragmites communis*
4.5 *Utricularia vulgaris*, blühend, den gesamten Boden bedeckend
+.1 *Myriophyllum verticillatum*

Wie auch bei der Subassoziation von *Nuphar luteum* lassen sich im Scirpo-Phragmitetum typicum neben einer typischen Variante eine ärmere mit *Carex rostrata* und eine reichere mit *Glyceria maxima* unterscheiden. Letztere ist im Stechlinsee-Gebiet selten und wurde von uns lediglich am Roofen-See, am Dollgower See und am Gr. Pälitz-See beobachtet. Zu der ärmeren Variante gehört wohl auch eine eigenartige Fazies-Bildung von *Lysimachia thyrsiflora*, die wir an einer Stelle im Gr. Pälitz-See vorfanden:

11. 7. 1962, E-Ufer des Gr. Pälitz-Sees, Wassertiefe 0,15–0,40 m; Boden Sand, Schluß 90%:
2.4 *Phragmites communis*, bis 2 m hoch
4.5 *Lysimachia thyrsiflora*, bis 0,3 m hoch

Zu den Trennarten dieser armen Variante gehört vielleicht auch *Carex lasiocarpa*, die an flachen Ufern oligotropher Seen als Röhrichtpflanze in Erscheinung tritt (vgl. S. 446). Gelegentlich dringt die Art an derartigen Standorten auch in das typische Scirpo-Phragmitetum ein, wie folgende Aufnahme zeigt:

21. 9. 1960, W-Teil des Gr. Glietzen-Sees, S-Bucht, Wassertiefe 0,4 m; Höhe des Röhrichts 2,2 m, Boden Torf:
4.5 *Typha angustifolia*
2.2 *Phragmites communis*
+.1 *Carex lasiocarpa*

Standörtlich steht das Scirpo-Phragmitetum typicum zwischen der Subassoziation von *Nuphar luteum* und der Subassoziation von *Solanum dulcamara*. Eine derartig vollständige Vegetationszonierung ist in der Natur freilich nur selten verwirklicht. Oftmals grenzt die typische Subassoziation seewärts an das offene Wasser oder an Nymphaeion-Gesellschaften und reicht, besonders an steil einfallenden, sandigen Uferabschnitten, landwärts unmittelbar bis an den von einer kleinen Stufe gebildeten Uferrand.

Wo es dagegen an flachen Uferabschnitten, besonders im Bereich der See-Enden und Buchten, zu einer stärkeren Anhäufung von Schilftorf kommt, mischen sich Arten der Großseggenrieder und der Erlenbruchwälder in die Röhrichtbestände ein. Diese Subassoziation von *Solanum dulcamara* liegt im Stechlinsee-Gebiet lediglich in der ärmeren Variante von *Thelypteris palustris* vor. Für diese Ausbildung ist neben *Carex acutiformis*, *Acrocladium cuspidatum*, *Peucedanum palustre*, *Calamagrostis canescens* und *Epilobium palustre* besonders *Thelypteris palustris* charakteristisch. Der Sumpffarn bildet hier in der unteren Schicht des Pflanzenbestandes vielfach dichte, zusammenhängende Teppiche. Im allgemeinen nimmt dieses Sumpffarn-Schilfröhricht die innerste, ufernahe Zone des Röhrichtgürtels ein. In geschützten Lagen kann es aber bis an die offene Wasserfläche vordringen. Hier bildet es stark schwankende, aus den Rhizomen von *Phragmites* und *Thelypteris* zusammengeflochtene Schwingdecken, die von den Rändern her langsam in das freie Wasser hineinwachsen und sich so unmittelbar an der Verlandung des Gewässers beteiligen.

Für gewöhnlich werden diese Bestände im Frühjahr oder bei außergewöhnlich hohen Wasserständen flach überschwemmt, während im Sommer der Wasserspiegel bis unter die Oberfläche absinkt. Jedoch bleiben auch im Sommer noch vielfach flache Wasserschlenken erhalten, in denen sich dann Lemnetea-Arten wie *Hydrocharis morsus-ranae*, *Lemna minor* und *Lemna trisulca* entfalten. Vorherrschende Röhrichtpflanze ist durchweg *Phragmites communis*, die dichte, übermannshohe Bestände bildet. *Scirpus lacustris* und *Sparganium erectum* fehlen ganz, während die *Typha*-Arten nur eine untergeordnete Rolle spielen. Das Sumpffarn-Schilfröhricht beschränkt sich an den tieferen Seen auf die seichten Buchten; an den flacheren Seen dagegen umsäumt es das Ufer auf große Strecken hin. Die Weiterentwicklung dieser Bestände verläuft über ein Gebüsch-Stadium zum Erlenbruchwald. An stärker oligotrophen Standorten stellen sich Torfmoose, vor allem *Sphagnum recurvum*, und andere Arten der Hoch- und Zwischenmoore ein. Die Folgegesellschaften sind dann Scheuchzerietalia-Moore. Solche *Sphagnum*-reichen Schilfbestände enthalten außer dem Schilf nur noch wenige Phragmitetea-Arten, während die Moorpflanzen überwiegen. Auf sie soll daher erst im Zusammenhang mit den Mooren in einer weiteren Abhandlung näher eingegangen werden.

Gesellschaftsvergleich: Das Scirpo-Phragmitetum ist eine in Mitteleuropa und weit darüber hinaus häufige Pflanzengesellschaft und schon zu wiederholten Malen beschrieben worden. Eine befriedigende Untergliederung liegt aber bisher noch nicht vor. Wie schon betont wurde, begnügen sich die meisten Autoren mit der Ausscheidung einzelner Fazies-Bildungen. Nur wenige kommen zu einer tiefergehenden Gliederung. So unterscheiden Tüxen & Preising (1942) ein Scirpo-Phragmitetum typhetosum angustifoliae mit *Ranunculus lingua* und *Typha angustifolia* und ein Scirpo-Phragmitetum phalaridetosum mit *Phalaris arundinacea* und *Oenanthe aquatica*. Eine Weiterentwicklung dieser Gliederung nimmt van Donselaar (1961) vor, der neben einem Scirpo-Phragmiteum typicum und einem Scirpo-Phragmitetum oenanthetosum noch ein Scirpo-Phragmitetum calthetosum aufstellt. Aber auch diese Einteilung hat lediglich lokale bzw. regionale Gültigkeit und kann im überregionalen Bereich nicht genügen. Am günstigsten ist u. E. die Gliederung des Scirpo-Phragmitetum bei Boer (1942). Er unterscheidet eine Initialphase, eine Optimalphase und eine Endphase. Diese drei Phasen entsprechen weitgehend unserer Subassoziation von *Nuphar luteum*, der typischen Subassoziation und der Subassoziation von *Solanum dulcamara*; und zwar repräsentieren die Einheiten von Boer sämtlich die reicheren Varianten dieser Untergesellschaften.

Nach diesen Bemerkungen über den gegenwärtigen Stand der Gliederung des Scirpo-Phragmitetum wollen wir uns der vergleichenden Betrachtung der von uns aufgestellten Untereinheiten selbst zuwenden. Die Subassoziation von *Potamogeton filiformis* stellt einen ausgesprochen borealen Typ der Gesellschaft dar, der nach den Beschreibungen bei Maristo (1941) und Vaarama (1938) vor allem in Finnland offenbar weit verbreitet ist. Auch an den Alpenseen dürfte diese Subassoziation vertreten sein.

Wenig bekannt sind bisher Characeen-reiche Ausbildungen des Scirpo-Phragmitetum, die für oligotrophe Gewässer charakteristisch sind. Auch sie dürften ihre Hauptverbreitung in den fennoskandischen Seen haben. Eine ganze Reihe Characeen-reicher Ausbildungen von Röhrichten beschrieb Corillion (1957) aus Frankreich, von denen jedoch keine mit unserer Subassoziation von *Chara delicatula* identisch ist.

Wesentlich weiter verbreitet ist, zumal in Mitteleuropa, die Subassoziation von *Nuphar luteum*. Als Initialphase des Scirpo-Phragmitetum wurde sie, wie schon erwähnt, bereits von Boer (1942) beschrieben; als eigenständige Subassoziation hat man sie u. W. aber noch nicht herausgestellt. Auch die Tabellen weiterer Autoren (u. a. Miljan 1933, Hueck 1931, 1942, Jeschke 1959, Gehu 1961, Dąmbska 1961) enthalten Bestände, die der Subassoziation von *Nuphar luteum* entsprechen. Sie steckt auch in dem Scirpo-Phragmitetum typicum bei KRISAI (1960), der *Nuphar luteum*, *Myriophyllum spicatum* und *Potamogeton natans* als Differential-Arten seines Scirpo-Phragmitetum typicum wertet. Daß derartige Ausbildungsformen bisher noch nicht häufiger durch Aufnahmen belegt worden sind, beruht wohl lediglich darauf, daß die meisten Autoren sie als Durchdringungen zwischen Nupharetum und Scirpo-Phragmitetum aufgefaßt und daher bei der Wahl der Aufnahmeflächen nicht berücksichtigt haben. Eine solche Auffassung ist aber nicht berechtigt. Auch bei anderen Assoziationen ist es üblich, mit Arten standörtlich benachbarter Einheiten angereicherte und ökologisch vom Typus abweichende Ausbildungen als besondere Untereinheiten zu behandeln. Von Durchdringungen kann doch wohl nur dann gesprochen werden, wenn es sich um regellos durchmischte und nicht regelmäßig wiederkehrende Bestände handelt. Ein solcher Fall liegt aber beim Scirpo-Phragmitetum nupharetosum nicht vor. Es handelt sich hierbei um eine häufig vorkommende, ökologisch gut gekennzeichnete Ausbildungsform des Scirpo-Phragmitetum, die auch soziologisch eindeutig gefaßt werden muß.

Die Subassoziation von *Nuphar luteum* des Stechlinsee-Gebietes zeichnet sich durch das reichliche Vorkommen von *Potamogeton natans* aus. *P. natans* stellt vielfach die dominierende Art der Trennartengruppe dar, nicht selten sogar ihre einzige. In der reicheren Variante von *Glyceria maxima* tritt sie zurück. Andererseits fehlen anspruchsvollere Wasserpflanzen wie *Ceratophyllum demersum*. Diese Verhältnisse spiegeln auch hier die durchweg arme Standortssituation des Stechlinsee-Gebietes wieder. Möglicherweise muß man die Subassoziation von *Nuphar luteum* überhaupt in eine ärmere und eine reichere Gruppe zerlegen, analog der Aufteilung des früheren Nupharetum in ein ärmeres Potameto-Nupharetum und ein reicheres Myriophyllo-Nupharetum. Das wenige bisher vorliegende Material gestattet aber noch keine sichere Entscheidung in dieser Frage.

Der größte Teil der bisher bekannt gewordenen Aufnahmen des Scirpo-Phragmitetum gehört der typischen Subassoziation an. Es sind dies die wenig- bis einartigen Röhrichtbestände, denen sowohl die Nymphaeion- als auch die Magnocaricetalia- und Alnetea-Arten fehlen und die den Typus der Assoziation darstellen. Die meisten der vorliegenden Beschreibungen beziehen sich auf die reichere Variante von *Glyceria maxima*, zu deren Trennarten außer *Glyceria maxima* noch *Acorus calamus*, *Rorippa amphibia*, *Oenanthe aquatica* und *Phalaris arundinacea* zu zählen sind. Im Stechlinsee-Gebiet ist diese reichere Variante aus edaphischen Gründen nur sehr schwach ausgeprägt; als einzige Trennart tritt lediglich *Glyceria maxima* in Erscheinung. Von der ärmeren Variante, die nach der vorliegenden Literatur vor allem in Fenno-Skandinavien und im mitteleuropäischen Bergland verbreitet sein muß, liegt demgegenüber erst sehr wenig Material vor.

Ausbildungsformen des Schilf-Röhrichts, die zu der Subassoziation von *Solanum dulcamara* gehören, sind schon wiederholt beschrieben worden. Wie die vergleichende Betrachtung ergeben hat, ist diese Untergesellschaft von *Solanum dulcamara* ebenfalls in zwei nährstoffmäßig bedingte Varianten aufzugliedern. Die reicheren Standorte nimmt die Variante von *Glyceria maxima* mit den Trennarten *Glyceria maxima*, *Phalaris arundinacea*, *Rorippa amphibia*, *Oenanthe aquatica*, *Acorus calamus* und *Carex gracilis* ein. Sie findet sich vor allem im Überschwemmungsbereich der Flüsse (sogen. Flußröhricht), aber auch an eutrophen Seen. Zu dieser Variante gehört die überwiegende Zahl der bisher veröffentlichten, der Subassoziation von *Solanum dulcamara* entsprechenden Aufnahmen.

Wesentlich weniger bekannt ist dagegen die ärmere Variante von *Thelypteris palustris* von mesotrophen Standorten. Sie ist in verschiedenen Tabellen enthalten, wird jedoch von den einzelnen Autoren sehr unterschiedlich bezeichnet. M. SCHULZ (1941) beschreibt sie vom Drausengebiet (untere Weichsel) als „*Dryopteris thelypteris*-reiche Facies des Binsen-Schilf-Röhrichts"; weitere Aufnahmen dieser Variante sind in seinen Tabellen 6 („Landröhricht") und 7 („Röhricht auf feuchtem und weniger feuchtem Boden") enthalten. Vom Zirke-Birnbaumer Seengebiet (Großpolen) schildert DAMBSKA (1961) eine „Gesellschaft mit *Dryopteris thelypteris*". Es handelt sich dabei um ziemlich artenarme Bestände, die als Schwingdecken an schlammigen Ufern mesotropher Seen ausgebildet sind. Sie enthalten neben vorherrschender *Thelypteris palustris* z. T. reichlich *Typha angustifolia, Phragmites communis* und *Carex riparia*. Weiterhin ist die *Thelypteris*-Variante aus den Niederlanden bekannt geworden. KUIPER (nach VAN DONSELAAR 1961) faßt diese Ausbildung dort sogar als eine eigene Assoziation („Thelypterido-Phragmitetum") auf, war sich aber nicht im Klaren darüber, ob er sie in das Phragmition oder in das Magnocaricion einordnen sollte. Sie folgt dort in der Verlandungsserie hinter dem Scirpo-Phragmitetum typicum. Auch VAN DONSELAAR (1961) teilt drei Aufnahmen eines derartigen „Thelypterideto-Phragmitetum" mit. Aus Ungarn sind *Thelypteris palustris*-reiche Ausbildungen des Schilfröhrichts ebenfalls nachgewiesen; innerhalb seines Phragmitetum typhosum teilt Soó (1938) eine Stetigkeitsliste von Bátorliget mit, in der außer *Thelypteris palustris* auch *Carex acutiformis* reichlich vorhanden ist. In einer neueren Arbeit über dieses Gebiet (Soó 1955) teilt Soó die dortigen Schilfröhrichte in ein Scirpo-Phragmitetum urticetosum kioviensis und ein Phragmiteto-Menyanthetum auf. Insbesondere das letztgenannte entspricht weitgehend unserer *Thelypteris palustris*-Variante; doch ist auch das erstere, obwohl insgesamt etwas reicher, noch hierhin zu stellen.

Vom Oberrhein-Maingebiet beschrieb KORNECK (1963) neben einem Scirpo-Phragmitetum typicum eine Subassoziation von *Calamagrostis canescens*, die unserer *Thelypteris*-Variante nahe steht, wenn auch *Thelypteris* fehlt. *Calamagrostis canescens* und *Carex acutiformis* sind reichlich, *Peucedanum palustre* weniger häufig vertreten. *Lathyrus paluster* und *Phalaris arundinacea* deuten jedoch auf eine etwas reichere Standortssituation hin.

In Brandenburg hat CASPERSON (1955) die *Thelypteris*-Variante aus dem Verlandungsgebiet des Wublitz-Sees nördlich von Potsdam belegt, wobei sie in seiner Tabelle als „Degenerationsstadium" rangiert. *Thelypteris*-Schwingdecken mit dominierendem *Thelypteris palustris* und *Phragmites communis* sowie *Sphagnum palustre* und *S. recurvum* beschreiben MÜLLER-STOLL & NEUBAUER (1964) von oligotrophen Waldmooren südlich von Potsdam, wobei die endgültige soziologische Einstufung dieser Ausbildung aber noch offen gelassen wird.

2. Schneiden-Röhricht, Cladietum marisci (ALL. 1922) ZOBRIST 1935 (Tab. 2)

Neben dem Scirpo-Phragmitetum ist das Cladietum marisci die häufigste Röhricht-Gesellschaft des Stechlinsee-Gebietes. Es ist insbesondere an den nährstoffärmeren Seen weit verbreitet und nimmt hier im Wechsel mit dem Schilfröhricht große Uferstrecken ein. An einigen Seen herrscht es überhaupt vor, so am Westteil des Gr. Glietzen-Sees, am Kl. Krukow-See, am Plötzen-See und am Wittwe-See. An den eutrophen Seen und Seeteilen tritt das Cladietum marisci dagegen stark zurück oder fehlt ganz. An den Seen bildet *Cladium mariscus* meist dicht geschlossene, 3 bis 4 m breite Gürtel, denen gelegentlich noch lockere Herden von *Scirpus lacustris, Phragmites communis, Eleocharis*

TABELLE 2

Cladietum marisci

	Typische Subassoziation																			
	Variante von *Nymphaea*					Typische Variante						Variante von *Utricularia minor*			Variante von *Thelypteris*					
Aufnahme-Nr.:	1	2	3	4	5	6	7	8	9	10	11	12	13	14	15	16	17	18	19	20
Artenzahl:	2	3	4	9	10	1	1	2	2	3	5	6	4	8	3	4	4	4	4	4
C-Assoziation:																				
Cladium mariscus	4	4	5	5	5	5	5	5	3	5	4	4	5	5	4	5	4	5	5	4
D-Variante von *Nymphaea alba*:																				
Nymphaea alba minor	+	.	.	1	1	.	.	.	.	.	.	.	.	.	.	.	.	.	.	.
Potamogeton natans			+	+	+	.	.	.	.	.	.	.	.	.	.	.	.	.	.	.
Potamogeton gramineus	.	2	.	+	.	.	.	.	.	.	.	.	.	.	.	.	.	.	.	.
Hydrocharis morsus-ranae	.	.	.	+	1	.	.	.	.	.	.	.	.	.	.	.	.	.	.	.
Myriophyllum verticillatum	.	.	.	.	1	.	.	.	.	.	.	.	.	.	.	.	.	.	.	.
Scirpus lacustris	.	.	.	.	+	.	.	.	.	.	.	.	.	.	.	.	.	.	.	.
D-Subassoziation von *Carex elata:*																				
Thelypteris palustris	.	.	.	.	1	.	.	.	.	.	.	.	.	.	1	1	2	2	2	3
Acrocladium cuspidatum	.	.	.	.	.	.	.	.	.	.	.	.	.	.	.	.	.	.	.	.
Carex elata	.	.	.	.	.	.	.	.	.	.	.	.	.	.	.	.	.	.	.	.
Galium palustre	.	.	.	.	.	.	.	.	.	.	.	.	.	.	.	.	.	.	.	.
Calamagrostis canescens	.	.	.	.	.	.	.	.	.	.	.	.	.	.	.	.	.	.	.	.
Comarum palustre	.	.	.	.	.	.	.	.	.	.	.	.	.	.	.	.	.	.	.	.
Lythrum salicaria	.	.	.	.	.	.	.	.	.	.	.	.	.	.	.	.	.	.	.	.
Lysimachia vulgaris	.	.	.	.	.	.	.	.	.	.	.	.	.	.	.	.	.	.	.	.
Peucedanum palustre	.	.	.	.	.	.	.	.	.	.	.	.	.	.	.	.	.	.	.	.
Lycopus europaeus	.	.	.	.	.	.	.	.	.	.	.	.	.	.	.	.	.	.	.	.
D-Variante von *Utricularia minor:*																				
Utricularia minor	.	.	.	.	.	.	.	.	.	.	.	.	1	+	.	.	.	.	.	.
Utricularia intermedia	.	.	.	+	.	.	.	.	.	.	.	.	1	1	.	.	.	.	.	.
Utricularia vulgaris	.	.	.	.	.	.	.	.	.	.	.	+	.	+	.	.	.	.	.	.
D-Subvariante von *Scorpidium scorpioides:*																				
Scorpidium scorpioides	.	.	.	.	.	.	.	.	.	.	.	.	.	+	.	.	.	.	.	.
Campylium stellatum	.	.	.	.	.	.	.	.	.	.	.	.	.	.	.	.	.	.	.	.
Bryum ventricosum	.	.	.	.	.	.	.	.	.	.	.	.	.	.	.	.	.	.	.	.
Drepanocladus revolvens	.	.	.	.	.	.	.	.	.	.	.	.	.	.	.	.	.	.	.	.
Juncus alpinus	.	.	.	.	.	.	.	.	.	.	.	.	.	.	.	.	.	.	.	.
Pellia fabbroniana	.	.	.	.	.	.	.	.	.	.	.	.	.	.	.	.	.	.	.	.
Aneura pinguis	.	.	.	.	.	.	.	.	.	.	.	.	.	.	.	.	.	.	.	.
D-Form von *Sphagnum contortum:*																				
Sphagnum contortum	.	.	.	.	.	.	.	.	.	.	.	.	.	.	.	.	.	.	.	.
Sphagnum recurvum	.	.	.	.	.	.	.	.	.	.	.	.	.	.	.	.	.	.	.	.
Sphagnum teres	.	.	.	.	.	.	.	.	.	.	.	.	.	.	.	.	.	.	.	.

TABELLE 2

(ALL. 1922) ZOBRIST 1935

Subassoziation von *Carex elata*																			
Typische Variante												Var. von *Utricularia minor*							
Typ. Subvariante								Subvar. von *Scorpidium*				Typ. Subvariante				Subvar. von *Scorpidium*			
Typ. Form					Form von *Sphagnum*											Typ. Form		Form von *Sphagnum*	
21	22	23	24	25	26	27	28	29	30	31	32	33	34	35	36	37	38	39	40
6	8	11	12	14	20	21	20	11	14	22	18	6	8	10	19	15	16	15	20
5	5	5	3	5	4	3	4	5	3	3	3	4	5	4	4	4	3	5	4
.	.	.	.	.	.	.	.	.	.	.	.	.	.	.	.	.	.	.	.
.	.	.	.	.	.	.	.	.	.	.	.	.	.	.	.	.	.	.	.
.	.	.	.	.	.	.	.	.	.	.	.	.	.	.	1	1	.	.	.
.	.	.	.	.	.	.	.	.	.	.	.	.	.	.	.	.	.	.	.
.	.	.	.	.	.	.	.	.	.	.	.	.	.	.	.	.	.	.	.
.	.	.	.	.	.	.	.	.	.	.	.	.	.	.	.	.	.	.	.
2	1	2	3	+	3	3	1	+	.	.	.	.	.	2	1	+	2	.	1
+	.	2	2	.	1	1	.	.	.	.	.	.	.	.	1	1	2	.	1
.	1	+	.	.	.	.	1	+	.	.	.	+	.	1	1	.	2	+	1
.	.	.	1	+	.	1	1	+	+	.	.	.	+	.	+	+	.	.	.
.	.	+	.	1	+	+	.	.	+	+	+	.	.	2	+	.	2	.	.
+	.	.	+	.	+	+	1	+	.	.	.	.	.	1	.	.	.	+	1
1	+	+	1	.	+	+	.	.	.	.	.	.	.	+	+	.	.	.	.
+	.	+	.	+	1	1	.	.	.	+	+	.	.	.	.	.	.	.	.
.	.	.	1	1	+	+	+	.	+	.	.	.	1	.	.	.	.	.	.
.	.	+	.	+	.	+	.	.	.	+	+	.	1	.	.	.	.	.	.
.	.	.	.	.	.	.	.	.	.	.	.	+	+	1	2	+	2	+	2
.	.	.	.	.	.	.	.	.	.	.	.	.	1	2	.	.	2	1	2
.	.	.	.	.	.	.	.	.	.	.	.	.	.	.	1	+	+	+	.
.	.	.	.	.	.	.	.	+	2	1	1	.	.	.	.	2	.	+	2
.	.	.	.	.	.	1	.	1	.	2	1	.	.	.	.	2	.	+	+
.	.	.	.	.	.	.	.	.	1	2	1	.	.	.	.	1	+	.	.
.	.	.	.	.	.	.	.	.	.	+	+	.	.	.	.	.	+	.	.
.	.	.	.	.	.	.	.	.	.	+	+	.	.	.	.	.	.	.	.
.	.	.	.	.	.	.	.	.	.	+	2	.	.	.	.	.	.	.	.
.	.	.	.	.	.	.	.	.	.	.	.	.	.	.	.	.	.	1	2
.	.	.	.	.	2	2	2	.	.	.	.	.	.	.	.	.	.	1	2
.	.	.	.	.	.	.	+	.	.	.	.	.	.	.	.	.	.	+	.
.	.	.	.	.	.	.	+	.	.	.	.	.	.	.	.	.	.	.	1

TABELLE 2 (Fortsetzung)

Aufnahme-Nr.:	1	2	3	4	5	6	7	8	9	10	11	12	13	14	15	16	17	18	19	20
Artenzahl:	2	3	4	9	10	1	1	2	2	3	5	6	4	8	3	4	4	4	4	4
Drosera rotundifolia	.	.	.	.	.	.	.	.	.	.	.	.	.	.	.	.	.	.	.	.
Aulacomnium palustre	.	.	.	.	.	.	.	.	.	.	.	.	.	.	.	.	.	.	.	.
Calliergon stramineum	.	.	.	.	.	.	.	.	.	.	.	.	.	.	.	.	.	.	.	.
Cephalozia connivens	.	.	.	.	.	.	.	.	.	.	.	.	.	.	.	.	.	.	.	.
Vaccinium oxycoccus	.	.	.	.	.	.	.	.	.	.	.	.	.	.	.	.	.	.	.	.
Andromeda polifolia	.	.	.	.	.	.	.	.	.	.	.	.	.	.	.	.	.	.	.	.
Sphagnum acutifolium	.	.	.	.	.	.	.	.	.	.	.	.	.	.	.	.	.	.	.	.
Sphagnum squarrosum	.	.	.	.	.	.	.	.	.	.	.	.	.	.	.	.	.	.	.	.
Sphagnum palustre	.	.	.	.	.	.	.	.	.	.	.	.	.	.	.	.	.	.	.	.
VC-Phragmition, OC-Phragmitetalia:																				
Phragmites communis	.	1	+	.	+	.	.	+	1	+	1	+	+	+	1	1	1	+	+	2
Typha latifolia	.	.	.	.	+	.	.	.	.	.	.	.	.	.	.	.	+	+	+	.
Typha angustifolia	.	.	1	.	.	.	.	.	.	.	.	3	.	.	.	.	.	.	.	+
KC-Phragmitetea:																				
Scutellaria galericulata	.	.	.	.	.	.	.	.	.	.	.	.	.	.	.	.	.	.	.	.
Lysimachia thyrsiflora	.	.	.	.	.	.	.	.	.	.	.	.	.	.	.	.	.	.	.	.
Mentha aquatica	.	.	.	.	.	.	.	.	.	.	.	.	.	.	.	.	.	.	.	.
Carex rostrata	.	.	.	.	+	.	.	.	.	.	.	.	.	.	.	+	.	.	.	.
Carex acutiformis	.	.	.	.	.	.	.	.	.	.	.	.	.	.	.	.	.	.	.	.
Rumex hydrolapathum	.	.	.	.	.	.	.	.	.	.	.	.	.	.	.	.	.	.	.	.
Cicuta virosa	.	.	.	.	.	.	.	.	.	.	.	.	.	.	.	.	.	.	.	.
Begleiter:																				
Carex lasiocarpa	.	.	.	+	.	.	.	.	.	.	+	.	.	+	.	.	.	.	.	.
Alnus glutinosa juv.	.	.	.	.	.	.	.	.	.	.	.	.	.	.	.	.	.	.	.	.
Hydrocotyle vulgaris	.	.	.	.	.	.	.	.	.	.	.	.	.	.	.	.	.	.	.	.
Epilobium palustre	.	.	.	.	.	.	.	.	.	.	.	.	.	.	.	.	.	.	.	.
Betula pubescens	.	.	.	.	.	.	.	.	.	.	.	.	.	.	.	.	.	.	.	.
Cirsium palustre	.	.	.	.	.	.	.	.	.	.	.	.	.	.	.	.	.	.	.	.

Außerdem in je 2 Aufnahmen: *Chara fragilis* + (4), + (11); *Stratiotes aloides* + (10), r (11); *Marchantia polymorpha* 2 (26), 1 (27); *Pinus silvestris* + (26), + (36); *Salix aurita* + (28), + (36);
In je 1 Aufnahme: *Sparganium minimum* 1 (4); *Lemna trisulca* + (12); *Riccardia sinuata* + (14); *coerulea* + (26); *Lotus uliginosus* +, *Viola palustris* + (27); *Myosotis palustris* +, *Potentilla culatus* +, *Betula verrucosa* + (36); *Calliergon giganteum* 1(37); *Epilobium parviflorum* +, *cinclidioides* + (40).

Fundorts-Nachweis zu Tabelle 2:

1. Gr. Krukow-See, E-Seite, 0,2 m. 5. 9. 1962.
2. Plötzen-See, NE-Ufer, 0,05—0,3 m. 29. 9. 1960.
3. Gr. Stechlin-See, SW-Bucht, S-Ufer, 0,3—0,7 m. 4. 10. 1960.
4. Kölpin-See, SE-Bucht, dicht hinter *Phragmites*-Röhricht, 0,15 m. 15. 8. 1963.
5. Kl. Boberow-See, NE-Ufer, 0,2—0,5 m. 10. 8. 1962.
6. Plötzen-See, ENE-Ufer, 0,05—0,35 m. 29. 9. 1960.
7. Plötzen-See, ENE-Ufer, 0,05—0,35 m. 29. 9. 1960.
8. Gr. Glietzen-See, W-Teil, SE-Ufer, 0,0—0,25 m. 21. 9. 1960.
9. Nehmitz-See, N-Teil, N-Ufer der südl. Insel, 0,3—0,6 m. 14. 9. 1960.
10. Kölpin-See, E-Ufer, 0,1—0,3 m. 20. 8. 1963.
11. Kölpin-See, SW-Ufer, 0,2—0,4 m. 14. 8. 1963.
12. Gr. Boberow-See, N-Bucht, N-Ufer, 0,2 m. 10. 8. 1963.
13. Steutzen-See, N-Seite. 24. 8. 1962.

TABELLE 2 (Fortsetzung)

21	22	23	24	25	26	27	28	29	30)	31	32	33	34	35	36	37	38	39	40
6	8	11	12	14	20	21	22	11	14	22	18	6	8	10	19	15	16	15	20
.	.	.	.	.	.	+	.	.	.	.	.	.	.	.	.	.	.	.	+
.	.	.	.	.	.	.	1	.	.	.	.	.	.	.	.	.	.	.	1
.	.	.	.	.	.	.	1	.	.	.	.	.	.	.	.	.	.	.	.
.	.	.	.	.	.	.	+	.	.	.	.	.	.	.	.	.	.	.	.
.	.	.	.	.	.	.	+	.	.	.	.	.	.	.	.	.	.	.	.
.	.	.	.	.	.	.	+	.	.	.	.	.	.	.	.	.	.	.	.
.	.	.	.	.	.	.	1	.	.	.	.	.	.	.	.	.	.	.	.
.	.	.	.	.	.	.	.	.	.	.	.	.	.	.	.	.	.	+	.
.	.	.	.	.	.	.	.	.	.	.	.	.	.	.	.	.	.	.	1
.	1	1	3	.	.	.	1	1	1	.	.	2	2	2°	1	1	3	+	1
.	.	.	.	.	.	.	.	.	.	.	.	.	.	.	.	.	.	.	.
.	.	.	.	.	.	.	.	.	.	.	.	.	.	.	.	.	.	.	.
.	.	.	.	.	1	+	.	.	+	1	+	.	+	.	.	.	.	.	.
.	.	+	.	1	1	.	+	+	.	.	.	+	.	.	.	.	.	.	.
.	.	.	.	.	.	.	.	.	1	1	1	.	.	.	.	.	.	.	.
.	.	.	.	.	.	.	.	.	.	.	.	.	.	.	.	.	.	.	.
.	+	.	.	.	.	.	.	.	.	.	.	.	.	.	.	.	.	.	.
.	.	.	1	.	.	.	.	.	.	.	.	.	.	.	.	.	.	.	.
.	.	.	+	.	.	.	.	.	.	.	.	.	.	.	.	.	.	.	.
.	.	.	+	1	.	+	1	+	2	+	2	1	.	.	1	2	3	+	1
.	+	.	.	1	2	.	.	.	+	+	+	.	.	.	1	+	.	.	.
.	.	+	.	+	1	2	.	.	1	1	1	.	.	.	.	+	.	.	.
.	.	.	.	.	+	+	.	.	+	+	.	.	.	.	.	.	1	.	+
.	.	.	.	.	.	.	1	.	.	+	+	.	.	.	+	.	.	.	.
.	.	.	.	.	+	+	.	.	.	1	1	.	.	.	.	.	.	.	.

Lemna minor + (12), + (22); *Stellaria palustris* + (24), + (35); *Carex panicea* + (25), + (26); *Mnium affine* + (29), + (38); *Calliergon cordifolium* 1(30), 1(31).
Cardamine palustris +, *Campylium polygamum* + (25); *Carex fusca* +, *Agrostis canina* 1, *Molinia* *anserina* +, *Frangula alnus* + (31); *Eupatorium cannabinum* + (32); *Salix repens* +, *Juncus arti-* *Juncus subnodulosus* 1(38); *Menyanthes trifoliata* + (39); *Brachythecium mildeanum* 1, *Mnium*

14. Kölpin-See, SE-Bucht, 0,1 m. 15. 8. 1963.
15. Wittwe-See, NW-Bucht, E-Ufer bei Feldgrieben. 4. 9. 1962.
16. Kl. Boberow-See, NE-Ufer. 10. 8. 1962.
17. Kl. Boberow-See, N-Ufer. 10. 8. 1962.
17. Kl. Boberow-See, N-Ufer. 10. 8. 1962.
18. Kl. Boberow-See, NW-Ufer. 10. 8. 1962.
19. Kl. Boberow-See, SW-Ufer. 10. 8. 1962.
20. Schleiluch bei Altglobsow. 30. 8. 1960.
21. Plötzen-See, N-Ufer. 4. 9. 1962.
22. Kl. Krukow-See, N-Ende, NW-Ufer. 5. 9. 1962.
23. Kl. Krukow-See, W-Ufer, Mitte. 5. 9. 1962.
24. Kölpin-See, NNW-Ufer. 5. 7. 1961.
25. Kölpin-See, E-Ufer, hinter Aufn. 10. 20. 8. 1963.
26. Plötzen-See, W-Ufer, N-Teil. 29. 9. 1960.
27. Plötzen-See, WNW-Ufer. 29. 9. 1960.

palustris oder *Carex rostrata* vorgelagert sind. Landeinwärts füllt das Cladietum marisci stellenweise flache Buchten oder flache Uferstrecken mit größeren Beständen aus. Das Bodensubstrat ist unterschiedlich und reicht von reinen Sandböden über Schlamm- und Kalkgyttja bis zu *Cladium*- und Zwischenmoortorf.

Untereinheiten: Die typische Subassoziation repräsentiert den Typus der Gesellschaft. Es sind dies die artenarmen, oft nur aus *Cladium mariscus* und *Phragmites communis* bestehenden *Cladium*-Gürtel der Seeufer. In der vordersten Zone dieses *Cladium*-Röhrichts sowie in den nässesten Teilen größerer *Cladium*-Bestände in den Seebuchten treten noch regelmäßig einige Wasserpflanzen sowie verschiedentlich *Scirpus lacustris* auf. Wir fassen diese Ausbildungen als Variante von *Nymphaea alba* zusammen. Die Wassertiefe beträgt hier 0,3—0,7 m.

Den Kern des *Cladium mariscus*-Röhrichts stellt die typische Variante dar. In großer Eintönigkeit, meist nur aus *Cladium mariscus* und etwas *Phragmites communis* bestehend, zieht sie sich auf weite Strecken an den Seeufern entlang. Die Wassertiefe reicht hier von 0,05 m bis 0,6 m und liegt zumeist bei 0,3—0,5 m. Der Boden besteht teils aus reinem, z. T. kiesigem Sand, teils aus *Cladium*-Torf wechselnder Mächtigkeit. Hier befindet sich das Cladietum marisci in seinem Optimum. *Cladium mariscus* erreicht dabei seine größte Höhe und fruchtet reichlich. Die vorjährigen abgestorbenen *Cladium*-Halme bilden am Boden einen dichten Filz, der andere Arten nicht oder nur selten zur Entfaltung gelangen läßt. Wo in diesem Blätterfilz noch einige flache Wasserlöcher frei bleiben, finden sich neben *Lemna*-Arten meist Utricularien ein. Diese Variante von *Utricularia minor* kommt in großer Flächenausdehnung in den von *Cladium* erfüllten Seebuchten vor, z. B. am Kölpin-See.

Bei noch geringerer Wassertiefe stellt sich die Variante von *Thelypteris palustris* ein. Sie folgt oftmals der typischen Variante in der Sukzession und wird durch meist reichliche Vorkommen von *Thelypteris palustris* gekennzeichnet. Der Untergrund besteht hier aus tiefgründigem, aber noch wenig verfestigtem Torf und trägt häufig Schwingdecken-Charakter. Landwärts schließen sich entweder die Subassoziationen von *Carex elata* oder unmittelbar Flachmoorgebüsche, Großseggen- oder Zwischenmoorgesellschaften an.

Die Subassoziation von *Carex elata* nimmt die am wenigsten nassen Standorte ein. Die Wassertiefe ist meist gering; oftmals werden diese Bestände nur bei höherem Wasserstand überflutet und sind während des Sommers oberflächlich trocken. Der Boden besteht teils aus tiefgründigem Torf, teils aber auch aus Sand mit nur geringer Torfauflage. Diese Subassoziation ist durch eine größere Anzahl meist aus den Magnocaricetalia

Fortsetzung der Erklärung von Tabelle 2

28. Moor am Steutzen-See, SE-Zipfel, Mitte. 1. 9. 1960.
29. Gr. Stechlin-See, SW-Bucht, S-Ende. 18. 7. 1962.
30. Plötzen-See, ENE-Ufer. 29. 9. 1960.
31. Plötzen-See, ENE-Ufer. 29. 9. 1960.
32. Plötzen-See, ENE-Ufer. 29. 9. 1960.
33. Gr. Stechlin-See, SW-Bucht, S-Ufer. 17. 8. 1960.
34. Kölpin-See, NNW-Ufer. 5. 7. 1961.
35. Gr. Stechlin-See. 17. 8. 1960.
36. Wittwe-See, NW-Bucht, E-Ufer bei Feldgrieben. 4. 9. 1962.
37. Wittwe-See, SE-Bucht, am Steg. 14. 8. 1963.
38. Gr. Stechlin-See, SW-Bucht, S-Ufer. 17. 8. 1960.
39. Steutzen-See, N-Seite. 9. 8. 1963.
40. Steutzen-See, W-Ufer des östl. Teilsees. 1. 9. 1960.

und den Alnetea stammender Arten ausgezeichnet. Das Schilf, das in der typischen Subassoziation nur spärlich vertreten ist, gelangt hier stellenweise zu höheren Deckungswerten (bis 3); es kann aber auch ganz fehlen. Mit großer Stetigkeit und Deckungswerten bis 3 ist ferner *Carex lasiocarpa* vorhanden, wobei die höchsten Werte in der Subvariante von *Scorpidium scorpioides* erreicht werden.

Innerhalb der Subassoziation von *Carex elata* lassen sich eine typische Variante und eine Variante von *Utricularia minor* unterscheiden. Während die erstere etwas trockenere Standorte einnimmt, besiedelt die Variante von *Utricularia minor* Standorte, die bei höherem Wasserstand flach überflutet werden. In den Zwischenräumen der Röhrichthalme entwickeln sich dann mehr oder weniger reichlich *Utricularia minor*, *U. intermedia* und *U. vulgaris*, gelegentlich auch *Potamogeton gramineus*. Bei trockener Witterung und tiefem Wasserstand geraten diese Arten auf das Trockene, können sich aber auf dem feuchten Torfschlamm bis zum Wiederanstieg des Wassers am Leben halten. Die *Utri-*

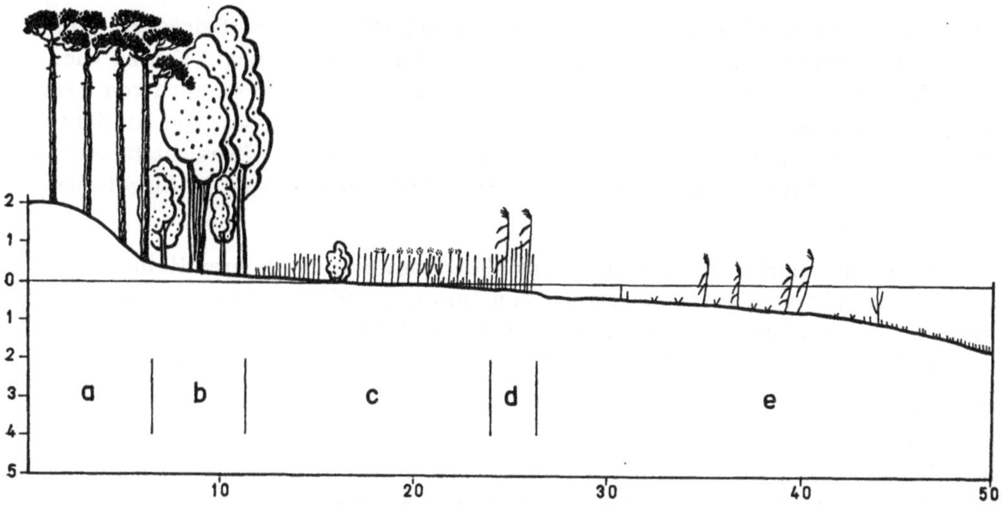

Abb. 3. Vegetationszonierung am Wittwe-See, W-Seite der Feldgriebener Landzunge.
a Kiefernforst; b Querco-Betuletum molinietosum; c Cladietum marisci, Subass. von *Carex elata*; d Scirpo-Phragmitetum; e Charetum asperae mit *Phragmites*-Initialen, seewärts anschließend Charetum filiformis.

cularia-Vegetation der Bodenschicht ist meist so gleichmäßig über den ganzen Bestand verteilt und so eng mit dem *Cladium*-Röhricht verbunden, daß eine Abtrennung dieser Schicht als eigene Utricularion-Gesellschaft nicht tunlich erscheint. In beiden Varianten läßt sich je eine Subvariante von *Scorpidium scorpioides* abtrennen. Diese Subvariante enthält eine Reihe von Arten der Kalkflachmoore (Tofieldietalia), vor allem die kalziphilen Moose *Scorpidium scorpioides*, *Campylium stellatum* und *Bryum ventricosum*. Auf die stärkere Beimischung von *Carex lasiocarpa* in diesen Einheiten wurde bereits hingewiesen. Das Auftreten dieser Subvarianten ist edaphisch durch das Vorkommen von Kalkgyttja (Seekreide) bedingt; sie finden sich hauptsächlich in flachen, verlandeten Seebuchten. Ein Übergang in ein Kalkflachmoor erfolgt jedoch nicht, da menschliche Eingriffe an diesen Stellen weitgehend fehlen. Keimlinge und Jungpflanzen von *Alnus glutinosa*, *Betula pubescens* und *Rhamnus frangula* deuten vielmehr eine Weiterentwicklung zu einem armen Bruchwald an.

Auf kalkarmen Standorten nimmt die Entwicklung andere Wege. Hier mischen sich verschiedene *Sphagnum*-Arten, vor allem *Sphagnum contortum*, *S. recurcum* und *S. teres* in die *Cladium*-Bestände ein, zu denen sich dann weitere Arten der Scheuchzerietalia und Oxycocco-Sphagnetea gesellen. Diese Ausbildungen, die wir als Form von *Sphagnum contortum* auffassen, treten sowohl bei der typischen Subvariante der typischen Variante als auch bei der Subvariante von *Scorpidium* der *Utricularia*-Variante in Erscheinung. Sie liegen ausnahmslos im Vegetationskomplex von Scheuchzerietalia-Zwischenmooren und gehen im weiteren Verlauf der Sukzession wohl in derartige Einheiten über. Der Boden ist ein tiefgründiger, aber wenig verfestigter und mehr oder minder stark schwankender Röhricht-Zwischenmoortorf. *Cladium mariscus* steht vielfach lockerer als sonst und erreicht auch nicht mehr die normale Höhe. Die hauptsächlichsten Vorkommen dieser Ausbildungsformen befinden sich in den Mooren am Steutzen-See und am Gr. Krukow-See.

Gesellschaftsvergleich: Obgleich insgesamt viel seltener als das Scirpo-Phragmitetum und in vielen Gegenden fehlend, ist das Cladietum marisci doch schon zu wiederholten Malen beschrieben worden. Alle diese Darstellungen wurden kürzlich von PFEIFFER (1961) zu einer Gesellschaftsmonographie zusammengefaßt, auf die hinsichtlich weiterer Einzelheiten verwiesen sei. Des weiteren enthält die Übersichtstabelle bei BALÁTOVÁ-TULÁČKOVÁ (1963) auszugsweise Stetigkeitstabellen von 10 Einzeltabellen dieser Gesellschaft.

Das Cladietum marisci war zunächst nur als Subassoziation anderer Röhrichtgesellschaften aufgefaßt worden, so u. a. auch von LIBBERT (1932), der es aus der neumärkischen Staubeckenlandschaft als Caricetum elatae cladietosum beschrieben hat. Erst ZOBRIST (1935) stellte das Cladietum marisci als eine eigene Gesellschaft heraus.

Die meisten Autoren rechneten die Gesellschaft zum Magnocaricion. Diese Einstufung erfolgte offenbar im Hinblick auf die trockeneren Ausbildungsformen der Gesellschaft, die in der Tat eine mehr oder minder große Zahl von Magnocaricion- bzw. Magnocaricetalia-Arten enthalten. Jedoch wies schon JESCHKE (1959) darauf hin, daß das Optimum der Gesellschaft nicht hier, sondern in der typischen, artenarmen Ausbildungsform der Seeränder liegt und sie daher in die Nähe des Scirpo-Phragmitetum gestellt werden müsse, zu dem sie in floristischer wie auch organisatorischer, ökologischer und physiognomischer Hinsicht die meisten Beziehungen aufweise. Die gleiche Meinung vertritt PASSARGE (1959). PFEIFFER (1961) möchte die *Cladium mariscus*-Bestände nicht als eine einheitliche Gesellschaft werten. Er rechnet vielmehr die artenarmen *Cladium-Phragmites*-Bestände der Seeufer als Fazies oder Subassoziation zum Scirpo-Phragmitetum, die Ausbildungsformen mit Zwischen- und Flachmoorarten fallweise zu einer jener Moorgesellschaften. Nur bestimmte Ausbildungen will PFEIFFER als selbständiges Cladietum marisci bestehen lassen und dieses dann dem Magnocaricion zuweisen. Zu den Großseggengesellschaften (Magnocaricetalia), und zwar in den Caricion rostratae-Verband, wird das Cladietum marisci auch von BALÁTOVÁ-TULÁČKOVÁ (1963) in ihrer systematischen Neubearbeitung der europäischen Großseggengesellschaften gestellt. Ihre Tabellen zeigen jedoch deutlich, daß die Magnocaricetalia-Arten im Cladietum nur sehr spärlich vertreten sind; in mehreren Listen fehlen sie sogar völlig, während die Phragmition-Arten vorherrschen. So ist es also durchaus begründet und berechtigt, wenn wir das Cladietum marisci überhaupt aus den Großseggengesellschaften herauslösen und es, dem

Vorgang von Jeschke und Passarge folgend, in das Phragmition stellen. Die Verhältnisse im Stechlinsee-Gebiet können diese Auffassung erneut bekräftigen.

Bei der vergleichenden Betrachtung der bisher beschriebenen Vorkommen des Cladietum marisci ergibt sich, daß die hier vorgenommene Untergliederung, von kleineren Abweichungen abgesehen, eine durchaus überregionale Gültigkeit besitzt. Die Einteilung in eine artenarme typische Subassoziation der Röhrichtzone und in eine Subassoziation von *Carex elata* in der Uferzone mit eindringenden Magnocaricetalia-Arten tritt auch an vielen anderen Stellen deutlich hervor. Dabei ist im südlichen Europa das Cladietum vielfach nur in der Subassoziation von *Carex elata* vertreten. Auch *Utricularia-* und *Scorpidium scorpioides*-reiche Ausbildungsformen sind schon wiederholt beschrieben worden, so u. a. von Zobrist (1935) aus dem Schweizer Mittellande, von Eicke-Jenne (1960) vom Ammersee in Oberbayern und von Jeschke (1959) aus Mecklenburg. Eine Weiterentwicklung des Cladietum zu Zwischenmoor-Gesellschaften schildern Lutz (1938) und Vollmar (1947) aus Oberbayern. Eine umfassende Gliederung des Cladietum marisci steht jedoch noch aus. Selbst Pfeiffer (1961) verzichtet in seiner Gesellschaftsmonographie auf eine feinere Untergliederung und bringt statt dessen lediglich eine Übersicht über die charakteristische Artenkombination der bisher bekannt gewordenen Cladieten in Europa.

3. Kalkbinsen-Röhricht, *Juncus subnodulosus*-Gesellschaft (Tab. 3)

TABELLE 3

Juncus subnodulosus-Gesellschaft

Aufnahme-Nr.:	1	2	3	4	5	6	7	8	9	10
Artenzahl:	9	8	11	10	12	12	11	18	18	24
Juncus subnodulosus	3	3	4	4	3	3	3	3	4	4
D_1: *Utricularia vulgaris*	1	1	+	.	2	.	.	.	.	.
Potamogetaon natans	.	+	+	.	.	.	.	.	.	.
Myriophyltum spicatum	1	.	.	.	.	.	.	.	.	.
Nuphar luteum	.	.	1°	.	.	.	.	.	.	.
Nymphaea alba	.	.	.	1	.	.	.	.	.	.
Fontinalis antipyretica	.	.	.	2	.	.	.	.	.	.
Potamogeton friesii	.	.	.	.	2	.	.	.	.	.
D_2: *Utricularia intermedia*	.	.	.	.	.	.	.	1	3	3
Utricularia minor	.	.	.	.	.	.	.	1	2	2
Potamogeton gramineus	.	.	.	.	.	.	.	+	+	2
VC-Phragmition und OC-Phragmitetalia:										
Phragmites communis	2	.	2	.	2	2	2	.	2	2
Cladium mariscus	2	.	.	1	.	.	.	.	2	1
Sparganium erectum	.	.	+	1	.	1	.	.	.	.
Scirpus lacustris	.	+	.	.	.	.	.	1	.	.
Typha latifolia	.	.	.	.	.	+	.	1	.	.
Typha angustifolia	.	.	.	.	.	.	.	2	.	.
VC-Caricion rostratae und OC-Magnocaricletalia:										
Carex rostrata	+	1	+	1	.	+	.	3	.	.
Carex acutiformis	+	1	.	.	1	.	1	.	1	.

TABELLE 3 (Fortsetzung)

Aufnahme-Nr.:	1	2	3	4	5	6	7	8	9	10
Artenzahl:	9	8	11	10	12	12	11	18	18	24
VC-Caricion rostratae und OC-Magnocaricetalia:										
Galium palustre	.	.	.	.	+	.	+	.	.	.
Lysimachia vulgaris	.	.	.	.	.	.	1	.	.	+
Cicuta virosa	.	.	.	.	.	+	.	.	.	.
Scutellaria galericulata	.	.	.	.	.	.	+	.	.	.
Lysimachia thyrsiflora	.	.	.	.	.	.	+		.	.
Peucedanum palustre	.	.	.	.	.	.	+	.	.	.
Carex pseudocyperus	.	.	.	.	.	.	.	1	.	.
KC-Phragmitetea:										
Mentha aquatica	.	1	.	.	1	.	+	.	+	+
Equisetum fluviatile	.	.	+	+	.	+	.	+	.	.
Sium latifolium	.	.	.	1	.	1	.	.	.	.
Veronica anagallis-aquatica	.	.	.	.	.	+	.	.	.	1
Rumex hydrolapathum	.	.	.	.	.	.	.	1	.	.
Ranunculus lingua	.	.	.	.	.	.	.	1	.	.
Epilobium parviflorum	.	.	.	.	.	.	.	.	+	.
Begleiter:										
Carex lasiocarpa	2	.	1	.	.	.	.	2	2	1
Thelypteris palustris	1	.	1	.	.	.	.	2	.	.
Hydrocharis morsus-ranae	.	.	1	.	.	1	.	2	.	.
Comarum palustre	.	.	.	+	.	.	.	.	+	+
Acrocladium cuspidatum	.	.	.	.	2	.	.	.	2	2
Hydrocotyle vulgaris	.	.	.	.	1	.	.	.	1	1
Chara fragilis	.	.	.	.	1	.	.	.	3	2
Epilobium palustre	.	+	.	.	+	.	.	.	.	.
Agrostis stolonifera	.	.	.	.	1	+	.	.	.	.
Lemna minor	.	.	.	.	.	1	.	+	.	.
Drepanocladus revolvens	.	.	.	.	.	.	.	.	2	2
Mnium rostratum	.	.	.	.	.	.	.	.	1	2
Menyanthes trifoliata	.	.	.	.	.	.	.	.	1°	1°
Eriophorum angustifolium	.	.	.	.	.	.	.	.	+	+

Ferner in je 1 Aufnahme: *Ranunculus repens* + (4); *Calamagrostis canescens* 1, *Alnus glutinosa* Klg. + (7); *Lemna trisulca* +, *Veronica scutellata* + (8); *Carex panicea* 1, *Aneura pinguis* 1, *Campylium stellatum* 1, *Fissidens adiantoides* 1, *Bryum ventricosum* +, *Galium uliginosum* r (10).

Fundorts-Nachweis zu Tabelle 3:

1. Nehmitz-See, N-Teil, E-Ufer, 0,3—0,8 m. 15. 9. 1960.
2. Nehmitz-See, W-Seite von Joppichs Werder, 0,35 m. 7. 9. 1960.
3. Nehmitz-See, S-Teil, N-Ufer, 0,5 m. 15. 9. 1963.
4. Kujitz-See bei Altglobsow, N-Ufer, 0,15 m. 30. 8. 1960.
5. Nehmitz-See, N-Teil, E-Ufer, 0,25—0,4 m. 14. 9. 1960.
6. Kl. Gramzow-See, W-Ufer, 0,3 m. 25. 6. 1961.
7. Nehmitz-See, N-Teil, E-Ufer, 0,10—0,25 m. 15. 9. 1960.
8. Mehlitz-See, N-Ufer, 0,2 m. 25. 6. 1960.
9. Gr. Stechlin-See, SW-Bucht, S-Ufer, 0,05—0,1 m. 17. 8. 1960.
10. Gr. Stechlin-S, SW-Bucht, S-Ufer, 0,1 m. 17. 8. 1960.

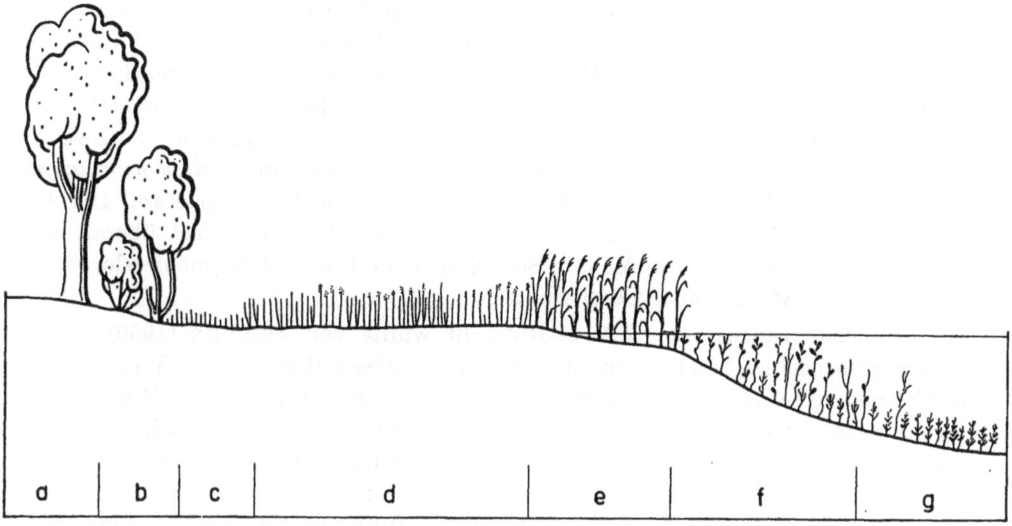

Abb. 4. Vegetationszonierung am Großen Stechlin-See, Endzipfel der W-Bucht.
a Fago-Quercetum; b Carici-Alnetum; c *Juncus subnodulosus*-Röhricht; d Cladietum marisci, Subass. von *Carex elata*; e Scirpo-Phragmitetum; f Potametum lucentis; g Nitellopsidetum obtusae

Als eine weitere, aber viel seltenere und stets nur kleinflächige Röhrichtgesellschaft tritt örtlich ein *Juncus subnodulosus*-Röhricht auf. Es zieht sich stellenweise als schmaler Streifen hinter dem *Phragmites*- oder *Cladium*-Röhricht entlang, kann aber gelegentlich auch als primärer Röhrichtgürtel in Erscheinung treten. Der Boden besteht teils aus Sand, zumeist aber aus Röhricht-Torf, stellenweise auch aus Kalk-Gyttja. Die Wassertiefe kann zwischen 0,05 und 0,6 m schwanken; bei niedrigem Wasserstand während des Sommers liegen die höheren Stellen der Standorte vielfach trocken.

Je nach der Tiefe des Wassers tritt das *Juncus subnodulosus*-Röhricht in drei verschiedenen Ausbildungsformen auf. Die erste siedelt in einer Wassertiefe von 0,1—0,6 m;

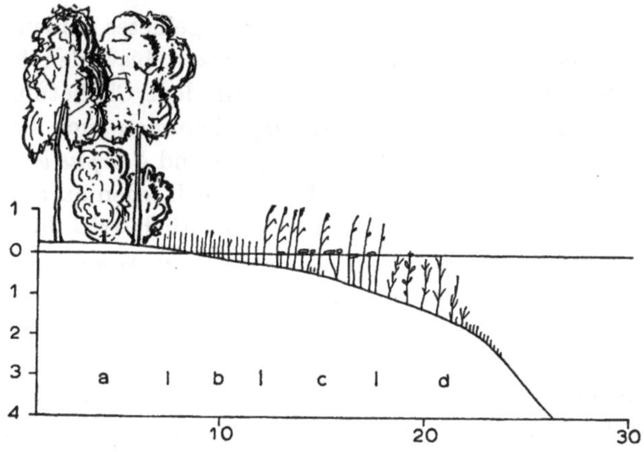

Abb. 5. Vegetationszonierung am E-Ufer des Nehmitz-Sees, Nordteil.
a Carici-Alnetum, Subass. von *Betula pubescens*; b *Juncus subnodulosus*-Röhricht; c Scirpo-Phragmitetum, Subass. von *Nuphar luteum*; d Potametum lucentis.

sie enthält eine Reihe von Wasserpflanzen, vor allem *Utricularia vulgaris* und *Potamogeton natans*. Die beiden anderen Ausbildungsformen finden sich gewöhnlich hinter dem hochwüchsigen Gürtel des Scirpo-Phragmitetum bzw. des Cladietum marisci. Neben einer trockeneren Ausbildungsform gibt es hier eine schlenkenreiche mit *Utricularia minor*, *U. intermedia* und *Potamogeton gramineus*. Eine Reihe von Flach- und Zwischenmoor-Arten, u. a. *Carex lasiocarpa*, *Drepanocladus revolvens* und *Eriophorum angustifolium*, deuten die Weiterentwicklung zu einem Caricetum lasiocarpae an. Durch die einsetzende Bewaldung wird eine derartige Fortentwicklung aber fast überall unterbunden; nur am Nordufer des Mehlitz-Sees grenzt die Gesellschaft mehr oder weniger unmittelbar an Zwischenmoor-Gesellschaften.

Ein ähnliches *Juncus subnodulosus*-Röhricht wurde von Jeschke (1959) aus dem Feldberger Seengebiet beschrieben. Jeschke faßte dieses Röhricht als Initialphase des zum Calthion gehörenden Juncetum subnodulosi W. Koch 1926 auf. Wie seine Tabelle XX zeigt, ist das *Juncus subnodulosus*-Röhricht von dem eigentlichen Juncetum subnodulosi aber so stark verschieden, daß diese Auffassung nicht befürwortet werden kann. Offenbar bestehen auch keine räumlichen Zusammenhänge. Im Stechlinsee-Gebiet jedenfalls bleibt das Juncetum subnodulosi auf inselartige Flecken inmitten von Feuchtwiesen beschränkt und zeigt keinerlei Beziehung zu dem *Juncus subnodulosus*-Röhricht der oligotrophen Seen. Wir möchten dieses daher nicht dem Juncetum subnodulosi zuschlagen, sondern ihm eine selbständige Stellung zubilligen. Da Phragmition-Arten im allgemeinen vorherrschen und das Bild der Gesellschaft bestimmen, empfiehlt sich der Anschluß an das Phragmition.

Neuerdings hat auch Korneck (1963) aus dem Oberrhein- und Maingebiet ein derartiges Kalkbinsen-Röhricht beschrieben, das er Junco subnodulosi-Calamagrostietum canescentis nennt. Da in diesen Beständen die Arten der Großseggen-Rieder überwiegen, rechnet Korneck die dortige Gesellschaft zum Magnocaricion (Magnocaricetalia).

4. Fadenseggen-Röhricht, *Carex lasiocarpa*-Gesellschaft (Tab. 4)

In den nährstoffärmsten Seen des Untersuchungsgebietes finden sich auf sandigem oder sandig-schlammigem Grund flacher Uferstrecken bisweilen lockere *Carex lasiocarpa*-Bestände. Meist treten sie im Wechsel mit dem Cladietum marisci und dem Nyphaeetum minoris auf. Neben *Carex lasiocarpa* kommen auch *Phragmites communis* und *Carex rostrata*, seltener auch *Typha angustifolia* und *Scirpus lacustris* mit einzelnen Halmen vor. Nicht selten sind diese *Carex lasiocarpa*-Herden extrem artenarm und bestehen nur aus *Carex lasiocarpa* (Aufn. 1). Gelegentlich tritt hier auch *Menyanthes trifoliata* als Verlandungspionier auf (Aufn. 2). Im flachen Wasser ist häufig *Potamogeton natans* vertreten (Aufn. 3—7). Näher am Ufer mischen sich *Potamogeton gramineus*, *Chara fragilis*, *Scorpidium scorpioides*, *Calamagrostis neglecta* und *Sparganium minimum* in diese *Carex lasiocarpa*-Bestände ein. Diese Ausbildungsform deutet bereits die Weiterentwicklung zu einem *Carex lasiocarpa*-Zwischenmoor an. Im allgemeinen ist aber die Stoffproduktion solcher lockerer *Carex lasiocarpa*-Röhrichte so gering, daß eine Fortentwicklung unterbleibt und die Gesellschaft im Zustand eines Dauerstadiums verharrt. Ansonsten leitet ein am Ufer aufkommendes Weidengebüsch aus *Salix cinerea* und *Salix aurita* zu einem armen Erlenbruchwald über.

TABELLE 4

Carex lasiocarpa-Gesellschaft

Aufnahme-Nr.:	1	2	3	4	5	6	7	8	9	10
Artenzahl:	1	4	3	4	5	8	9	5	7	12
Carex lasiocarpa	3	2	3	3	3	3	2	2	4	1
D_1: *Potamogeton natans*	.	.	+	1	1	2	+	.	.	.
D_2: *Potamogeton gramineus*	.	.	.	.	.	.	+	2	2	2
Chara fragilis	.	.	.	.	.	.	1	2	1	1
Scorpidium scorpioides	.	.	.	.	.	.	.	3	2	2
Calamagrostis neglecta	.	.	.	.	.	.	.	.	+	1
Sparganium minimum	.	.	.	.	.	.	.	.	1	.
Phragmitetea-Arten:										
Phragmites communis	.	1	2	.	+	.	.	+	1	+
Carex rostrata	.	.	.	2	.	1	1	.	.	+
Typha angustifolia	.	.	.	2	3	.	.	.	.	.
Scirpus lacustris	.	.	.	.	.	.	1	.	.	+
Typha latifolia	.	.	.	.	.	1	.	.	.	.
Equisetum fluviatile	.	.	.	.	.	+	.	.	.	.
Carex disticha	.	.	.	.	.	.	+	.	.	.
Cladium mariscus	.	.	.	.	.	.	.	.	.	1

Weitere Arten: *Menyanthes trifoliata* 1°, *Utricularia vulgaris* + (2); *Alnus glutinosa* + (5); *Nuphar luteum* 1°, *Chara hispida* ssp. *rudis* 1, *Myriophyllum spicatum* + (6); *Eriophorum angustifolium* 1, *Juncus articulatus* + (7); *Thelypteris palustris* +, *Hydrocotyle vulgaris* +, *Drepanocladus* spec. 1 (10).

Fundorts-Nachweis zu Tabelle 4:

1. Gr. Glietzen-See, W-Teil, südl. W-Ufer. 0–0,25 m. 21. 9. 1963.
2. Gr. Tietzen-See, N-Ufer, Mitte, 0,1–0,3 m. 24. 8. 1963.
3.–5. Gr. Glietzen-See, W-Teil, S-Bucht, 0–0,5 m. 21. 9. 1960.
6. Nehmitz-See, S-Teil, N-Ufer, 0,4–0,7 m. 15. 9. 1960.
7. Plötzen-See, E-Ufer, 0,05–0,15 m. 29. 9. 1960.
8. Plötzen-See, N-Ufer, 0,05–0,10 m. 29. 9. 1960.
9. Plötzen-See, NE-Ufer, 0,05–0,2 m. 29. 9. 1960.
10. Plötzen-See, NE-Ufer, 0,05–0,25 m. 29. 9. 1960.

5. Wasserschwaden-Röhricht, Glycerietum maximae Hueck 1931 (Tab. 5)

Entsprechend der mesotrophen Gesamtsituation des Untersuchungsgebietes ist das an ausgesprochen eutrophe Standorte gebundene Glycerietum maximae äußerst selten. Kleinflächige Bestände treten vor allem auf Schlammbänken am Polzow-Fließ und am Kleinen Rhin sowie am Roofen-See und am Dollgower See in der Nachbarschaft der Ortschaften auf. Sonst kommt die Gesellschaft nur an einigen relativ nährstoffreicheren Seen auf eng begrenzten, durch Andriftung entstandenen Anreicherungsstandorten vor.

Untergliederung: Die Verschiedenheit der einzelnen Standorte bedingt eine starke Untergliederung der Gesellschaft. Der größte Teil der Aufnahmen gehört zu der nässeren Subassoziation von *Sparganium erectum*, die in der unmittelbaren Uferzone der Gewässer siedelt. Innerhalb dieser Subassoziation nimmt die Variante von *Nymphaea alba* Standorte mit einer Wassertiefe von 0,1–0,6 m ein. Diese Vorkommen liegen sowohl an Seeufern als auch in flachen Buchten der obengenannten beiden Bäche. In einer für das Untersuchungsgebiet außergewöhnlich reichen Ausbildung ist diese Variante in dem

TABELLE 5

Glycerietum maximae HUECK 1931

Aufnahme-Nr.:	1	2	3	4	5	6	7	8	9	10	11	12	13
Artenzahl:	5	8	9	10	6	7	10	14	10	4	6	7	10
C-Assoziation:													
Glyceria maxima	2	3	3	4	4	3	3	4	5	4	2	4	3
D-Subassoziation von *Sparganium erectum:*													
Sparganium erectum ssp. *polyedrium*	+	+	2	1	.	+	1	+	.	.	.	.	.
Lemna minor	.	.	.	+	+	+	.	3	1	.	.	.	.
Hydrocharis morsus-ranae	.	.	.	.	+	1	.	+	.	.	.	.	.
Lemna trisulca	.	.	.	2	.	.	.	+	.	.	.	.	.
Typha latifolia	.	.	+	.	.	.	.	+	.	.	.	.	.
D-Variante von *Nymphaea alba:*													
Nymphaea alba	3	2	2	.	.	.	.	.	.	.	.	.	.
Nuphar luteum	.	+	1	1	.	.	.	.	.	.	.	.	.
Potagmogeton perfoliatus	1	2	.	.	.	.	.	.	.	.	.	.	.
Potamogeton lucens	.	1	.	.	.	.	.	.	.	.	.	.	.
Potamogeton natans	.	.	1	.	.	.	.	.	.	.	.	.	.
D-Variante von *Menyanthes trifoliata:*													
Menyanthes trifoliata	.	.	.	.	.	.	.	.	1	.	.	.	.
Epilobium palustre	.	.	.	.	.	.	.	.	+	.	.	.	.
Solanum dulcamara	.	.	.	.	.	.	.	.	1	.	.	.	.
Dryopteris spinulosa	.	.	.	.	.	.	.	.	+	.	.	.	.
Eupatorium cannabinum	.	.	.	.	.	.	.	.	1	.	.	.	.
D-Subassoziation von *Carex gracilis:*													
Ranunculus repens	.	.	.	.	.	.	.	.	.	.	.	.	1
Agrostis stolonifera	.	.	.	.	.	.	.	.	.	.	.	.	3
Rumex crispus	.	.	.	.	.	.	.	.	.	.	.	.	+
Caltha palustris	.	.	.	.	.	.	.	.	.	.	.	.	1
VC-Phragmition und OC-Phragmitetalia:													
Phragmites communis	.	.	2	+	.	.	+	1	.	1	1	+	+
(OC-Magnocaricetalia):													
Cicuta virosa	.	.	.	.	.	+	+	.	.	+	2	.	.
Carex vesicaria	.	.	.	.	.	.	1	1	.	.	.	1	.
Carex rostrata	.	.	1	.	.	2	.	.	.	.	.	.	.
Carex acutiformis	.	.	.	.	+	.	.	+	.	.	.	.	.
Lysimachia thyrsiflora	.	1	.	.	.	.	.	.	.	.	.	.	.
Carex paniculata	.	.	.	.	.	.	.	+	.	.	.	.	.
KC-Phragmitetea:													
Rumex hydrolapathum	.	.	.	.	.	.	+	+	+	1	1	+	1
Equisetum fluviatile	3	1	.	.	.	.	+	+	+	.	.	+	.
Sium erectum	.	.	.	1	2	+	+	.	.	.	.	+	.
Eleocharis palustris	.	.	1	.	.	.	.	.	.	.	3	.	3
Alisma plantago-aquatica	.	.	.	+	.	.	+	.	.	.	.	+	.
Mentha aquatica	.	.	.	+	+	.	.	.	.	.	.	.	.
Rumex aquaticus	.	.	.	.	.	.	.	+	.	.	.	.	+
Myosotis caespitosa	.	.	.	.	.	.	.	.	.	.	1	.	+
Veronica anagallis-aquatica	.	.	.	+	.	.	.	.	.	.	.	.	.
Iris pseudacorus	.	.	.	.	.	.	1	.	.	.	.	.	.
Acorus calamus	.	.	.	.	.	.	.	1	.	.	.	.	.
Sium latifolium	.	.	.	.	.	.	.	.	+	.	.	.	.

Fundorts-Nachweis zu Tabelle 5:

1. Roofen-See, N-Teil, W-Ufer, 0,4—1,10 m. 18. 7. 1961.
2. Roofen-See, NW-Teil, W-Ufer, 0,3—1,0 m. 19. 7. 1961.
3. Nehmitz-See, Durchfahrt zwischen N- und S-Teil, E-Ufer 0,6—0,8 m. 15. 9. 1960.

4. Zernickower Mühlenteich, 0,2 m. 4. 8. 1962.
5. Kl. Rhin oberhalb der Köpernitzer Mühle, 0,1 m. 5. 9. 1962.
6. Dollgower See, Mitte, S-Ufer, 0,1—0,2 m. 8. 8. 1963.
7. Polzow-Fließ am Junkerbusch. 9. 8. 1962.
8. Zernickower Mühlenteich, 0,15 m. 9. 8. 1962.
9. Glawke-See, NE-Ufer. 6. 7. 1961.
10. Polzow-Fließ am Junkerbusch, 0,15 m. 9. 8. 1962.
11.—13. Polzow-Fließ unterhalb von Menz, 0,05—0,2 m. 23. 6. 1961.

ehemaligen Mühlenteich der Zernickower Mühle vertreten (Aufn. 4). Im flacheren Wasser in Ufernähe wächst die typische Variante, die z. T. reichlich Lemnetea-Arten enthält. Eine Sonderstellung nimmt die Variante von *Menyanthes trifoliata* ein. Es handelt sich um stark schwingende Bestände an der Schwingrasenkante des Glawke-Sees westlich von Beerenbusch. Das Glycerietum maximae nimmt am NE-Rand dieses Sees einen schmalen Streifen zwischen einem armen Caricetum paniculatae und dem Feuchtwiesen-Gebiet auf den verfestigten Torfböden der Umgebung ein. Die Ursache des lokalen Nährstoffreichtums liegt hier vielleicht in einer sekundären Nährstoffmobilisierung (Autotrophierung), hervorgerufen durch eine vor einigen Jahrzehnten erfolgte künstliche Seespiegelsenkung.

Die typische Subassoziation besiedelt Standorte, die nur gelegentlich flach überflutet werden, sonst aber einige Zentimeter über dem mittleren Wasserspiegel liegen. Durchweg handelt es sich dabei um Vorkommen auf Sand- und Schlammbänken im Polzow-Fließ. Hier konnte an einer Stelle auch ein Bestand festgestellt werden, der eine Reihe von Flutrasen-Arten enthält und somit etwa der in den Flußtälern verbreiteten Subassoziation von *Carex gracilis* entspricht.

Gesellschaftsvergleich: Gegenüber den Vorkommen in den brandenburgischen Flußniederungen (Hueck 1931, Schmale 1939, Krausch 1953, Passarge 1955, Freitag & coll. 1958) ist das Glycerietum maximae des Stechlinsee-Gebietes stark verarmt. So fehlen *Rorippa amphibia*, *Glyceria fluitans*, *Oenanthe aquatica* und *Stachys palustris* völlig; andere dort ebenfalls häufige Arten sind hier wesentlich spärlicher, wie z. B. *Acorus calamus*. Andererseits treten im Stechlinsee-Gebiet mit *Cicuta virosa*, *Lysimachia thyrsiflora*, *Carex rostrata* und *Carex acutiformis* einige Caricion rostratae-Arten in Erscheinung, die in den optimalen Ausbildungen des Glycerietum maximae in den großen Stromtälern zurücktreten oder überhaupt fehlen. Allerdings gibt es auch dort an entsprechenden Standorten etwas ärmere Ausbildungsformen des Glycerietum maximae, in denen vor allem *Lysimachia thyrsiflora* vorkommt, wie im Golmer Luch (Schmale 1939) und an der unteren Schwarzen Elster (Freitag & coll. 1958). An mesotrophen bis schwach eutrophen Seen dagegen ist das Glycerietum maximae, wenn überhaupt, nur in derartig verarmten Ausbildungsformen vorhanden. Angaben hierüber liegen aus der neumärkischen Staubeckenlandschaft (Libbert 1932), vom Grimnitz-See in der Uckermark (Panknin 1941), der Krummen Lanke bei Berlin (Hueck 1942), dem Feldberger Seengebiet (Jeschke 1959) und dem Birnbaum-Zirker Seengebiet (Dąmbska 1961) vor. Insbesondere das Glycerietum maximae an den Feldberger Seen ähnelt sehr dem des Stechlinsee-Gebietes.

6. Sumpfbinsen-Kleinröhricht, Eleocharito-Hippuridetum (Schennikow 1919) H. Passarge 1955 (Tab. 6)

Ein Sumpfbinsen-Röhricht konnte im Stechlinsee-Gebiet nur an wenigen Stellen beobachtet werden, und auch hier waren die Bestände gegenüber der typischen Ausbildung des Eleocharito-Hippuridetum PASSARGE 1955 durchweg verarmt. Der Grund für das Zurücktreten dieser flache, schlammige und nährstoffreiche Uferstrecken besiedelnden Gesellschaft liegt vor allem in dem Fehlen geeigneter Standorte.

Lediglich am Gr. Pälitz-See ist diese Gesellschaft etwas häufiger. Hier tritt sie an den flachen Ufern der Holzablagen auf, die heutzutage z. T. als Zeltplätze benutzt werden. Daneben wurden kleinere Bestände an einem Kahnanlegeplatz am Peetsch-See und am Roofen-See festgestellt. Über ihre Zusammensetzung unterrichtet Tabelle 6.

TABELLE 6

Eleocharito-Hippuridetum PASSARGE 1955

Aufnahme-Nr.:	1	2	3	4
Artenzahl:	1	2	4	4
Eleocharis palustris	3.4	3.4	3.4	2.2
Phragmites communis	.	.	+.1	2.1
Potamogeton nitens	.	1.2	.	.
Potamogeton filiformis	.	.	.	2.2
Mentha arvensis	.	.	+.2	.
Lycopus europaeus	.	.	+.1	.
Equisetum fluviatile	.	.	.	+.1

Fundorts-Nachweis zu Tabelle 6:

1. Gr. Pälitz-See, Debrodt-Ablage, Boden Sand, Wassertiefe 0—0,3 m. 19. 6. 1962.
2. Gr. Pälitz-See, Ablage Hohen-Pälitz, Boden Sand, z. T. steinig, Wassertiefe 0,15—0,25 m, hinter einem lockeren Röhricht. 11. 7. 1962.
3. Peetsch-See, Kahnanlegestelle am N-Zipfel, Boden Sand, Wassertiefe 0—0,3 m. 4. 9. 1962.
4. Roofen-See, E-Ufer, Boden schlammiger Sand, Wassertiefe 0—0,4 m. 19. 7. 1961.

An der Ablage Hohen-Pälitz geht das artenarme *Eleocharis*-Röhricht des flachen Sandstrandes randlich in ein lockeres *Scirpus lacustris*-Röhricht auf Schwemmtorf über, in dem auch *Hippuris vulgaris* wächst:

3.4	*Scirpus lacustris*	+.1	*Hippuris vulgaris*
2.3	*Equisetum fluviatile*	+.1	*Sium erectum*
1.1	*Eleocharis palustris*	1.2	*Potamogeton natans*
r	*Phragmites communis*	+.1	*Lemna minor*

Eleocharis palustris-Herden treten auch auf Sand- und Schlammbänken im Polzow-Fließ unterhalb von Menz in Erscheinung; doch ist *Eleocharis* hier zumeist mit anderen Röhricht-Pflanzen vergesellschaftet. Diese Bestände gehören daher teils zum Glycerietum maximae (Tab. 5), teils zum Caricetum vesicariae (Tab. 13). Gelegentlich handelt es sich aber auch um eine mehr eigenständige Vergesellschaftung:

2.3	*Eleocharis palustris*	+.1	*Sagittaria sagittifolia* f. *vallisneriifolia*
2.2	*Phragmites communis*	+.1	*Lythrum salicaria*
1.3	*Sium erectum* f. *submersa*	+.1	*Alisma plantago-aquatica*
1.3	*Veronica anagallis-aquatica* f. *submersa*	+.1	*Agrostis alba stolonifera*
1.1	*Potamogeton perfoliatus*		

G e s e l l s c h a f t s v e r g l e i c h: Die systematische Stellung der Sumpfried-Kleinröhrichte bedarf noch der Klärung. Schon SCHENNIKOW (1919, nach MILJAN 1933) hat aus Rußland eine *Heleocharis palustris*-Assoziation von humosen Schlickstandorten der Talauen beschrieben. Nach MILJAN (1933) ist diese Gesellschaft auch in Estland weit verbreitet;

leider gestattet die von diesem Autor gegebene kurze Beschreibung keine genauere Analyse. Wahrscheinlich ist dieses „Heleocharetum palustris" aber weitgehend identisch mit der von H. PASSARGE (1955) aus dem Oberspreewald beschriebenen und mit einer Tabelle belegten *Eleocharis palustris-Hippuris vulgaris*-Gesellschaft. PASSARGE ordnet sie dem Phragmition zu, wohin sie ihrer Artenkombination nach ganz zweifellos auch gehört. Sie wächst dort auf relativ eutrophen Standorten in Altwässern oder in Buchten schwach strömender Fließgewässer auf schlammig-schlickigem Untergrund. Wesentlich ärmer sind dagegen die *Eleocharis palustris*-Bestände an flachen Ufern mesotropher Seen, wie wir sie z. B. am Byhleguhrer See in der Nähe des Oberspreewaldes beobachteten (KRAUSCH 1955). JESCHKE (1959) beschreibt aus dem Feldberger Gebiet eine *Eleocharis palustris*-Gesellschaft, die er auf Grund des Vorkommens von *Littorella uniflora* f. *terrestris* und *Myriophyllum alterniflorum* in das Littorellion stellt. Ganz ähnlich ist das von CORILLION (1957) aus Frankreich belegte „Heleocharetum palustris". Ökologisch stehen diese mit Littorellion-Arten durchmischten Gesellschaften dem „Rasenbinsen-Sumpfried-Tümpel" im Bereich von Heideteichen der Oberlausitzer Heide nahe (GROSSER 1954/55). Er enthält neben der faziesbildenden *Eleocharis palustris* noch *Juncus bulbosus*, *Glyceria fluitans*, *Sphagnum cuspidatum*, *Sphagnum obesum* und *Sparganium angustifolium* und zeigt somit Anklänge an das nordwestdeutsche Sphagno-Sparganietum angustifolii Tx. 1937. Wieder anderen Charakter trägt die *Scirpus tabernaemontani-Eleocharis palustris*-Gesellschaft mit *Scirpus tabernaemontani*, *Eleocharis palustris*, *Carex disticha*, *Agrostis stolonifera*, *Apium repens* u. a. von mäßig beweideten Seeufern und Viehtränken im Müritz-Gebiet (JESCHKE 1963). Diese Bestände erinnern an *Eleocharis palustris*-reiche Pflanzengesellschaften an brandenburgischen Salzstellen. Derartige Brackröhrichte mit hohen Anteilen von *Eleocharis palustris* sind an der Ostseeküste weit verbreitet, von wo sie FUKAREK (1961) als Scirpo-Hippuridetum beschrieben hat. FUKAREK weist auf die Unterschiede zwischen diesem Brackwasser-Röhricht und dem Eleocharito-Hippuridetum limnischer Standorte hin und vertritt die Auffassung, daß es auf Grund der geringen floristischen Affinität nicht angebracht sei, beide Gesellschaften zu einer Assoziation zusammenzufassen. Auf jeden Fall gehört aber dieses *Eleocharis palustris*-reiche Brackröhricht ebenfalls zum Phragmition.

Eleocharis palustris spielt auch in einigen Großseggen-Gesellschaften eine Rolle und wird daher neuerdings von BALÁTOVÁ-TULÁČKOVÁ (1963) als Ordnungs-Kennart der Magnocaricetalia in Anspruch genommen. Angesichts der weiten ökologischen Amplitude der Art ist eine solche Einstufung jedoch abzulehnen und *Eleocharis palustris* insgesamt als Kennart der Klasse Phragmitetea zu bewerten. Es bleibt aber zu überprüfen, inwieweit es sich in den einzelnen Gesellschaften um die bisher noch wenig beachteten Kleinarten dieser formenreichen Sammelart handelt (vgl. hierzu auch OBERDORFER 1962, S. 173—174).

II. Bachröhrichte, Nasturtio-Glycerietalia PIGN. 1953 und Sparganio-Glycerion BR.-BL. & SISS. 1942

(1) Flutsüßgras-Bachröhricht, Sparganio-Glycerietum fluitantis BR.-BL. 1925 (Tab. 7)

Ebenso wie die Fluthahnenfuß-Gesellschaften treten im Stechlinsee-Gebiet auch die Bach-Röhrichte mangels fließender Gewässer ganz in den Hintergrund; die wenigen

Vorkommen haben zudem überwiegend fragmentarischen Charakter. Sie finden sich in flachen Wiesengräben mit stärker strömendem, klarem und kühlem Wasser über sandigem und torfigem Untergrund. Vorkommen konnten im Verbindungsgraben zwischen Kl. und Gr. Boberow-See, im Abflußgraben des Gr. Boberow-Sees, in der Döllnitz, im Kleinen Rhin, in Gräben am Dunker-See, am Gr. Kessel-See und am Glawke-See festgestellt werden. Alle diese Fundorte liegen am Rande des Untersuchungsgebietes.

TABELLE 7

Sparganio-Glycerietum fluitantis BR.-BL. 1925 (fragm.)

Aufnahme-Nr.:	1	2	3	4	5	6	7	8	9	10
Artenzahl:	9	4	5	3	5	7	6	6	9	11
VC-Sparganio-Glycerion und OC-Nasturtio-Glycerietalia:										
Sium erectum	4	4	2	.	3	1	2	4	3	2
Veronica anagallis-aquatica	.	.	+	.	1	1	.	.	1	.
Nasturtium officinale	.	.	.	4	1	3	.	1	.	.
Veronica beccabunga	.	.	.	.	.	.	3	.	1	1
Sparganium neglectum	.	.	.	.	.	.	.	2	1	3
Glyceria fluitans	.	.	.	.	.	.	.	.	1	.
D *Epilobium roseum*	.	.	.	.	.	.	.	.	.	1
D-Subass. von *Potamogeton natans*:										
Nymphaea alba	1	.	.	.	.	.	.	.	.	.
Potamogeton natans	+	.	.	.	.	.	.	.	.	.
Hydrocharis morsus-ranae	+	.	.	.	.	.	.	.	.	.
KC-Phragmitetea:										
Carex acutiformis	+	.	.	.	3	1	1	.	2	.
Mentha aquatica	1	+	.	.	.	.	.	.	+	+
Phragmites communis	.	.	+	.	.	.	1	1	.	+
Equisetum fluviatile	+	.	.	.	.	.	.	.	.	+
Carex rostrata	.	.	.	+	.	1	.	.	.	.
Glyceria maxima	.	.	.	1	.	.	.	.	.	+
Rumex hydrolapathum	.	.	.	.	.	.	.	.	.	+
Typha latifolia	.	.	.	.	.	.	.	.	.	+
Begleiter:										
Lemna trisulca	+	2	1	.	2	1	.	2	2	1
Lemna minor	.	+	.	.	.	2	.	+	1	.
Myosotis palustris	+	.	.	.	.	.	1	.	.	.
Stellaria alsine	.	.	+	.	.	.	.	.	.	.
Epilobium hirsutum	.	.	.	.	.	.	1	.	.	.

Fundorts-Nachweis zu Tabelle 7:

1. Verbindungsgraben zwischen Dunker-See und Kl. Rhin. 5. 9. 1962.
2. Verbindungsgraben zwischen Kl. und Gr. Boberow-See, innerhalb eines Alnetum am SW-Ende des Gr. Boberow-Sees, 10. 7. 1962.
3. Abflußgraben des Gr. Kessel-Sees. 6. 7. 1961.
4. Kl. Rhin unterhalb des Dollgower Sees. 8. 8. 1963.
5. Abflußgraben des Gr. Kessel-Sees. 6. 7. 1961.
6. Zufluß oberhalb des Glawke Sees. 6. 7. 1961.
7. Quellgraben zum Kl. Kessel-See. 6. 7. 1961.
8. Abflußgraben des Gr. Kessel-Sees. 6. 7. 1961.
9. Graben zwischen Gr. Kessel-See und Glawke-See. 6. 7. 1961.
10. Kl. Rhin oberhalb des Dollgower Sees, 8. 8. 1963.

Die Bestände werden fast immer von *Sium erectum*, seltener von *Nasturtium officinale* beherrscht. An weiteren Verbands-Kennarten sind *Veronica anagallis-aquatica*, *Veronica beccabunga*, *Sparganium erectum* ssp. *neglectum* und *Glyceria fluitans* vertreten; diese Arten sind aber spärlich und fehlen der Mehrzahl der Bestände. An etwas tieferen Stellen mit geringerer Fließgeschwindigkeit des Wassers enthält die Gesellschaft auch *Nymphaea alba*, *Potamogeton natans* und *Hydrocharis morsus-ranae*; diese Ausbildungen entsprechen dem Sparganio-Glycerietum potametosum.

Kontaktgesellschaften sind die *Potamogeton alpinus*-Gesellschaft und *Lemna minor-Lemna trisulca*-Bestände; am Ufer Calthion-Wiesen oder, seltener, das Caricetum paniculatae.

Von unseren 10 Aufnahmen entsprechen nur die letzten der optimalen Ausbildung der Gesellschaft; bei den anderen handelt es sich um verarmte Ausbildungen, wie sie auch anderswo häufig sind (OBERDORFER 1957, BOER 1942, KOVACS 1962).

III. Großseggen-Rieder, Magnocaricetalia PIGN. 1953

Die Großseggen-Rieder wurden bisher zu dem einen Verband Magnocaricion W. KOCH 1926 zusammengefaßt. Diese Einteilung konnte auf die Dauer nicht befriedigen, nachdem es sich zeigte, daß hier ökologisch verschiedenartige Komponenten vereinigt waren. Anknüpfend an Vorarbeiten von NEUHÄUSL und eigene Gliederungsvorschläge hat BALÁTOVÁ-TULÁČKOVÁ (1963) neuerdings eine umfassende Revision der europäischen Großseggen-Gesellschaften durchgeführt. Der folgenden Darstellung liegt bereits diese neue Einteilung zugrunde, deren grundsätzliche Gültigkeit sich an unserem Material durchaus bestätigte. Gegenüber BALÁTOVÁ-TULÁČKOVÁ (1963) halten wir jedoch einige Veränderungen für erforderlich, deren nähere Begründung, soweit es die hier behandelten Gesellschaften betrifft, in den einschlägigen Abschnitten gegeben wird. Im einzelnen handelt es sich um folgende Abänderungen:

1. Das Cladietum marisci stellen wir zum Phragmition.

2. *Eleocharis palustris* wird als Klassen-Kennart der Phragmitetea eingestuft.

3. Als weitere Ordnungs-Kennarten der Magnocaricetalia werden *Lysimachia vulgaris* und *Cardamine palustris* angesehen.

4. Das Caricetum ripario-acutiformis wird in der alten Form beibehalten; die Aufgliederung dieser Gesellschaft in ein Caricetum acutiformis und ein Caricetum ripariae wird verworfen. *Carex riparia* ist als Ordnungs-Kennart der Magnocaricetalia zu bewerten. Das Caricetum ripario-acutiformis jedoch gehört in Mitteleuropa seiner gesamten Artenkombination nach zum Caricion rostratae. Die systematische Stellung abweichender Ausbildungsformen im südlichen Europa bedarf aber noch der Klärung.

5. *Carex buxbaumii* ist nach SEGAL & WESTHOFF (1959) Ordnungs-Kennart der Tofieldietalia (Caricetalia davallianae); danach muß sie als Verbands-Kennart des Caricion rostratae gestrichen werden. Es ist jedoch möglich, *Carex buxbaumii* als Verbands-Trennart zu benutzen.

6. Zu den Verbands-Kennarten des Caricion rostratae sind noch *Teucrium scordium* und *Senecio paludosus* hinzuzufügen.

7. Die Zahl der Verbands-Kennarten des Caricion gracilis kann um *Carex oenensis* (vgl. SEIBERT 1962, S. 57) und um *Lathyrus paluster* (vgl. FRITSCH 1962, S. 159; KORNECK 1963, S. 35) vermehrt werden.

Nach diesen Änderungen ergibt sich für die Magnocaricetalia folgendes Bild:

Magnocaricetalia PIGN. 1953

Galium palustre	*Scutellaria galericulata*
Carex acutiformis	*Lysimachia vulgaris*
Carex riparia	*Cardamine palustris*
Carex disticha	

Caricion rostratae BAL.-TUL. 1963	Caricion gracilis BAL.-TUL. 1963
Carex rostrata	*Carex gracilis*
Carex elata	*Carex oenensis*
Carex paniculata	*Carex vulpina*
Carex appropinquata	*Carex vesicaria*
Carex pseudocyperus	*Phalaris arundinacea*
Cicuta virosa	*Lathyrus paluster*
Calla palustris	*Poa palustris*
Carex aquatilis	*Oenanthe fistulosa*
Peucedanum palustre	*Leucoium aestivum*
Lysimachia thyrsiflora	
Teucrium scordium	
Senecio paludosus	
DV *Menyanthes trifoliata*	
DV *Comarum palustre*	
DV *Carex buxbaumii*	

a) Mesotrophe Großseggen-Rieder, Caricion rostratae BAL.-TUL. 1963

1. Sumpfseggen-Ried, Caricetum ripario-acutiformis KOBENDZA 1930 (Tab. 8 und 9)

Das Caricetum ripario-acutiformis ist die verbreitetste Großseggen-Gesellschaft des Stechlinsee-Gebietes. An fast allen Seen zieht es sich in schmalen, vielfach unterbrochenen Streifen an den Ufern entlang, teils hinter einem lockeren Schilf-Röhricht, teils aber auch als primäre Helophytengesellschaft des Litorals. Andere Vorkommen liegen als mehr oder weniger scharf begrenzte, dunkelgrüne Inseln inmitten von Feucht- und Kleinseggen-Wiesen.

Hauptbestandsbildner ist die ausläuferbildende Großsegge *Carex acutiformis*, die zugleich Kennart der Gesellschaft ist. *Carex riparia* als weitere Kennart ist im Untersuchungsgebiet selten und wurde daher nur in zwei Probeflächen erfaßt. Worauf dieses starke Zurücktreten von *Carex riparia* im Stechlinsee-Gebiet beruht, bleibt vorerst unklar; vielleicht stellt *Carex riparia* höhere Wärmeansprüche als *Carex acutiformis*.

Bei dem Caricetum ripario-acutiformis handelt es sich um eine ausgesprochen blütenarme Gesellschaft. Die ganze Vegetationsperiode hindurch bestimmen die dunkelgrünen, leicht überhängenden Halme von *Carex acutiformis* das Bild. Nur spärlich streuen *Lysimachia vulgaris*, *L. thyrsiflora*, *Lythrum salicaria* und einige wenige andere Arten ein paar bunte Tupfen in diesen einförmigen Teppich. Auch in der an buntblühenden Wiesenpflanzen reicheren Subassoziation von *Ranunculus repens* kommen diese gegenüber den dominierenden *Carex*-Halmen kaum zur Geltung.

Untereinheiten: Das Caricetum ripario-acutiformis tritt im Untersuchungsgebiet in zwei standörtlich verschiedenen Gruppierungen auf. Die Ausbildungen an den Seeufern sind relativ artenarme Bestände, deren mittlere Artenzahl bei 9 liegt. Das Schilf

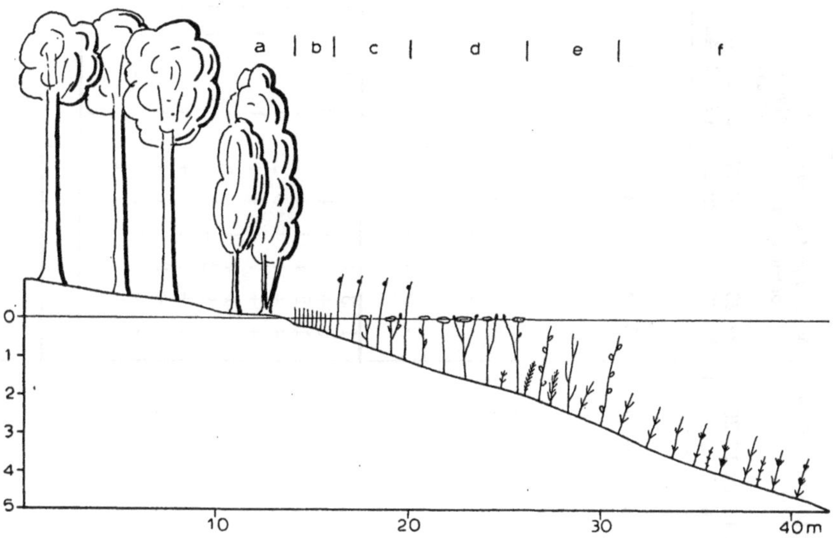

Abb. 6. Vegetationszonierung am Peetsch-See, SE-Bucht.
a Carici-Alnetum, dahinter landwärts Fago-Quercetum; b Caricetum ripario-acutiformis; c Myriophyllo-Nupharetum scirpetosum; d Myriophyllo-Nupharetum typicum; e Potametum lucentis; f Characeen-Gesellschaften.

ist hier häufig und kann den Mengenwert 3 erreichen; doch bleibt es niedrig und zeigt vielfach eine herabgesetzte Vitalität. Hier an den Seeufern lassen sich zwei Subassoziationen unterscheiden. Die Subassoziation von *Hydrocharis morsus-ranae* wächst an etwas geschützteren Uferstrecken zwischen dem Schilf-Röhricht und dem Erlenbruchwaldstreifen des Ufersaums. Seewärts reicht die Gesellschaft bis in eine Wassertiefe von 0,5 m. Infolge der geschützten Lage können sich im Wasser zwischen den Seggenhalmen einige freischwimmende Wasserpflanzen entfalten, und zwar vor allem *Hydrocharis morsus-ranae*, *Lemna minor*, *L. trisulca* und *Utricularia vulgaris*; seltener sind *Spirodela polyrhiza*, *Riccia fluitans* und *Stratiotes aloides*. Auch *Typha latifolia* beschränkt sich nach den bisherigen Feststellungen auf diese Subassoziation und kann vielleicht als weitere Trennart herangezogen werden.

Der Boden in dieser Subassoziation besteht aus Sand, der von einer Torfschicht wechselnder Mächtigkeit überdeckt wird. Die Torfdecke ist meist heterogener Entstehung und setzt sich aus allochthonem Schwemmtorf und autochthonem Seggentorf zusammen. Ihre Mächtigkeit nimmt uferwärts zu. Sie ist bestimmend für die Ausbildung von zwei Varianten. Während die typische Variante im allgemeinen auf geringmächtigem Torf, gelegentlich und besonders in den seewärtigen Partien auch auf reinem Sand wächst, verlangt die *Thelypteris*-Variante eine stärkere Torfdecke. Sie ist besonders dort entwickelt, wo das vorgelagerte Schilfröhricht dichtere und höhere Bestände bildet und dadurch eine stärkere Akkumulation allochthonen Materials stattfindet. Stellenweise sind diese Standorte als Schwingrasen entwickelt. Die Variante von *Thelypteris palustris* stellt eine unmittelbare Vorstufe des Erlenbruchwaldes dar; die Weiterentwicklung geht jedoch infolge der nur langsamen Aufhöhung der Torfschicht, der hohen Wasserstände im Uferbereich und wohl auch infolge winterlicher Eispressungen nur äußerst langsam voran. Zwischenstadien zwischen Caricetum ripario-acutiformis und Carici-

TABELLE 8

Caricetum ripario-acutiformis KOBENDZA 1930

	Subass. von *Hydrocharis morsus-ranae*																					Subass. von *Ranunculus repens*								
	Typische Variante								Var. von *Thelypteris*							Typische Subass.						Var. von *Cirsium oleraceum*						Var. von *Sphagnum recurvum*		
Aufnahme-Nr.:	1	2	3	4	5	6	7	8	9	10	11	12	13	14	15	16	17	18	19	20	21	22	23	24	25	26	27	28	29	30
Artenzahl:	10	11	9	8	10	10	6	12	11	9	14	9	11	11	9	4	4	7	9	9	14	13	23	17	22	22	23	17	32	42
C-Assoziation:																														
Carex acutiformis	4	4	4	3	4	5	5	5	5	4	4	3	3	4	4	3	5	3	4	4	3	5	5	5	5	4	4	5	5	4
Carex riparia	.	.	.	.	.	.	.	.	.	.	.	.	1	1	.	.	.	.	.	.	.	.	.	.	.	.	.	.	.	.
D-Subass. von *Hydrocharis:*																														
Hydrocharis morsus-ranae	1	1	1	.	+	1	.	.	+	.	+	.	1	+	+	.	.	.	.	.	.	.	.	.	.	.	.	.	.	.
Lemna minor	3	+	.	+	.	+	.	1	+	1	+	.	2	.	.	.	.	.	.	.	.	.	.	.	.	.	.	.	.	.
Lemna trisulca	+	+	.	.	.	.	2	.	+	.	+	.	.	.	2	.	.	.	.	.	.	.	.	.	.	.	.	.	.	.
Utricularia vulgaris	+	+	.	.	1	.	2	+	.	.	.	1	.	.	.	.	.	.	.	.	.	.	.	.	.	.	.	.	.	.
D-Variante von *Thelypteris:*																														
Thelypteris palustris	.	.	.	.	.	.	.	.	+	1	1	3	4	3	3	.	.	.	.	.	.	.	.	.	.	.	.	.	.	.
D-Subass. von *Ranunculus repens:*																														
Ranunculus repens	.	.	.	.	.	.	.	.	.	.	.	.	.	.	.	.	.	.	.	.	.	1	3	1	+	1	2	r	1	+
Acrocladium cuspidatum	.	.	.	.	.	.	.	.	.	.	.	.	.	.	.	.	.	.	.	.	.	2	+	.	1	1	.	2	2	1
Caltha palustris	.	.	.	.	.	.	.	.	.	.	.	.	.	.	.	.	.	.	.	.	.	1	2	1	1	+	.	.	.	+
Cirsium palustre	.	.	.	.	.	.	.	.	.	.	.	.	.	.	.	.	.	.	.	.	.	+	+	+	+	.	.	+	.	+
Galium uliginosum	.	.	.	.	.	.	.	.	.	.	.	.	.	.	.	.	.	.	.	.	.	+	+	.	.	+	+	1	.	1
Carex fusca	.	.	.	.	.	.	.	.	.	.	.	.	.	.	.	.	.	.	.	.	.	+	1	.	1	.	+	.	+	.
Geum rivale	.	.	.	.	.	.	.	.	.	.	.	.	.	.	.	.	.	.	.	.	.	.	1	2	+	1	.	.	.	1
Cardamine pratensis	.	.	.	.	.	.	.	.	.	.	.	.	.	.	.	.	.	.	.	.	.	.	+	.	.	+	+	+	+	.
Lotus uliginosus	.	.	.	.	.	.	.	.	.	.	.	.	.	.	.	.	.	.	.	.	.	.	+	2	.	1	+	+	.	1
Juncus effusus	.	.	.	.	.	.	.	.	.	.	.	.	.	.	.	.	.	.	.	.	.	+	+	+	+	.	.	.	1	.
Poa palustris	.	.	.	.	.	.	.	.	.	.	.	.	.	.	.	.	.	.	.	.	.	.	1	.	.	+	+	.	1	.
Mnium seligeri	.	.	.	.	.	.	.	.	.	.	.	.	.	.	.	.	.	.	.	.	.	.	.	.	+	.	.	1	+	1
D-Var. von *Cirsium oleraceum:*																														
Lychnis flos-cuculi	.	.	.	.	.	.	.	.	.	.	.	.	.	.	.	.	.	.	.	.	.	.	+	+	+	+	.	.	.	.
Agrostis alba	.	.	.	.	.	.	.	.	.	.	.	.	.	.	.	.	.	.	.	.	.	.	.	+	+	+	+	.	.	.
Cirsium oleraceum	.	.	.	.	.	.	.	.	.	.	.	.	.	.	.	.	.	.	.	.	.	.	+	+	.	1	.	.	.	.
Myosotis palustris	.	.	.	.	+	.	.	.	.	.	.	.	.	.	.	.	.	.	.	.	.	+	.	+	.	.	.	.	.	.
Ranunculus acer	.	.	.	.	.	.	.	.	.	.	.	.	.	.	.	.	.	.	.	.	.	.	.	.	.	+	+	.	.	.

TABELLE 8 (Fortsetzung)

D-var. von *Sphagnum recurvum:*																															
Sphagnum recurvum	.	.	.	.	.	.	.	.	.	.	.	.	.	.	.	.	.	.	.	.	.	.	.	.	.	.	.	.	+	1	3
Viola palustris	.	.	.	.	.	.	.	.	.	.	.	.	.	.	.	.	.	.	.	.	.	.	.	.	.	.	.	.	+	.	1
Valeriana dioica	.	.	.	.	.	.	.	.	.	.	.	.	.	.	.	.	.	.	.	.	.	.	.	.	.	.	.	.	.	+	+
Carex canescens	.	.	.	.	.	.	.	.	.	.	.	.	.	.	.	.	.	.	.	.	.	.	.	.	.	.	.	.	.	1	.
Sphagnum squarrosum	.	.	.	.	.	.	.	.	.	.	.	.	.	.	.	.	.	.	.	.	.	.	.	.	.	.	.	.	.	+	.
Menyanthes trifoliata	.	.	.	.	.	.	.	.	.	.	.	.	.	.	.	.	.	.	.	.	.	.	.	.	.	.	.	.	.	1	.
Comarum palustre	.	.	.	.	.	.	.	.	.	.	.	.	.	.	.	.	.	.	.	.	.	.	.	.	.	.	.	.	.	1	.
Hydrocotyle vulgaris	.	.	.	.	.	.	.	.	.	.	.	.	.	.	.	.	.	.	.	.	+°	.	.	.	.	.	.	.	.	+	.
Agrostis canina	.	.	.	.	.	.	.	.	.	.	.	.	.	.	.	.	.	.	.	.	.	.	.	.	.	.	.	.	.	+	.
Sphagnum palustre	.	.	.	.	.	.	.	.	.	.	.	.	.	.	.	.	.	.	.	.	.	.	.	.	.	.	.	.	.	.	1
Sphagnum teres	.	.	.	.	.	.	.	.	.	.	.	.	.	.	.	.	.	.	.	.	.	.	.	.	.	.	.	.	.	.	2
Aulacomnium palustre	.	.	.	.	.	.	.	.	.	.	.	.	.	.	.	.	.	.	.	.	.	.	.	.	.	.	.	.	.	.	3
VC-Caricion rostratae:																															
Lysimachia thyrsiflora	.	.	+	+	.	1	.	.	.	+	.	+	.	.	.	.	.	+	.	.	+	.	.	.	.	.	.	.	.	1	.
Carex paniculata	.	.	.	.	.	.	.	.	.	+	+	.	.	.	.	.	.	.	1	.	+	.	.	.	.	.	.	.	.	.	1
Carex rostrata	.	.	.	.	.	.	.	.	.	.	.	.	.	+	+	+	.	.	.	.	.	.	.	.	.	.	.	.	.	+	+
Cicuta virosa	.	.	.	.	+	.	.	.	+	.	.	.	.	.	.	.	.	.	.	1	.	.	.	.	.	.	.	.	.	.	.
Carex pseudocyperus	.	+	.	.	.	.	.	.	.	.	.	.	.	.	.	.	.	.	.	.	.	.	.	.	.	.	.	.	.	.	.
Carex elata	.	.	.	+	.	.	.	.	.	.	.	.	.	.	.	.	.	.	.	.	.	.	.	.	.	.	.	.	.	.	.
Carex appropinquata	.	.	.	.	.	.	.	.	.	.	.	.	1	.	.	.	.	.	.	.	.	.	.	.	.	.	.	.	.	.	.
OC-Magnocaricetalia:																															
Galium palustre	.	.	.	.	+	+	.	1	.	.	.	.	+	.	.	.	.	+	+	.	1	1	.	1	1	+	+	.	1	+
Lysimachia vulgaris	.	.	.	1	.	.	.	.	.	.	+	+	.	+	.	.	.	1	1	.	+	+	.	.	+	.	.	+	.	2
Scutellaria galericulata	.	.	.	.	.	.	.	.	.	.	.	.	.	.	.	.	.	.	+	.	+	.	.	.	.	.	.	.	+	.
Carex vesicaria	.	.	.	.	.	.	.	.	.	.	.	.	.	.	.	.	.	.	.	.	.	.	.	+	.	.	.	.	+	.
OC-Phragmitetalia:																															
Phragmites communis	+	1°	.	.	.	.	2	1	1	1	+°	3	.	2	3	3	+	3	2°	1	2°	.	.	.	.	.	.	+	.	1
Thypha latifolia	1	+	.	.	.	.	.	1	+	.	.	.	1	+	+	.	.	.	.	.	.	.	.	.	.	.	.	.	.	.
Mentha aquatica	.	.	+	.	1	.	.	.	.	.	.	.	.	.	.	.	.	.	.	+	+	.	.	.	.	.	.	.	+	+
Rumex hydrolapathum	+	.	.	.	.	.	.	.	.	.	.	.	1	.	.	.	.	+	.	+	+	.	.	.	.	.	.	.	.	.
Sium erectum	.	.	.	.	1	.	1	+	.	.	.	.	1	.	.	.	.	.	.	1	.	.	.	.	.	.	+°	.	.	.
Equisetum fluviatile	.	+	.	.	1	.	.	.	.	.	.	.	.	.	.	.	.	.	.	.	.	.	.	.	+	.	.	.	1	.
Lycopus europaeus	.	.	1	.	.	+	.	.	.	.	.	.	.	.	.	.	.	.	.	.	+	.	.	.	.	.	.	.	.	.
Scirpus lacustris	.	.	.	.	.	+	.	.	+	.	.	.	.	.	.	.	+	.	.	.	.	.	.	.	.	.	.	.	.	.
Typha angustifolia	.	.	.	.	.	.	.	.	.	.	.	.	.	.	1	1	.	.	.	.	.	.	.	.	.	.	.	.	.	.
Sparganium erectum	.	.	.	.	.	.	.	.	.	.	.	.	.	+	.	.	.	.	.	.	.	.	.	.	.	.	.	.	.	.
Ranunculus lingua	.	.	.	.	.	.	.	.	.	.	.	.	.	+	.	.	.	.	.	.	.	.	.	.	.	.	.	.	.	.
Glyceria maxima	.	.	.	.	.	.	.	.	.	.	.	.	.	.	.	.	r	.	.	.	.	.	.	.	.	.	.	.	.	.

TABELLE 8 (Fortsetzung)

	Subass. von *Hydrocharis morsus-ranae*															Typische Subass.						Subass. von *Ranunculus repens*								
	Typische Variante								Var. von *Thelypteris*													Var. von *Cirsium oleraceum*						Var. von *Sphagnum recurvum*		
Aufnahme-Nr.:	1	2	3	4	5	6	7	8	9	10	11	12	13	14	15	16	17	18	19	20	21	22	23	24	25	26	27	28	29	30
Artenzahl:	10	11	9	8	10	10	6	12	11	9	14	9	11	11	9	4	4	7	9	9	14	13	23	17	22	22	23	17	32	42
OC-Phragmitetalia:																														
Eleocharis palustris	.	.	.	.	.	.	.	.	.	.	.	.	.	.	.	.	.	.	.	2	.	.	.	.	.	.	.	.	.	.
Alisma plantago-aquatica	.	.	.	.	.	.	.	.	.	.	.	.	.	.	.	.	.	.	.	+	.	.	.	.	.	.	.	.	.	.
Iris pseudacorus	.	.	.	.	.	.	.	.	.	.	.	.	.	.	.	.	.	.	.	.	+	.	.	.	.	.	.	.	.	.
Begleiter:																														
Alnus glutinosa juv. et Klg.	.	.	1	+	.	+	.	.	+	.	+	.	.	.	.	.	.	.	2	.	+	.	.	.	.	.	.	.	.	.
Epilobium palustre	.	.	.	.	.	.	.	1	.	.	.	.	1	.	.	.	.	.	.	.	.	.	+	.	+	.	.	÷	+	.
Solanum dulcamara	.	.	+	.	.	.	.	.	.	.	+	.	.	.	.	.	.	+	+	.	+	.	.	.	.	.	.	.	.	.
Calamagrostis canescens	.	.	1	.	.	+	.	.	.	+	.	1	.	2	.	.	.	.	.	.	.	.	.	.	.	.	.	.	.	.
Drepanocladus aduncus	+	+	.	.	.	.	.	.	.	.	+	.	.	.	.	.	.	.	.	.	.	.	.	.	.	.	.	.	1	.
Lythrum salicaria	.	.	.	+	.	.	.	+	+	.	.	.	.	.	.	.	.	.	.	1	.	.	.	.	.	.	.	.	.	.
Mentha arvensis	.	.	.	.	.	.	.	.	.	.	.	.	.	.	.	.	.	.	.	.	.	.	.	+	+	+	+	.	.	.
Rumex acetosa	.	.	.	.	.	.	.	.	.	.	.	.	.	.	.	.	.	.	.	.	.	.	+°	.	.	1	+	.	.	+
Anthoxanthum odoratum	.	.	.	.	.	.	.	.	.	.	.	.	.	.	.	.	.	.	.	.	.	.	+	.	.	+	+	.	.	1
Utricularia neglecta	+	+	.	.	.	.	.	.	.	.	1	.	.	.	.	.	.	.	.	.	.	.	.	.	.	.	.	.	.	.
Carex lasiocarpa	.	.	.	1	.	.	.	.	.	.	.	+	.	.	.	.	.	.	.	.	.	.	.	.	.	.	.	.	+	.
Fontinalis antipyretica	.	.	.	.	.	.	1	.	.	.	1	.	.	.	2	.	.	.	.	.	.	.	.	.	.	.	.	.	.	.
Equisetum palustre	.	.	.	.	.	.	.	.	.	.	.	.	.	.	.	.	.	.	.	.	.	+	.	.	.	.	.	1	.	2
Festuca rubra genuina	.	.	.	.	.	.	.	.	.	.	.	.	.	.	.	.	.	.	.	.	.	.	+	.	.	+	.	1	.	2
Rhytidiadelphus squarrosus	.	.	.	.	.	.	.	.	.	.	.	.	.	.	.	.	.	.	.	.	.	1	2	.	.	.	.	+	.	.
Filipendula ulmaria	.	.	.	.	.	.	.	.	.	.	.	.	.	.	.	.	.	.	.	.	.	.	1	.	.	1	.	.	.	+
Deschampsia caespitosa	.	.	.	.	.	.	.	.	.	.	.	.	.	.	.	.	.	.	.	.	.	.	+	.	.	.	+	+	.	.
Holcus lanatus	.	.	.	.	.	.	.	.	.	.	.	.	.	.	.	.	.	.	.	.	.	.	+	.	.	.	+	.	.	1
Poa trivialis	.	.	.	.	.	.	.	.	.	.	.	.	.	.	.	.	.	.	.	.	.	.	.	.	.	.	+	.	2	+

Außerdem in je 2 Aufnahmen: *Bryum pseudotriquetrum* 1 (8), + (29); *Juncus articulatus* + (24), + (25); *Brachythecium* spec. + (24), + (25); *Helictotrichon pubescens* + (26), 1 (30); *Poa pratensis* + (27), + (30).

In je 1 Aufnahme: *Calliergon giganteum* + (1); *Polygonum amphibium* 1 (3); *Myriophyllum verticillatum* 1° (5); *Salix aurita* Klg. + (6); *Spirodela polyrhiza* + (8); *Hypnum pratense* + (8); *Riccia fluitans* + (10); *Spirogyra* spec. + (10); *Stratiotes aloides* + (11); *Juncus subnodulosus* 1 (12); *Rubus idaeus* + (19); *Ophioglossum vulgatum* + (23); *Rumex crispus* + (24); *Prunella vulgaris* + (24); *Scirpus silvaticus* 1 (25); *Carex hirta* r (25); *Carex panicea* + (25); *Angelica silvestris* + (26); *Veronica chamaedrys* + (26); *Taraxacum officinale* r (26); *Festuca pratensis* + (27); *Trifolium repens* + (27); *Bellis perennis* + (27); *Plantago lanceolata* r (27); *Selinum carvifolia* r (27); *Stellaria palustris* + (29);

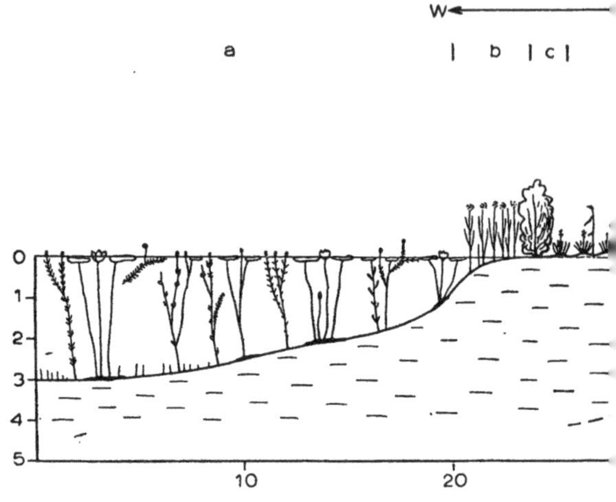

Fig. 1. Vegetationsprofil durc

a offene Seefläche mit Myriophyllo-Nupharetum; b Cladietum marisci; c Weidengebüsch
zum Rande hin in arme Frischwiesen (Arrhenatheretum) übergehend;

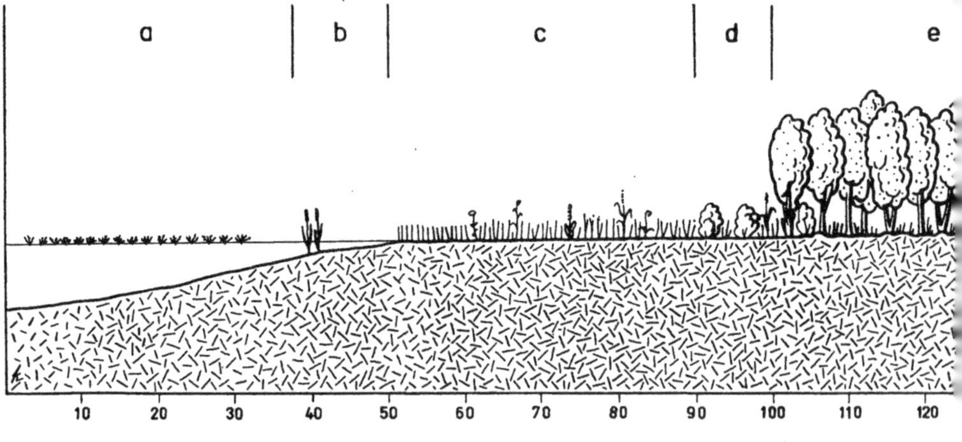

Fig. 2. Vegetationsprofil

a offene Seefläche mit *Stratiotes aloides*-Beständen; b lockere *Typha*-Initialen; c Caricet
Polygonetum); g Myrtillo-

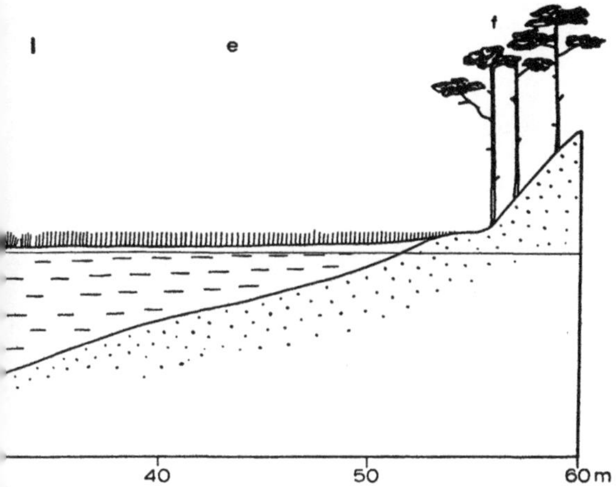

fer des Kleinen Boberow-Sees.
o-Salicetum auritae); d Caricetum paniculatae; e Feuchtwiesen (armes Cirsio-Polygonetum), orst, am Steilhang mit thermophilen Elementen.

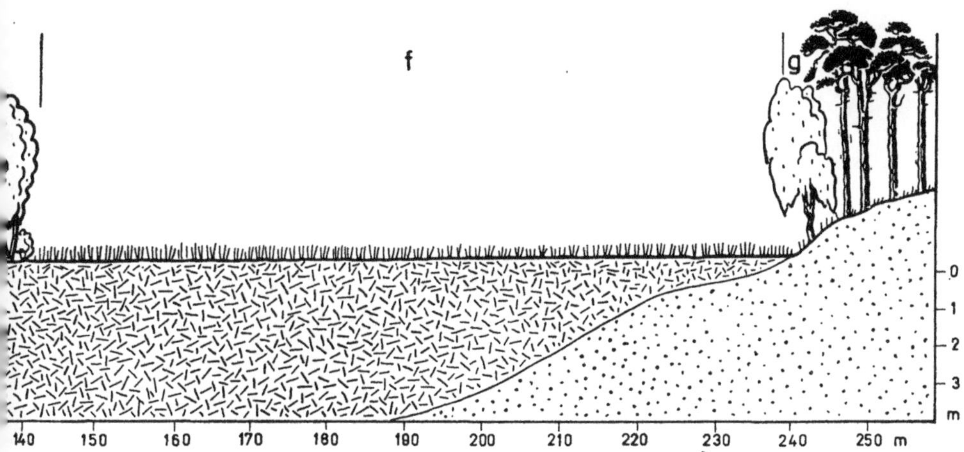

W-Ufer des Zechow-Sees.
tae; d Salicetum und Alnetum-Initialen; e Carici-Alnetum; f Feuchtwiesen (armes Cirsio-
r trockenen Sanderflächen.

Calliergon cordifolium 1 (29); *Eriophorum angustifolium* + (29); *Veronica scutellata* 1 (29); *Geranium palustre* 3 (30); *Poa pratensis irrigata* + (30); *Crepis paludosa* + (30); *Climacium dendroides* + (30); *Briza media* + (30); *Lathyrus pratensis* 1 (30); *Leontodon hispidus* + (30) *Vicia cracca* + (30); *Helodium lanatum* 2 (30); *Camptothecium nitens* 2 (30); *Paludella squarrosa* 1 (30).

Fundorts-Nachweis zu Tabelle 8:

1. Gr. Stechlin-See, E-Bucht, nahe Einfluß auf dem Dagow-See, 0,2—0,3 m. 25. 6. 1962.
2. Gr. Stechlin-See, E-Bucht, nahe der Einmündung des Dagower Grabens, 0,05—0,1 m. 25. 6. 1962.
3. Peetsch-See, NW-Ufer, 0,10 m. 6. 9. 1962.
4. Kl. Glietzen-See, W-Ufer, 0,1—0,2 m. 6. 9. 1962.
5. Törn-See, E-Ufer. 6. 8. 1962.
6. Gr. Dagow-See, E-Bucht, S-Ufer, 0,05—0,1 m. 16. 9. 1960.
7. Gr. Dagow-See, E-Bucht, S-Ufer, 0,1—0,3 m. 16. 9. 1960.
8. Kl. Kessel-See, Torfstich an der E-Seite, 0,05 m. 6. 7. 1961.
9. Kl. Boberow-See, SW-Ufer. 10. 7. 1962.
10. Peetsch-See, W-Ufer, 0,25 m. 27. 6. 1962.
11. Gr. Stechlin-See, N-Bucht, N-Ufer, 12. 6. 1962.
12. Nehmitz-See, N-Teil, E-Ufer. 0,1—0,4 m. 15. 9. 1960.
13. Nehmitz-See, S-Teil, W-Ufer. 15. 9. 1960.
14. Breutzen-See, E-Ufer an der Durchfahrt, 0,2—0,6 m. 15. 9. 1960.
15. Gr. Stechlin-See, S-Bucht, N-Ufer, 0,15 m. 16. 8. 1960.
16. Gr. Stechlin-See, SW-Bucht, Ochsenkopf-Bucht, 0,5 m. 23. 6. 1960.
17. Gr. Pälitz-See, E-Ufer, 0,2 m. 11. 7. 1962.
18. Gr. Stechlin-See, S-Bucht, S-Ufer, 0,05—0,15 m. 16. 8. 1960.
19. Gr. Stechlin-See, SW-Bucht, W-Ufer. 13. 6. 1962.
20. Polzow-Fließ rund 400 m unterhalb Menz, 0,1 m. 23. 6. 1961.
21. Gr. Stechlin-See, SW-Bucht, N-Ufer (Stammstechlin). 13. 6. 1962.
22. Wiesengebiet östl. Zeuten-See. 25. 7. 1962.
23. Wiesen nördlich Zeuten-See. 24. 7. 1962.
24. Wiesen nördl. Zeuten-See. 20. 7. 1962.
25. Wiesen nördlich des Zeuten-See. 20. 7. 1962.
26. Wiesen westlich Roofen-See. 14. 6. 1962.
27. Wiesen westlich Breutzen-See. 15. 6. 1962.
28. Moor an der Nordseite des Gr. Dagow-Sees. 11. 10. 1962.
29. Wiesenmoor NE-Ufer Roofen-See, NE-Teil. 7. 6. 1961.
30. Wiesen am Pölzer Fließ östlich Forsthaus Neuhof. 28. 6. 1961.

Alnetum sind indessen nicht selten und finden sich vor allem in Buchten, wo die Ufergestaltung Raum für die Entwicklung eines Erlenbruchwaldes läßt. Ein solches Zwischenstadium zeigt die folgende Aufnahme:

E-Ufer des Nehmitz-Sees, S-Teil, 2—5 m breiter Streifen hinter lockerem Schilf-Röhricht, Boden *Carex*-Torf, Wasserspiegel von +0,05 m bis 0,05 m unter Oberfläche, 25 m². 15. 6. 1962:

1.2	*Alnus glutinosa* B_2	+.1	*Phragmites communis*
1.1	*Alnus glutinosa* Str.	+.1	*Equisetum palustre*
1.1	*Betula verrucosa* B_2	+.1	*Hydrocotyle vulgaris*
+.1	*Rhamnus frangula* Str.	+.1	*Scutellaria galericulata*
+.1	*Rubus idaeus*	+.2	*Lemna minor*
5.5	*Carex acutiformis*	r	*Juncus effusus*
1.1	*Lysimachia thyrsiflora*		

Die typische Subassoziation findet sich an Standorten mit stärkerer Wellenbewegung, an denen sich freischwimmende Wasserpflanzen nicht halten können. Es sind überwiegend sehr artenarme Bestände an Seeufern. Ein vorgelagertes Scirpo-Phragmitetum fehlt häufig; das Sumpfseggen-Ried stellt dann die einzige Andeutung einer Röhricht-Zone dar. Aufnahme 20 gibt einen *Carex acutiformis*-Bestand an einem Fließgewässer (Polzow-Fließ) wieder; hier tritt auch *Eleochäris palustris* in Erscheinung, die sonst in der Gesellschaft fehlt.

Einen wesentlich anderen Charakter als diese beiden Subassoziationen der Ufer besitzt die Subassoziation von *Ranunculus repens*. Der Grundbestand an Arten bleibt zwar der gleiche; doch tritt zu diesen dann noch eine ganze Anzahl von Wiesenpflanzen, so daß die mittlere Artenzahl auf 23 ansteigt. Eine Zuordnung zu den Feuchtwiesen (Molinietalia), die man auf Grund des hohen Anteils an Wiesenpflanzen erwägen könnte, ist jedoch nicht zu vertreten. Die Molinietalia-Arten erreichen durchweg nur geringe Mengenanteile und fristen am Boden zwischen den alles beherrschenden *Carex acutiformis*-Halmen ein kümmerliches Dasein. Immerhin nimmt diese Subassoziation eine Übergangsstellung zwischen den Magnocaricetalia und den Molinietalia ein.

Die Subassoziation von *Ranunculus repens* wächst auf tiefgründigen Torfböden der vermoorten Seebecken. Hier bildet sie inmitten von Kleinseggenriedern und Feuchtwiesen meist scharf begrenzte, oft mehrere hundert Quadratmeter große Bestände. Die Seggen stehen sehr dicht und erreichen Höhen von 0,8—1,0 m. Die Artenzahl der untersuchten Bestände schwankte zwischen 13 und 42. Gelegentlich kommen aber auch hier recht artenarme Ausbildungen vor, wie nachstehende Aufnahme zeigt:

Carex acutiformis-Bestand inmitten eines ausgedehnten armen Carici-Agrostidetum caninae, Müller-Wiesen NNW des Gr. Stechlinsees, Boden Torf, Grundwasser in 0,05 m Tiefe, Aufnahmefläche 25 m². 19. 7. 1962:

5.5	*Carex acutiformis*	+.1	*Juncus effusus*
+.3	*Carex fusca*	+.1	*Epilobium palustre*
+.2	*Galium palustre*		

Die Trennartengruppe der Subassoziation von *Ranunculus repens* ist ziemlich umfangreich und umfaßt hauptsächlich Arten der Feuchtwiesen (Molinietalia), der Kleinseggen-Rieder (Caricetalia fuscae) und weitverbreitete Feuchtigkeitszeiger. Wie schon betont, spielen diese Arten beim Aufbau der Gesellschaft aber nur eine untergeordnete Rolle und bleiben im allgemeinen auf die untere Schicht des Pflanzenbestandes beschränkt. Ein großer Teil dieser Arten gelangt in dem dichten und hohen Seggenwuchs überhaupt nicht zur Blüte und pflanzt sich lediglich vegetativ fort, so vor allem *Ranunculus repens*.

TABELLE 9

Übersichtstabelle des Caricetum ripario-acutiformis

Lfd. Nr.: / Zahl der Aufnahmen:	*Carex acutiformis*-Fazies						*Carex riparia*-Fazies			Normale Ausbildung																		verarmtes Leucoio-Caricetum ?			
	1	2	3	4	5	6	7	8	9	10	11	12	13	14	15	16	17	18	19	20	21	22	23	24	25	26	27	28	29	30	31
	12	15	9	10	11	10	10	6	4	5	4	7	13	30	13	15	8	11	?	?	?	?	8	18	8	12	15	10	2	3	10
Carex acutiformis	V	V	V	V	V	V	.	.	.	V	3	V	V	V	V	IV	V	V	V	V	IV	III	IV	IV	V	III	III	V	.	.	.
Carex riparia	.	.	.	.	.	.	V	V	4	II	1	I	III	I	II	I	I	V	I	I	III	II	I	I	IV	IV	III	III	2	3	V
VC-Caricion rostratae:																															
Carex elata	.	.	.	.	.	.	.	.	.	IV	4	.	.	I	II	I	.	.	III	IV	II	III	II	.	I	.	.	.	.	.	.
Carex appropinquata	.	.	.	.	II	.	.	.	.	.	.	I	.	I	.	.	II	.	I	I	I	I	I	.	II	.	.	.	.	.	.
Carex pseudocyperus	.	.	.	I	.	.	I	.	.	.	.	I	.	I	.	II	.	II	.	.	II	II	IV	I	.	II	.	.	.	.	.
Carex rostrata	I	II	I	.	II	.	.	II	.	II	.	.	.	I	.	I	II	.	.	.	.	.	.	.	I	I	.	.	.	.	.
Peucedanum palustre	.	.	.	I	.	.	.	.	.	.	2	.	I	.	I	.	.	III	.	.	.	I	II	I	.	IV	I	.	.	.	.
Cicuta virosa	III	II	.	.	.	.	II	.	.	.	1	I	.	I	.	III	.	II	.	.	.	.	.	.	.	II	.	.	.	.	.
Lysimachia thyrsiflora	III	II	.	.	.	.	II	.	.	.	.	II	.	II	.	.	I	.	.	.	.	.	.	.	.	II	.	.	.	.	.
Carex paniculata	.	.	.	.	II	.	.	.	.	.	.	.	.	I	I	II	II	.	.	.	.	.	.	.	.	IV	I	.	.	.	.
DV *Menyanthes trifoliata*	IV	IV	III	.	.	.	.	.	.	.	.	I	.	I	.	II	II	.	.	.	.	.	.	.	II	.	.	.	.	.	.
DV *Comarum palustre*	.	.	.	.	.	.	.	I	.	II	.	.	.	I	I	I	II	.	.	.	.	.	.	.	.	I	.	.	.	.	.
VC-Caricion gracilis:																															
Carex gracilis	.	.	.	.	II	I	.	.	.	.	.	I	.	.	I	I	I	II	.	.	.	.	.	I	II	.	I	I	.	.	.
Phalaris arundinacea	.	.	.	.	.	I	.	II	.	.	.	.	II	.	III	I	.	II	I	I	I	I	.	.	II	I	I	.	2	.	I
Carex vesicaria	.	.	.	I	.	I	.	.	.	.	.	.	.	I	.	.	II	I	.	.	.	I	I	I	I	.	.	.	.	.	.
Carex vulpina	.	.	.	.	.	.	.	.	.	.	.	.	.	.	.	.	.	.	.	.	II	I	.	I	II	.	.	I	1	2	III
Poa palustris	.	.	.	.	.	.	.	.	.	.	.	.	.	I	.	I	.	.	.	.	.	.	.	.	II	I	I	.	.	1	.
Oenanthe fistulosa	.	.	.	.	.	.	.	.	.	.	.	.	.	.	.	.	.	.	.	.	.	.	.	.	.	I	I	IV	.	.	IV
Leucoium aestivum	.	.	.	.	.	.	.	.	.	.	.	.	.	.	.	.	.	.	.	.	.	.	.	.	.	.	.	.	.	.	II

Herkunft:
1.—3. Feldberg/Mecklenburg (JESCHKE 1959, Tab. 16)
4. Dovinsee/Uckermark (PANKNIN 1941, Tab. 62 p. p.)
5. Ostpreußen (STEFFEN 1931, Tab. 32)
6. Hessen (KNAPP & STOFFERS 1962, Tab. 13)
7. Großpolen (DĄMBSKA 1961, Tab. 13 p. p.)
8. Föhr (KNAUER 1953, nach BAL.-TUL. 1963)
9. Hessen (KNAPP & STOFFERS 1962, Tab. 12, 1—4)
10. Potsdam (MÜLLER-STOLL & NEUBAUER 1964)
11. Müritz (JESCHKE 1963, Tab. 16)
12. Großpolen (DĄMBSKA 1961, Tab. 13 p. p.)
13. Darß (FUKAREK 1962, Tab. 42)
14. Stechlinseegebiet
15. Brandenburg (unveröff.)
16. Ostpreußen (STEFFEN 1931, Tab. S. 302)
17. Drausengebiet/Ostpreußen (SCHULZ 1941, Tab. 12 p. p.)
18. Puszcza Kampinoska/Polen (KOBENDZA 1930, Tab. 1)
19.—20. Ungarn (Soó 1938, Tab. 8)
21.—22. Ungarn (Soó 1938, Tab. 2)
23. Ungarn (Bátorliget) (Soó 1955, Tab. 7)
24. Siebenbürgen (Soó 1949, Tab. 6)
25. NE-Böhmen (KOPECKÝ 1960, Tab. 3, Sp. 3)
26. Niederlande (BOER 1942, Tab. 5 p. p.)
27. Niederlande (VAN DONSELAAR 1961, Tab. 13 p. p.)
28. Jasenica-Tal/Serbien (JOVANOVIČ 1958, Tab. 6, 31—40)
29. Siebenbürgen (Soó 1949, Tab. 6 p. p.)
30. Alföld/Ungarn (SIMON 1950, nach BAL.-TUL. 1963)
31. Jasenica-Tal/Serbien (JOVANOVIČ 1958, Tab. 6, 11—20)

Die Bestände der Subassoziation von *Ranunculus repens* wurden in früheren Jahren mehr oder weniger regelmäßig gemäht. Das Fehlen von Holzgewächsen und anderen Arten des Erlenbruchwaldes, wie z. B. von *Thelypteris palustris*, und das Zurücktreten der schnittempfindlichen *Phragmites communis* dürfte auf den Einfluß der Mahd zurückzuführen sein. In der letzten Zeit werden diese Bestände, ebenso die angrenzenden Wiesenflächen, wegen ihrer Abgelegenheit und der schlechten Erträge nur noch in einigen Fällen bewirtschaftet.

Der Grund für das Auftreten solcher scharf umgrenzter *Carex acutiformis*-Herden inmitten andersgearteter Wiesen bei weitgehend gleichartigen Standortsbedingungen ist nicht recht verständlich. Möglicherweise handelt es sich um solche Stellen, an denen sich lange Zeit hindurch noch Waldreste befunden haben, nach deren Abholzung dann *Carex acutiformis* als Waldrelikt verblieb und sich auf Grund ihrer Wüchsigkeit gegenüber den vordringenden Wiesenpflanzen behaupten konnte. Auf jeden Fall handelt es sich bei der Subassoziation von *Ranunculus repens* um die Ersatzgesellschaft eines nassen Erlenbruchwaldes.

Innerhalb der Subassoziation von *Ranunculus repens* lassen sich zwei Varianten unterscheiden. Die Variante von *Cirsium oleraceum* liegt in der Nachbarschaft ärmerer Feuchtwiesen (Molinietalia) und zeigt etwas günstigere Nährstoffverhältnisse an. Im Komplex von *Sphagnum*-reichen Kleinseggenriedern kommt dagegen die Variante von *Sphagnum recurvum* vor. Sie weist einen insgesamt ärmeren Standortscharakter auf und enthält verschiedene *Sphagnum*-Arten und Arten der Kleinseggen-Rieder.

Gesellschaftsvergleich: Das Caricetum ripario-acutiformis wurde zwar schon 1930 von KOBENDZA aus Polen als eigene Gesellschaft aufgestellt; doch faßten die meisten mitteleuropäischen Autoren bis in die neueste Zeit hinein (z. B. noch DAMBSKA 1961) die *Carex acutiformis*-Bestände lediglich als besondere Fazies des Caricetum gracilis auf. *Carex acutiformis* und *Carex riparia* wurden zu den Kennarten des Caricetum gracilis gezählt (z. B. bei TÜXEN 1937). Erst in neuerer Zeit betonte JESCHKE (1959) wieder die selbständige Stellung der Gesellschaft, ebenso FUKAREK (1961), dem wir auch die Feststellung der Prioritätsverhältnisse des Gesellschaftsnamens verdanken. Der Ansicht des letztgenannten Autors, daß, in Umkehrung der oben genannten Anschauungen, das Caricetum gracilis lediglich als Fazies oder Variante des Caricetum ripario-acutiformis zu werten sei, können wir jedoch nicht folgen. Zwar ist *Carex acutiformis* auf Grund ihrer weniger engen ökologischen Amplitude auch im Caricetum gracilis häufig vertreten. Das Caricetum ripario-acutiformis und das Caricetum gracilis weichen aber in vielerlei Hinsicht doch so stark voneinander ab, daß an der selbständigen Stellung dieser beiden Assoziationen nicht gezweifelt werden kann und selbst die Zuordnung dieser Assoziationen zu zwei verschiedenen Verbänden durchaus berechtigt ist.

Während wir so die Trennung von Caricetum ripario-acutiformis und Caricetum gracilis befürworten, können wir uns andererseits der neuerdings von BALÁTOVÁ-TULÁČKOVÁ vorgenommenen Aufspaltung des Caricetum ripario-acutiformis nicht anschließen. BALÁTOVÁ-TULÁČKOVÁ (1963) führt sowohl ein „Caricetum acutiformis SAUER 1937“[1]) als auch ein „Caricetum ripariae Soó 1928“; ersteres wird dem Caricion rostratae, letz-

[1]) SAUER kommt als Autor eines Caricetum acutiformis auf keinen Fall infrage. Er erwähnt in seiner Arbeit (1937) lediglich mit wenigen Worten eine von *Carex acutiformis* beherrschte Fazies des Caricetum elatae und teilt mit, daß diese mit dem „Caricetum elatae caricosum acutiformis“ bei KOCH 1926 identisch sei. SAUER gibt weder eine nähere Beschreibung noch eine soziologische Aufnahme dieser Bestände.

teres jedoch dem Caricion gracilis zugewiesen. Dieses Vorgehen wird dem Verhalten der beiden Arten aber nicht gerecht. *Carex riparia* besitzt keineswegs einen Schwerpunkt im eutrophen Bereich, sondern vermag auch durchaus auf ärmeren Standorten zu siedeln. Selbst in der Übersichtstabelle bei BALÁTOVÁ-TULÁČKOVÁ tritt *Carex riparia* bei den vier Herkünften des Caricetum acutiformis dreimal in Erscheinung, davon je einmal mit der Stetigkeit IV und V. Dieses Bild wird noch eindeutiger, wenn wir die Tabelle von BALÁTOVÁ-TULÁČKOVÁ um weiteres Material ergänzen (Tab. 9). Man erkennt, daß in Großseggenbeständen, die von *Carex acutiformis* beherrscht werden, in der Mehrzahl der Fälle auch *Carex riparia* vertreten ist. Das spricht für eine weitgehende Übereinstimmung der Standortsansprüche beider Arten und berechtigt die Beibehaltung eines Caricetum ripario-acutiformis. Nur in wenigen Fällen fehlt *Carex riparia* völlig. Diese Bestände können aber nur als Faziesbildungen des Caricetum ripario-acutiformis aufgefaßt werden, zumal andererseits auch ganz ähnlich strukturierte *Carex riparia*-Bestände ohne *Carex acutiformis* bekannt sind. Auch diese können nur als Faziesbildungen, nicht aber als eine eigene Gesellschaft bewertet werden. Schon gar nicht gehören sie in den Caricion gracilis-Verband; zeigt doch ihre Artengarnitur ganz eindeutig ihre Zugehörigkeit zum Caricion rostratae. Dies gilt für alle mitteleuropäischen *Carex riparia*-Bestände einschließlich der von der Insel Föhr (KNAUER 1953 nach BALÁTOVÁ-TULÁČKOVÁ 1963). Lediglich im südlichen Europa bestehen abweichende Verhältnisse. Die klimatische Situation im dortigen Raum bringt es mit sich, daß die Naßstandorte hier alle nährstoffreich sind und Moorbildungen kaum vorkommen. Nicht nur *Carex riparia*, sondern auch *Carex acutiformis* (und neben diesen auch andere Großseggen) kommen nur noch in Artenkombinationen vor, die nach der Gliederung von BALÁTOVÁ-TULÁČKOVÁ 1963 eindeutig in das Caricion gracilis gehören. Wie man die dort anzutreffenden von *Carex riparia* oder *Carex acutiformis* beherrschten Großseggenbestände am besten in das soziologische System einfügt, läßt sich von hier aus schwer entscheiden und bedarf wohl noch gründlicherer Vorarbeiten, als sie bisher vorliegen. Möglicherweise sind alle diese südlichen Großseggenbestände als Leucoio-Caricetum zusammenzufassen.

Von diesen südlichen Vorkommen abgesehen, zeigt das Caricetum ripario-acutiformis des Stechlinsee-Gebietes mit den sonst beschriebenen Beständen dieser Gesellschaft im allgemeinen gute Übereinstimmung. JESCHKE (1959) unterscheidet im Feldberger Seengebiet drei Ausbildungsformen, von denen die Ausbildungsformen I und II in ihrer floristischen Zusammensetzung und ihren standörtlichen Verhältnissen im wesentlichen unserer Subassoziation von *Hydrocharis morsus-ranae*, die Ausbildungsform III unserer typischen Subassoziation entsprechen. Artenarme Bestände von Seeufern, die unserer typischen Subassoziation gleichen, hatte auch schon PANKNIN (1941) vom Dovin-See bei Joachimsthal/Uckermark geschildert. Weitere Belege für diese Subassoziation geben JESCHKE (1963) von der Müritz, MÜLLER-STOLL & NEUBAUER (1964) von Heideseen südlich von Potsdam, DĄMBSKA (1961) vom Birnbaum-Zirker Seengebiet in Großpolen und SCHULZ (1941) vom Drausengebiet.

Das Caricetum ripario-acutiformis auf dem Darß (FUKAREK 1961) ähnelt dagegen sehr unserer Subassoziation von *Ranunculus repens*, besonders die dortige Subassoziation von *Ranunculus acer*. Daneben unterscheidet FUKAREK noch eine Subassoziation von *Thelypteris palustris*, welche die nässeren, aber, wie es scheint, doch auch weniger intensiv bewirtschafteten Flächen einnimmt. Unserer Subassoziation von *Ranunculus repens* entsprechende Ausbildungen gibt es ferner am südwestlichen Flämingrand (HUNDT

1958), in Hessen (KNAPP & STOFFERS 1962), Nord-Böhmen (KOPECKÝ 1960), Siebenbürgen (Soó 1949), Ungarn (Soó 1938, 1955) und Ostpreußen (STEFFEN 1931). Zum größten Teil sind diese Bestände unserer Variante von *Cirsium oleraceum* zuzuzählen. Die Variante von *Sphagnum recurvum* ist seltener; ihr entspricht z. B. Aufnahme 73 bei SCHULZ (1941). KOPECKÝ (1960) hat darüber hinaus noch eine Subassoziation von *Carex davalliana* mit Arten kalziphiler Zwischenmoore ausgeschieden.

Insgesamt reicher als diese Gruppierungen ist das „Caricetum acutiformo-paniculatae VLIEGER & VAN ZINDEREN BAKKER 1942" der niederländischen Autoren (BOER 1942, VAN DONSELAAR 1961), bei dem es sich aber um eine komplex gefaßte Gesellschaft handelt, die in ein Caricetum ripario-acutiformis und in ein Caricetum paniculatae aufgelöst werden kann. VAN DONSELAAR (1961) unterscheidet eine mesotrophe Ausbildung mit *Comarum palustre* und eine eutrophe Ausbildung mit *Stachys palustris, Rorippa amphibia, Carex gracilis, Mentha aquatica* und *Polygonum amphibium terrestre*, die bereits dem Caricion gracilis näher steht als dem Caricion rostratae.

2. Schnabelseggen-Ried, Caricetum rostratae RÜBEL 1912 (Tab. 10)

Das Caricetum rostratae tritt im Untersuchungsgebiet zurück. Die Gesellschaft bevorzugt flache Ufer mit lockeren Schlammböden, die im Stechlinsee-Gebiet nur an wenigen Stellen vorhanden sind. Die flächenmäßig größten Vorkommen liegen am Wotzen-See, am Westteil des Gr. Tietzen-Sees und am Zechow-See, wo infolge einer Seespiegelsenkung ein breiter Streifen schlammigen Seebodens an die Oberfläche gekommen ist. An anderen Seen ist die Gesellschaft nur kleinflächig entwickelt und fehlt an den meisten ganz. Weitere Vorkommen liegen in flachen, stark verwachsenen Gräben innerhalb von Kleinseggenriedern und Zwischenmooren. Beim Caricetum rostratae handelt es sich um ein mehr oder weniger lockeres, von *Carex rostrata* beherrschtes Großseggenried, das durch die blaugrüne Färbung der *Carex rostrata*-Halme physiognomisch gut kenntlich ist. Andere Seggen sind in dieser Gesellschaft nur gelegentlich vertreten; *Carex vesicaria* fehlt völlig. Auf die mit letzterer Art verbundene Problematik wird weiter unten beim Gesellschaftsvergleich noch zurückzukommen sein. Neben *Carex rostrata* wird für gewöhnlich noch *Lysimachia thyrsiflora* als Kennart angesehen. Da diese Art aber auch in den übrigen Assoziationen des Caricion rostratae verbreitet und eine Schwerpunktbildung im Caricetum rostratae nicht durchgehend zu erkennen ist, werten wir sie lediglich als Verbands-Kennart. Besonders bezeichnend für die Gesellschaft ist auch die starke Beteiligung von *Equisetum fluviatile*, das stellenweise sogar dominieren kann (Aufn. 16, 18). Auch von anderen Autoren wurde der hohe Anteil von *Equisetum fluviatile* im Caricetum rostratae hervorgehoben — z. B. beschreibt schon MILJAN (1933) ein Caricetum rostratae equisetosum — und JESCHKE (1959) führt diese Art sogar als lokale Assoziations-Kennart auf. Es darf aber nicht übersehen werden, daß *Equisetum fluviatile* als typischer Schlammbodenbesiedler in vielen Großseggen- und Röhrichtgesellschaften auftritt, wenn nur seine speziellen Standortsansprüche hinreichend befriedigt sind. So ist *Equisetum fluviatile* insgesamt nur als Phragmitetea-Art zu bewerten.

Untereinheiten: Der größte Teil der Bestände gehört der typischen Subassoziation an. Innerhalb dieser unterscheiden wir drei Varianten. Die Variante von *Nymphaea alba* wächst an Seerändern und in Gräben bei einer durchschnittlichen Wassertiefe von

0,2—0,5 m und besitzt ausgesprochenen Initialcharakter. Außer *Nymphaea alba*, z. T. in der f. *minor*, sind auch *Scirpus lacustris*, *Stratiotes aloides* und *Sagittaria sagittifolia* auf diese Variante beschränkt.

In der typischen Variante ist die Wassertiefe geringer und beträgt etwa 0,1—0,2 m. Es sind lockere und artenarme, röhrichtartige Bestände an den Seeufern, die meist nur herdenartig auftreten und sich vielfach mit lockeren Beständen des Scirpo-Phragmitetum verzahnen. Der Untergrund kann sowohl aus Sand als auch aus Gyttja bestehen. An schlammreichen Standorten, vor allem in Seebuchten, kommt es zu einem stärkeren Zusammenschluß der Pflanzendecke bei gleichzeitigem Eindringen weiterer Arten, u. a. auch von *Thelypteris palustris*. Diese Bestände zeigen gelegentlich schon Schwingrasen-Charakter. Einer Weiterentwicklung in Richtung auf die Variante von *Ranunculus lingua* sind aber normalerweise durch die Ufergestaltung Grenzen gesetzt.

Erst wenn durch künstliche Seespiegelsenkungen Gyttja-Ablagerungen des Seebodens an die Oberfläche gelangen, kommt es hier zur Ausbildung der Variante von *Ranunculus lingua*. Diese stellt die Optimalphase der Gesellschaft dar. Ihre Trennarten sind *Ranunculus lingua*, *Sium erectum*, *Carex paniculata* und *Cicuta virosa*. Es handelt sich um niedrige, aber dicht geschlossene Bestände aus *Carex rostrata* und *Equisetum fluviatile*, die von einzeln stehenden Exemplaren von *Cicuta virosa* und *Rumex hydrolapathum* sowie lockeren Herden von *Phragmites communis*, *Typha latifolia* und *T. angustifolia* überragt werden. Über einem Untergrund aus weichem, wasserreichem Schlamm liegt eine dünne, schwach verfestigte Decke aus Rhizomen und Wurzeln der Sumpfpflanzen, die bei jedem Schritt nach unten sinkt. Sie kann nur mit großer Vorsicht begangen werden und ist auf weite Strecken, besonders zum offenen Wasser hin, überhaupt unbetretbar. Das Wasser steht nur wenige Zentimeter unter der Oberfläche und bildet eine große Zahl flacher Schlenken, in denen *Hydrocharis morsus-ranae*, *Lemna minor*, *Potamogeton natans*, *Chara fragilis* und verschiedene *Utricularia*-Arten leben. Landwärts treten diese Schlenken bei gleichzeitig zunehmender Verfestigung des Untergrundes zurück. Dafür gelangen hier neben verschiedenen Moosen Arten des Erlenbruchwaldes zur Entwicklung, die über eine Gebüsch-Phase zum Erlenbruch überleiten. Tafel VI, Fig. 2 gibt die typische Vegetationszonierung am Westufer des Zechow-Sees wieder. Das Caricetum rostratae beginnt hier mit ziemlich scharfer Begrenzung an der mittleren Uferlinie; vereinzelt gehen ihm in dem sehr flachen Wasser lockere Herden von *Typha latifolia* voraus. Es zieht sich dann in einem etwa 30—40 m breiten Saum am gesamten West- und Nordufer des Zechow-Sees entlang. Zum Rande hin geht es über ein schmales Gebüsch-Stadium in einen Erlenbruchwald auf vielfach noch schwankendem Boden über, der einen etwa 40 m breiten Gürtel bildet. Ein solcher Wald würde natürlicherweise die gesamte holozäne Niederung bis an den Rand der sandigen Hochflächen der Umgebung ausfüllen; bis auf einen schmalen Ring um den Restsee ist der Erlenbruchwald aber heute durch Wirtschaftswiesen (armes Cirsio-Polygonetum) ersetzt, die heute den größten Teil der Seeniederung überziehen und mit scharfer Grenze an dem verbliebenen Restwald enden.

Die ärmsten Flügel des Caricetum rostratae bildet die Subassoziation von *Sphagnum recurvum*. Sie ist im Gebiet nur kleinflächig am Rande oligotroph-dystropher Moorseen mit umgebenden *Sphagnum*-Mooren oder in verwachsenen Gräben innerhalb solcher Moore vertreten. Der Boden besteht aus nährstoffarmem, saurem Torfschlamm. Auch hier ist die Bodendecke nur wenig verfestigt; sie schwankt stark und kann zumeist nicht

TABELLE 10

Caricetum rostratae RÜBEL 1912

	Typische Subassoziation																		Subassoziation von *Sphagnum recurvum*	
	Var. von *Nymphaea*			Typische Variante				Variante von *Ranunculus lingua*												
Aufnahme-Nr.:	1	2	3	4	5	6	7	8	9	10	11	12	13	14	15	16	17	18	19	20
Artenzahl:	6	8	11	3	6	6	13	13	10	9	11	13	17	18	13	16	21	23	18	24
C-Assoziation:																				
Carex rostrata	1	3	3	3	3	5	3	4	4	4	4	4	4	4	4	3	3	3	3	4
D-Variante von *Nymphaea alba*:																				
Nymphaea alba	3	.	+	.	.	.	.	.	.	.	.	+°	.	+	.	.	.	.	.	.
Scirpus lacustris	1	+	.	.	.	.	.	.	.	.	.	.	.	.	.	.	.	.	.	.
Stratiotes aloides	.	+	1	.	.	.	.	.	.	.	.	.	.	.	.	.	.	.	.	.
Sagittaria sagittifolia	.	+	.	.	.	.	.	.	.	.	.	.	.	.	.	.	.	.	.	.
D-Variante von *Ranunculus lingua*:																				
Ranunculus lingua	.	.	.	.	.	.	.	+	1	.	+	1	1	+	+	+	+	1	.	.
Sium erectum	.	.	.	.	.	.	.	.	.	2	+	1	1	2	1	+	2	2	.	.
Carex paniculata	.	.	+	.	.	.	.	.	+	1	+	.	+	+	.	.	1	.	.	.
Cicuta virosa	.	.	.	.	.	.	.	.	.	.	.	1	1	+	+	+	+	1	.	.
D-Subass. von *Sphagnum recurvum*:																				
Sphagnum recurvum	.	.	.	.	.	.	.	.	.	.	.	.	.	.	.	.	.	.	1	+
Agrostis canina	.	.	.	.	.	.	.	.	.	.	.	.	.	.	.	.	.	.	3	+
Hydrocotyle vulgaris	.	.	.	.	.	.	.	.	.	.	.	.	.	.	.	.	.	.	.	1
Eriophorum angustifolium	.	.	.	.	.	.	.	.	.	.	.	.	.		.	.	.	.	.	+
VC-Caricion rostratae:																				
Lysimachia thyrsiflora	2	.	.	.	.	.	.	.	.	+	+	.	.	.	.	+	.	.	.	+
Carex pseudocyperus	.	.	.	.	.	.	.	.	.	+	.	.	+	1	.	.	+	.	.	1
Peucedanum palustre	.	.	.	.	.	.	.	.	.	.	+	.	.	.	.	.	+	+	+	+
Carex appropinquata	.	.	.	.	.	.	+	.	.	.	.	.	.	.	.	.	.	.	.	+
Calla palustris	.	.	.	.	.	.	.	.	.	.	.	.	.	.	.	.	.	.	1	.
Carex elata	.	.	.	.	.	.	.	.	.	.	.	.	.	.	.	.	.	.	.	2
OC-Magnocaricetalia:																				
Galium palustre	.	.	.	.	.	.	.	.	.	.	.	.	.	.	.	.	+	+	1	1
Cardamine palustris	.	.	.	.	.	.	.	.	.	.	.	.	+	.	.	.	.	.	.	1
Scutellaria galericulata	.	.	.	.	.	.	.	.	.	.	.	.	.	.	.	.	+	+	.	.

TABELLE 10 (Fortsetzung)

KC-Phragmitetea:																				
Equisetum fluviatile	1	.	.	.	.	+	.	1	+	+	+	3	2	2	2	4	2	4	.	.
Phragmites communis	.	1	1	.	+	+	1	.	.	.	.	.	.	+	1	1	2	.	.	.
Lycopus europaeus	.	.	.	.	.	.	.	.	.	+	.	+	+	+	.	+	+	1	.	+
Rumex hydrolapathum	.	.	+	.	.	.	.	.	.	.	.	.	1	+	+	+	2	+	.	.
Typha latifolia	.	.	1	.	2	.	2	1	+	.	.	.	.	.	.	.	.	.	1	.
Typha angustifolia	.	.	.	2	.	.	.	.	.	.	.	1	.	+	+	.	.	+°	.	.
Mentha aquatica	.	.	.	.	.	.	.	.	.	+	.	.	1	+	.	.	2	+	.	.
Sparganium erectum	.	.	.	.	.	.	.	.	+	.	+	.	.	.	+	.	.	.	.	.
Glyceria maxima	2	.	.	.	1	.	.	.	.	.	.	.	.	.	.	.	.	.	.	.
Eleocharis palustris	.	.	.	.	.	.	.	.	+	.	.	.	.	.	.	.	.	.	.	.
Cladium mariscus	.	.	.	.	.	.	.	.	.	.	.	.	.	.	.	.	.	.	.	+
Begleiter:																				
a) Arten der nassen Schlenken:																				
Hydrocharis morsus-ranae	.	.	+	.	1	+	1	1	1	.	1	+	+	+	+	.	.	.	.	.
Lemna minor	.	.	4	.	+	+	1	.	.	.	.	1	+	1	+	.	.	+	+	1
Potamogeton natans	.	.	.	1	.	+	.	+	.	.	.	.	.	.	+	+	.	.	.	.
Utricularia vulgaris	.	1	1	.	.	.	.	2	.	.	.	+	.	.	.	1	.	.	.	.
Chara fragilis	.	+	.	.	.	.	.	2	.	.	.	.	.	.	.	2	.	.	.	.
b) Erlenbrucharten:																				
Thelypteris palustris	.	.	.	.	.	.	2	.	.	.	.	.	.	.	1	1	.	1	.	2
Alnus glutinosa juv.	.	.	.	.	.	.	.	.	.	.	.	.	.	.	.	+	+	+	.	.
Calamagrostis canescens	.	.	.	.	.	.	.	.	.	.	+	.	.	.	.	.	+	.	2	.
c) Sonstige:																				
Epilobium palustre	.	.	.	.	.	.	+	+	1	.	.	+	+	.	.	+	+	+	1	1
Acrocladium cuspidatum	.	.	.	.	.	.	.	.	.	.	.	.	1	+	.	.	2	1	1	1
Marchantia polymorpha	.	.	.	.	.	.	.	.	.	.	.	.	3	.	.	.	3	1	2	2
Comarum palustre	.	.	.	.	.	.	.	1	.	.	+	.	.	.	.	.	.	.	+	+
Amblystegium riparium	.	.	.	.	.	.	.	.	.	.	.	.	1	1	.	.	+	+	.	.
Calliergon cordifolium	.	.	.	.	.	.	1	4	.	.	.	.	.	.	.	.	.	.	.	3
Drepanocladus aduncus	.	.	.	.	.	.	+	.	.	.	.	.	.	.	.	.	.	.	2	1
Myosotis palustris	.	.	.	.	.	.	.	.	.	.	.	+	.	.	.	.	+	+	.	.

Ferner in je 2 Aufnahmen: *Brachythecium spec.* 1 (7), + (19); *Utricularia minor* 2 (8), 1 (20); *Stellaria palustris* + (10), 1 (11); *Utricularia intermedia* + (14), + (18).

In je 1 Aufnahme: *Chara aspera* + (2); *Lemna trisulca* + (3); *Utricularia neglecta* +, *Riccia fluitans* + (7); *Menyanthes trifoliata* + (8); *Juncus subnodulosus* + (9); *Eupatorium cannabinum* + (16); *Poa palustris* + (17); *Solanum dulcamara* + (18); *Bryum* spec. + (18); *Juncus effusus* + (19); *Cirsium palustre* + (19); *Salix aurita* juv. + (19); *Agrostis stolonifera* 1 (20).

Fundorts-Nachweis zu Tabelle 10:
1. Roofen-See, N-Teil, W-Ufer, 0,2 – 0,5 m. 18. 7. 1961.
2. Gr. Tietzen-See, SE-Bucht, S-Ufer, 0,1 – 0,2 m. 6. 8. 1961
3. Gr. Stechlin-See, E-Bucht, ehem. Teich am Einfluß des Dagower Grabens, 0,4 – 0,5 m. 25. 6. 1962.
4. Gr. Glietzen-See, W-Teil, W-Bucht, 0,6 m. 21. 9. 1960.
5. Roofen-See, N-Spitze, 0,1 m. 7. 7. 1961.
6. Gr. Tietzen-See, W-Teil, S-Ufer. 6. 9. 1962. 0,1 m.
7. Peetsch-See, S-Zipfel, W-Ufer. 22. 8. 1960.
8. Mehlitz-See, N-Ufer, 0,15 m. 24. 8. 1960.
9. Wasserlöcher nördl. des Mehlitz-Sees, 0,3 m. 26. 7. 1962.
10. Wiesengraben westl. des Breutzen-Sees, 0,1 – 0,15 m. 15. 6. 1962.
11. Wiesengraben westl. des Breutzen-Sees, 0,3 m. 15. 6. 1962.
12. Zechow-See, W-Ufer, 0,1 – 0,2 m. 24. 8. 1963.
13. Zechow-See, NW-Ufer, 0,1 m. 24. 8. 1963.
14. Zechow-See, NW-Ufer, 0,05 – 0,1 m. 24. 8. 1963.
15. Gr. Tietzen-See, W-Teil, SE-Ufer. 6. 9. 1962.
16. Gr. Tietzen-See, W-Teil, S-Ufer. 6. 9. 1962.
17. Zechow-See, N-Ufer. 24. 8. 1963.
18. Zechow-See, W-Ufer. 24. 8. 1963.
19. Traden-See, SW-Ufer. 28. 9. 1960.
20. Gr. Krukow-See, SW-Teil, Graben im Zwischenmoor. 31. 8. 1960.

betreten werden. Die Trennarten dieser Subassoziation stammen aus armen Kleinseggenriedern: *Sphagnum recurvum*, *Agrostis canina*, *Hydrocotyle vulgaris* und *Eriophorum angustifolium*. Stellenweise ist hier auch *Calla palustris* vorhanden. Anspruchsvollere Arten treten zurück oder fehlen. Zumeist steht diese Subassoziation in engem Kontakt mit *Carex rostrata*-reichen Ausbildungen von Scheuchzerietalia-Gesellschaften und ist mit diesen durch Übergänge verbunden.

Gesellschaftsvergleich: *Carex rostrata*-Bestände alpiner Gewässer waren schon 1912 von E. RÜBEL und 1922 von BEGER aus den Schweizer Alpen, 1925 von ALLORGE aus den französischen Alpen als Caricetum rostratae (resp. Caricetum inflatae) beschrieben worden. In der Folgezeit wurde dieser Name aber nur noch selten verwendet. Die meisten Autoren richteten sich nach der klassischen Vegetationsmonographie der Linth-Ebene von WALO KOCH (1926), in welcher ein „Caricetum inflato-vesicariae“ aufgestellt wurde. Da die Arbeit von KOCH keine Tabellen dieser Gesellschaft enthält, läßt sich kein genaues Bild von ihrer Zusammensetzung gewinnen. Der Beschreibung nach handelt es sich um hochwüchsige Bestände von *Carex vesicaria* und *Carex rostrata* (syn. *C. inflata*). Als weitere Charakterarten werden *Carex pseudocyperus*, *C. riparia*, *Lysimachia thyrsiflora*, *Cicuta virosa* und *Oenanthe aquatica* genannt. Außerdem sind *Equisetum fluviatile* („oft in großen Herden“), *Alisma plantago-aquatica*, *Carex gracilis* und *Poa palustris* häufig. Demnach handelt es sich um eine Artengruppierung reicherer Standorte. Die *Carex rostrata*-Bestände der höheren Lagen der Alpen werden von KOCH lediglich als „sehr verarmte Fazies“ dieser Gesellschaft aufgefaßt.

Die Aufstellung eines Caricetum inflato-vesicariae durch KOCH ist aber kein glücklicher Griff gewesen. Ganz offensichtlich lag hier, wie die Beschreibung von KOCH auch deutlich erkennen läßt, eine sehr komplex gefaßte Gesellschaft vor. Dennoch sind die meisten Autoren bis in die neueste Zeit hinein der Auffassung von KOCH gefolgt. Eine genaue Analyse der Tabellen des Caricetum inflato-vesicariae bei den meisten späteren Autoren zeigt eine deutliche Zweiteilung in eine ärmere, von *Carex rostrata* beherrschte und in eine reichere Gruppe mit *Carex vesicaria*, wenn nicht überhaupt nur eine dieser Gruppen vorlag. Diese Heterogenität des KOCHschen Caricetum inflato-vesicariae wurde schon von TÜXEN (1937) klar erkannt; er suchte ihr zu begegnen, indem er das nordwestdeutsche Caricetum inflato-vesicariae in eine „Subassoziation von *Carex inflata*“ (ohne *Carex vesicaria*!) und in eine „Subassoziation von *Carex vesicaria*“ (mit nur wenig *Carex rostrata*) aufteilte. Aber auch dieses Vorgehen, dem sich dann andere Autoren anschlossen (u. a. OBERDORFER 1957), kann nur eine Notlösung bedeuten. Unsere Beobachtungen im Stechlinsee-Gebiet, verbunden mit einer kritischen Analyse des vorliegenden Tabellenmaterials, ließen uns zu der Auffassung gelangen, daß das Caricetum inflato-vesicariae KOCH 1926 als eigene Assoziation nicht länger aufrecht erhalten werden kann. Es müssen vielmehr, wie schon in der Zeit vor KOCH, die beiden standörtlich und floristisch deutlich getrennten Assoziationen Caricetum rostratae und Caricetum vesicariae als selbständige Einheiten angesehen werden. Zur gleichen Zeit und unabhängig von uns sind auch TH. MÜLLER (bei OBERDORFER 1962) und BALÁTOVÁ-TULÁČKOVÁ (1963) zu dieser Meinung gelangt, wobei letztere Autorin zeigen konnte, daß diese beiden Assoziationen sogar zwei verschiedenen Verbänden zugezählt werden müssen.

Das Caricetum rostratae ist eine Verlandungsgesellschaft mesotropher Gewässer mit boreal-montanem Areal. In Nordeuropa weit verbreitet (ALMQUIST 1929, MILJAN 1933, VAARAMA 1936, MARISTO 1941), ist die Gesellschaft auch im mitteleuropäischen Flachland an geeigneten Standorten häufig und bereits aus verschiedenen Gegenden beschrieben worden (Tüxen 1937, Sauer 1937, Jeschke 1959, 1963, Passarge 1959, Kępczyński 1960, Dąmbska 1960, Müller-Stoll & Neubauer 1964). Weiter im Süden beschränken sich die Vorkommen im wesentlichen auf die montanen und subalpinen Stufen der Mittelgebirge und der Alpen (Uhlig 1938, Vollmar 1947, Neuhäusl 1956, 1959, Oberdorfer 1957, Knapp & Stoffers 1962).

Mit den Beständen des Stechlinsee-Gebietes zeigen die der meisten anderen Gebiete weitgehende Übereinstimmung; insbesondere läßt sich die hier vorgenommene Untergliederung der Gesellschaft auch anderswo wiedererkennen. Artenarme initiale Bestände, die unserer Variante von *Nymphaea alba* und der typischen Variante entsprechen, sind u. a. von Sukopp (1959) aus den Grunewaldmooren, von Jeschke (1959) aus dem Feldberger Seengebiet und von Dąmbska (1961) aus dem Birnbaum-Zierker Seengebiet beschrieben worden. Bei der von Neuhäusl (1956) untersuchten *Acorus calamus-Carex rostrata*-Gesellschaft des Wittingauer Teichgebietes in Böhmen handelt es sich um eine reichere Ausbildung, die etwa unserer Aufnahme 1 (mit reichlich *Glyceria maxima*) entspricht, wobei aber *Acorus calamus* in unserem Fall fehlt.

Auch unsere Variante von *Ranunculus lingua* tritt in den Tabellen anderer Autoren deutlich hervor. Mit ihr sind u. a. weitgehend identisch die sechs zum Caricetum rostratae gehörenden Aufnahmen des „Caricetum inflato-vesicariae" aus dem östlichen Holstein (Sauer 1937), die *Carex rostrata-Calliergon giganteum*-Assoziation auf Niedermooren bei Moskau (Katz 1929), die Ausbildungsformen II und III des Caricetum rostratae an den Feldberger Seen (Jeschke 1959) und die *Lysimachia thyrsiflora-Carex rostrata*-Gesellschaft an der Müritz (Jeschke 1963). Im Feldberger Gebiet wurde sogar eine ausgesprochene *Ranunculus lingua*-Fazies beobachtet.

Demgegenüber ist die Subassoziation von *Sphagnum recurvum* erst wenig bekannt geworden. Aus Brandenburg haben sie Müller-Stoll & Neubauer (1964) von Mooren südlich von Potsdam dargestellt. Entsprechende Bestände hat auch Kulczyński (1949) als *Drepanocladus exannulatus-Carex rostrata*-Assoziation aus Polesien beschrieben. Auch dort nimmt diese Ausbildung die stark schwankende Uferzone armer Moorseen ein und leitet zu angrenzenden Moorgesellschaften über. Klika (1958) erwähnt ein von Šmarda aus der Slowakei beschriebenes Caricetum inflatae sphagnetosum, das vielleicht hierher gehört. Dagegen sind das Sphagneto-Caricetum rostratae (Steffen 1931) und die *Sphagnum teres-Carex rostrata*-Gesellschaft (Schulz 1941) der ostpreußischen Schwing-Zwischenmoore ihrer gesamten Artenzusammensetzung nach bereits als *Carex rostrata*-reiche Ausbildungen von Zwischenmoorgesellschaften aufzufassen. Dasselbe gilt auch für das Caricetum rostratae sphagnetosum der emsländischen Heidekolke (Jonas 1932) und die „Ass. von *Carex rostrata*-Sphagnaceae" in Mittelrußland (Katz 1926, in Jonas 1933). Solche *Carex rostrata*-reichen Ausbildungen von Scheuchzerietalia-Gesellschaften sind auch im Stechlinsee-Gebiet vorhanden; wir werden bei der späteren Darstellung der Moore näher darauf zurückkommen.

3. Wasserschierlings-Ried, Cicuto-Caricetum pseudocyperi Boer 1942 (Tab. 11)

Auch das Cicuto-Caricetum pseudocyperi ist im Untersuchungsgebiet selten und stets nur kleinflächig entwickelt. Es handelt sich um stark schwingende Decken am Rande mäßig nährstoffreicher, flacher und geschützter Gewässer, in denen *Carex pseudocyperus* und *Calla palustris* dominieren. *Cicuta virosa* gelangt hier zu optimaler Entfaltung.

TABELLE 11

Cicuto-Caricetum pseudocyperi BOER 1942

Aufnahme-Nr.:	1	2	3	4	5
Artenzahl:	3	6	6	8	8
C-Assoziation:					
Carex pseudocyperus	2	1	2	+	1
Calla palustris	4	5	.	.	.
Cicuta virosa	.	.	.	.	2
VC-Caricion rostratae und KC-Phragmitetea:					
Phragmites communis	.	.	1	+	.
Cladium mariscus	.	.	+	.	+
Carex elata	.	.	+	.	.
Carex paniculata	.	.	.	+	.
Scirpus tabernaemontani	.	.	.	.	2
Typha angustifolia	.	.	.	.	+
Lycopus europaeus	.	.	.	.	+
Begleiter:					
a) Alnetea-Arten:					
Thelypteris palustris	.	.	3	2	3
Calamagrostis canescens	1	1	.	.	.
Alnus glutinosa Klg.	.	.	+	.	+

b) Sonstige (in je einer Aufnahme):
Agrostis canina +, *Lythrum salicaria* r, *Juncus effusus* + (2); *Lemna minor* 1, *Hydrocharis morsus-ranae* 2, *Calliergon cordifolium* 4, *Drepanocladus aduncus* 1 (4).

Fundorts-Nachweis zu Tabelle 11:

1.—2. *Sphagnum*-Moor östl. des N-Zipfels des Gr. Stechlin-Sees, nasse Randzone. 6. 9. 1962.
3. Wittwe-See, NW-Bucht, W-Ufer, hinter Cladietum marisci. 4. 9. 1962.
4. Kl. Kessel-See, N-Ufer, Schlenke im Caricetum paniculatae. 6. 7. 1961.
5. Mehlitz-See, W-Ufer, Schwingrasenkante. 9. 8. 1962.

Die wenigen Vorkommen lassen keine weitere Untergliederung erkennen. Eine Fazies von *Calla palustris* tritt in der nassen Randzone oligotropher *Sphagnum*-Moore auf. *Calla palustris* bildet hier dichte Bestände, die zur Blütezeit dieser Pflanze sehr augenfällig sind. Eine *Thelypteris palustris*-Fazies findet sich an den Schwingkanten flacher Seen und Torfstiche. Sie steht der *Thelypteris*-Variante des Scirpo-Phragmitetum nahe, mit der die Gesellschaft stellenweise mosaikartig verzahnt ist. Bei einer weiteren Festigung der Torfdecke erfolgt durch Ausbreitung von Weidengebüsch und Erlenjungwuchs die Weiterentwicklung zu einem nassen, ebenfalls noch schwingenden Erlenbruchwald, wie z. B. am Gerlin-See.

Die soziologische Stellung und die geographische Verbreitung der Gesellschaft wurden eingehend von FREITAG & coll. (1958) behandelt, wobei die Ausführungen dieser Autoren dahingehend zu ergänzen sind, daß die Gesellschaft erstmalig 1942 von BOER aus den Niederlanden beschrieben wurde. Insgesamt handelt es sich um eine Verlandungsgesellschaft meso- bis eutropher, sommerwarmer Gewässer mit einem Verbreitungsschwerpunkt im nordöstlichen Mitteleuropa und angrenzenden Osteuropa. Bezüglich der Einzelheiten der Verbreitung sei auf FREITAG & coll. (1958) verwiesen. Weitere Vorkommen sind inzwischen aus dem Müritz-Gebiet (JESCHKE 1963), dem Potsdamer

Havelland (Müller-Stoll & Neubauer 1964), aus den Niederlanden (van Donselaar 1961 und aus dem nördlichen Polen (Kepczyński 1960) bekannt geworden.

4. Steifseggen-Ried, Caricetum elatae W. Koch 1926 (Tab. 12a)

Gesellschaften bultiger Großseggen sind im Stechlinsee-Gebiet nur an wenigen Stellen und auch dort nur in relativ kleinen Beständen vorhanden; auch ist der bultige Charakter dieser Gesellschaften häufig nicht sonderlich deutlich ausgeprägt. Die Vorkommen liegen durchweg in Verlandungskomplexen der flachen Seen und in den Wiesentälern des Polzow- und Pölzer Fließes und des Kleinen Rhin.

Am wenigsten häufig ist das Caricetum elatae. Einige kleinere Bestände fanden sich am Mehlitz-See und am Plötzen-See in Kontakt mit Zwischenmoorgesellschaften, am Kölpin-See und am Wittwe-See zwischen Scirpo-Phragmitetum und Alnetum. Sie gehören durchweg zu ärmeren Ausbildungsformen des Caricetum elatae. An nassen Standorten mit flachen Wasserschlenken kommt eine Ausbildungsform mit Elementen des Sparganietum minimi vor (Aufn. 1). Die meisten dieser Vorkommen scheinen sekundärer Natur zu sein, d. h. ihre Existenz ist der Vernichtung eines früheren Erlenbruchwaldes zu verdanken. Menschliche Beeinflussungen, wie sie vor Jahren in Form von Streunutzung erfolgten, finden heutzutage aber nicht mehr statt. So haben sich inzwischen schon vielfach Elemente des Erlenbruchwaldes eingefunden, neben *Thelypteris palustris* und *Calamagrostis canescens* auch *Alnus glutinosa* selbst, so daß die Ablösung dieser Bestände durch einen Erlenbruchwald nur noch die Frage von wenigen Jahren ist. In der primären Verlandungsfolge der Seeufer ist das Caricetum elatae dagegen ausgesprochen selten und nur an wenigen Stellen hinter einem lockeren *Phragmites*-Röhricht als fragmentarischer schmaler Gürtel ausgebildet, so z. B. an der SW-Bucht des Kl. Glietzen-Sees.

Das Caricetum elatae ist über große Teile von Europa verbreitet. Nordwärts reicht es mindestens bis Estland, von wo Miljan (1933) eine eingehende Beschreibung vorgelegt hat. Die dortigen Bestände gehören ebenfalls ärmeren Ausbildungsformen an und sind denen des Stechlinsee-Gebietes außerordentlich ähnlich; u. a. tritt auch dort eine Ausbildung mit *Sparganium minimum* in Erscheinung. Indessen scheint aber der Schwerpunkt des Caricetum elatae im südlichen Mitteleuropa und in den nördlichen Teilen Südeuropas zu liegen (Balátová-Tuláčková 1963, Tab. 1; dazu Eicke-Jenne 1960, Kuhn 1961, Krisai 1960, Seibert 1962, Korneck 1963). *Carex elata* selbst ist eine etwas wärmeliebende Art mit subozeanisch-submediterraner Verbreitungstendenz (Oberdorfer 1962), die im Norden mit ihrem geschlossenen Areal nur bis Süd-Schweden und Süd-Finnland und mit vereinzelten Vorkommen bis Mittel-Schweden und Mittel-Finnland reicht (Hultén 1950). Für das Zurücktreten dieser Gesellschaft im Stechlinsee-Gebiet mögen daher auch die lokalklimatischen Verhältnisse von Bedeutung sein.

5. Rispenseggen-Ried, Caricetum paniculatae Wang. 1916 (Tab. 12b)

Von den im Stechlinsee-Gebiet auftretenden Gesellschaften des Caricion rostratae nimmt das Caricetum paniculatae die relativ reichsten Standorte ein. Einmal tritt es in der Verlandungsfolge flacher, schwach eutropher Gewässer auf und bildet z. B. am E-Ufer des kleinen Boberow-Sees eine schmale Großseggenzone zwischen dem Cladietum marisci des Seerandes und landwärts anschließenden Feuchtwiesen (Taf. VI, Fig. 1).

TABELLE 12
Gesellschaften bultbildender Großseggen

	a. Caricetum clatae W. KOCH 1926					b. Caricetum paniculatae WANG. 1916																							c. Caricetum appropinquatae TX. 1947				
						Subass. von *Hydrocharis morsus-ranae*								Typ. Sub-ass.		Subass. von *Myosotis palustris*: Var. von *Geum rivale*				Subass. von *Myosotis palustris*: Var. von *Eriophorum angustifolium*						Var. von *Geum rivale*		Var. von *Eriophorum*		
Aufnahme-Nr.:	1	2	3	4	5	6	7	8	9	10	11	12	13	14	15	16	17	18	19	20	21	22	23	24	25	26	27	28	29	30
Artenzahl:	18	19	21	31	32	29	30	28	18	16	8	14	20	8	12	19	21	25	22	32	27	27	21	27	27	24	25	21	38	45
C-Assoziationen:																														
Carex elata	3	2	3	4	2	+	1	2	.	.	.	.	.	.	.	.	.	.	.	.	.	+	.	.	.	.	.	.	.	2
Carex paniculata	.	.	.	.	.	3	3	4	4	4	4	2	3	4	4	4	4	5	5	4	4	4	3	4	5	.	.	.	.	.
Carex appropinquata	.	.	+	1	.	.	.	.	.	.	.	.	.	.	.	.	.	.	.	.	.	.	.	.	.	4	4	5	4	2
D-Subass. von *Hydrocharis*:																														
Hydrocharis morsus-ranae	+	.	.	.	.	1	+	1	2	+	.	.	.	.	.	.	.	.	.	.	.	.	.	.	.	.	.	.	.	.
Lemna minor	+	.	.	.	.	+	.	.	.	1	2	1	1	.	.	.	.	.	.	+	.	.	.	.	.	.	.	.	.	.
Sparganium erectum	.	.	.	.	.	.	+	+	.	.	1	.	.	.	.	.	.	.	.	.	.	.	.	.	.	.	.	.	.	.
Carex pseudocyperus	.	+	.	.	.	+	1	.	.	1	.	.	2	.	.	.	.	.	.	.	.	.	.	.	.	.	.	.	.	.
Utricularia minor	.	.	.	.	.	+	2	.	1	.	.	.	.	.	.	.	.	.	.	.	.	.	.	.	.	.	.	.	.	1
Utricularia intermedia	.	1	.	.	.	.	.	1	.	.	.	.	.	.	.	.	.	.	.	.	.	.	.	.	.	.	.	.	.	+
Utricularia vulgaris	.	.	.	.	.	.	.	1	.	.	.	.	.	.	.	.	.	.	.	.	.	.	.	.	.	.	.	.	.	.
Nymphaea alba minor	.	.	.	.	.	1	.	.	.	.	.	.	.	.	.	.	.	.	.	.	.	.	.	.	.	.	.	.	.	.
Scirpus lacustris	.	.	.	.	.	.	1	.	.	.	.	.	.	.	.	.	.	.	.	.	.	.	.	.	.	.	.	.	.	.
D-Form von *Scorpidium scorpioides*:																														
Scorpidium scorpioides	3	.	.	.	.	.	.	.	.	.	.	.	.	.	.	.	.	.	.	.	.	.	.	.	.	.	.	.	.	.
Sparganium minimum	1	.	.	.	.	.	.	.	.	.	.	.	.	.	.	.	.	.	.	.	.	.	.	.	.	.	.	.	.	.
Potamogeton gramineus	2	.	.	.	.	.	.	.	.	.	.	.	.	.	.	.	.	.	.	.	.	.	.	.	.	.	.	.	.	.
D-Subass. von *Myosotis palustris*:																														
Myosotis palustris	.	.	.	.	.	.	.	.	.	.	.	.	.	.	.	.	+	1	+	.	1	+	1	+	+	+	+	.	+	+
Lotus uliginosus	.	.	.	.	+	.	.	.	.	.	.	.	.	.	.	.	1	+	1	+	3	.	.	+	.	+	+	.	1	.
Festuca rubra genuina	.	.	.	.	.	.	.	.	.	.	.	.	.	.	.	.	+	+	1	+	2	+	.	2	1	1	+	.	.	.
Galium uliginosum	.	.	.	+	.	.	.	.	.	.	.	.	.	.	.	.	+	+	1	+	.	.	.	1	.	+	+	+	1	.
Caltha palustris	.	.	.	r	.	.	.	.	.	.	.	.	.	.	.	.	1	1	.	.	.	.	.	2	.	1	1	+	1	2
Poa pratensis ssp. *pratensis*	.	.	.	.	.	.	.	.	.	.	.	.	.	.	.	1	+	.	.	+	.	.	.	+	.	+	+	r	.	+
Poa trivialis	.	.	.	.	.	+	.	.	.	.	.	.	.	.	.	1	+	.	.	.	+	.	.	1	.	.	.	.	1	.
Holcus lanatus	.	.	.	.	.	.	.	.	.	.	.	.	.	.	.	.	.	r	.	+	+	.	.	+	.	.	.	.	+	.
Lychnis flos-cuculi	.	.	.	.	.	.	.	.	.	.	.	.	.	.	.	.	.	.	.	+	1	r	.	+	1	+	+	+	1	1

TABELLE 12 (Fortsetzung)

D-Variante von *Geum rivale:*																														
Geum rivale	.	.	.	.	.	.	.	.	.	.	.	.	.	.	.	.	1	.	1	.	.	.	.	.	.	1	1	.	.	.
Crepis paludosa	.	.	.	.	.	.	.	.	.	.	.	.	.	.	.	+	+	.	.	+	.	.	.	.	.	.	.	.	.	.
Angelica silvestris	.	.	.	.	.	.	.	.	.	.	.	.	.	.	.	1	1	.	.	.	.	.	.	.	.	.	.	.	.	.
Filipendula ulmaria	.	.	.	.	.	.	.	.	.	.	.	.	.	.	.	2	1	.	.	.	.	.	.	.	.	.	.	.	.	.
Scirpus silvaticus	.	.	.	.	.	.	.	.	.	.	.	.	.	.	.	+	1	.	.	.	.	.	.	.	.	.	.	.	.	.
Cirsium oleraceum	.	.	.	.	.	.	.	.	.	.	.	.	.	.	.	1	.	+	.	.	.	.	.	.	.	.	.	.	.	.
D-Variante von *Eriophorum angustifolium:*																														
Eriophorum angustifolium	.	+	.	.	.	.	.	.	.	.	.	.	.	.	.	.	.	.	.	.	+	.	1	.	+	.	.	+	+	+
Salix aurita	.	.	.	.	1	.	.	.	.	.	.	.	.	.	+	.	.	.	.	+	.	+	.	.	.	.	.	+	1	1
Sphagnum recurvum	.	.	.	.	.	.	.	.	+	.	.	.	.	.	.	.	.	.	.	1	.	.	.	3	4	.	.	.	.	.
Sphagnum teres	.	.	.	.	.	.	.	.	.	.	.	.	.	.	.	.	.	.	.	.	.	.	.	1	2	.	.	.	.	.
Carex limosa	.	.	.	.	.	.	.	.	.	.	.	.	.	.	.	.	.	.	.	.	.	.	+	.	.	.	.	.	.	1
Aulacomnium palustre	.	.	.	.	.	.	.	.	.	.	.	.	.	.	.	.	.	.	.	.	.	.	.	3	.	.	.	.	.	.
Calliergon stramineum	.	.	.	.	.	.	.	.	.	.	.	.	.	.	.	.	.	.	.	.	.	.	.	.	1	.	.	.	.	.
VC-Caricion rostratae:																														
Carex rostrata	+	.	.	1	.	.	2	1	+	.	1	+	.	.	.	+	.	.	.	.	2	+	2	+	1	.	.	.	+	.
Peucedanum palustre	.	+	+	1	1	.	.	1	+	.	.	.	.	.	.	.	.	.	.	+	.	.	1	.	+	.	.	.	1	1
Lysimachia thyrsiflora	+	+	.	+	.	.	+	.	.	.	.	.	+	.	.	.	.	.	+	+	.	.	1	.	.	.	.	.	.	1
Cicuta virosa	.	.	.	.	.	.	.	.	.	.	.	.	+	.	.	.	.	.	.	.	.	.	1	.	.	.	.	.	.	.
OC-Magnocaricetalia:																														
Galium palustre	.	+	1	1	+	1	+	+	.	1	.	2	1	1	+	1	.	+	.	.	1	+	1	.	1	.	.	.	+	2
Carex acutiformis	.	.	.	.	.	.	.	.	.	.	.	1	2	2	1	1	1	+	.	.	1	.	.	+	1	+	+	+	.	.
Lysimachia vulgaris	.	.	.	+	1	.	.	.	.	.	.	.	.	1	+	+	1	1	1	1	.	+	.	.	.	.	.	.	.	2
Scutellaria galericulata	.	.	1	+	.	.	.	.	+	.	.	.	.	.	.	.	.	.	+	.	.	.	.	1	+	.	.	.	+	+
Cardamine palustris	.	.	.	+	.	+	.	.	.	1	.	.	+	.	.	.	.	.	.	.	.	.	.	.	.	.	.	.	.	.
Poa palustris	.	.	.	.	.	+	.	.	.	.	.	.	.	.	+	.	.	.	.	+	.	+	.	.	.	.	.	.	.	.
Carex disticha	.	.	.	.	2	.	.	.	.	.	.	.	.	.	.	.	.	.	.	.	.	.	.	.	.	.	.	.	.	.
Carex gracilis	.	.	.	.	.	.	.	.	.	.	.	.	.	.	.	.	.	.	.	.	.	.	.	.	.	.	.	.	+	.
KC-Phragmitetea:																														
Phragmites communis	3	1	1	+	.	2	.	1	.	3	1	.	1	1	1	.	.	.	+	+°	.	+	.	1	.	.	.	.	2	1
Ranunculus lingua	+	.	.	1	.	.	+	+	.	.	1	+	.	.	.	.	.	.	.	.	1	.	1	.	+	.	.	+	+	+
Mentha aquatica	.	.	.	3	1	.	.	.	.	.	.	3	.	.	.	1	2	.	.	.	+	.	1	+	.	.	.	.	1	1
Equisetum fluviatile	.	.	.	1	.	.	1	+	.	.	.	.	.	.	.	.	.	.	.	+	1	.	+	.	+	.	.	.	1	2
Rumex hydrolapathum	+	.	.	.	.	.	.	+	+	.	1	2	.	.	.	.	.	.	.	+	.	.	1	.	+	.	.	.	.	.
Lycopus europaeus	.	.	1	1	.	.	1	1	+	.	.	.	.	.	.	.	.	.	.	.	.	.	.	.	1	.	.	.	.	1
Typha latifolia	.	.	.	.	.	1	1	1	.	1	.	+	.	.	.	.	.	.	.	.	.	.	1	.	1	.	.	.	.	.
Sium erectum	.	.	.	.	.	.	.	.	+	.	+	4	.	.	.	.	2	.	.	+	+	.	.	.	.	.	.	.	.	.

TABELLE 12 (Fortsetzung)

Aufnahme-Nr.:	1	2	3	4	5	6	7	8	9	10	11	12	13	14	15	16	17	18	19	20	21	22	23	24	25	26	27	28	29	30
Artenzahl:	18	19	21	31	32	29	30	28	18	16	8	14	20	8	12	19	21	25	22	32	27	27	21	27	27	24	25	21	38	45
KC-Phragmitetea:																														
Scirpus taberneamontani	.	.	.	.	.	.	.	1	1	.	.	.	.	.	.	.	.	.	.	.	.	1	.	.	.	.	.	.	.	.
Cladium mariscus	.	+	1	.	.	.	.	.	.	.	.	.	.	.	.	.	.	.	.	.	.	.	.	.	.	.	.	.	.	.
Eleocharis palustris	.	.	.	.	.	.	+	.	.	.	.	.	.	.	.	.	.	.	.	.	.	.	.	.	.	.	.	.	.	+
Veronica anagallis-aquatica	.	.	.	.	.	.	.	.	.	.	.	1	.	.	.	.	.	.	.	.	.	.	.	.	.	.	.	.	.	.
Typha angustifolia	.	.	.	.	.	.	.	+	.	.	.	.	.	.	.	.	.	.	.	.	.	.	.	.	.	.	.	.	.	.
Begleiter:																														
a) Scheuchzerio-Caricetea fuscae:																														
Epilobium palustre	.	.	1	1	+	+	+	1	.	1	.	.	1	.	.	.	.	+	+	+	1	+	1	+	+	.	.	.	+	1
Comarum palustre	.	+	1	2	.	1	2	2	1	.	.	.	2	.	.	.	.	.	.	.	.	2	.	.	.	.	+	2	+	2
Menyanthes trifoliata	.	.	.	3	.	.	1	1	.	.	.	.	.	.	.	.	1	1	+	+	3	.	4	+	1	.	.	.	1	2
Valeriana dioica	.	.	.	.	.	.	.	.	.	.	.	.	.	.	.	.	.	+	.	.	1	.	.	1	1	+	.	+	2	1
Carex lasiocarpa	2	+	.	+	2	.	3	+	.	.	.	.	.	.	.	.	.	.	.	.	.	.	.	.	.	.	.	.	.	1
Stellaria palustris	.	.	.	+	.	.	+	.	.	.	.	.	.	.	.	.	.	.	.	.	.	+	.	.	+	.	.	.	+	+
Viola palustris	.	.	+	.	.	1	.	.	.	.	.	.	.	.	+	.	.	.	1	1	.	.	.	.	.	.	.	.	.	.
Carex panicea	.	.	.	.	3	.	.	.	.	.	.	.	.	.	.	.	.	.	.	.	.	.	.	.	.	1	1	+	.	2
Hydrocotyle vulgaris	.	.	1	.	2	.	.	.	.	.	.	.	.	.	.	.	.	.	.	+	1	.	.	.	.	.	.	.	.	.
Juncus articulatus	.	.	.	+	+	.	.	.	.	.	.	.	.	.	.	.	.	.	.	.	.	.	.	.	.	.	.	.	1	2
Calamagrostis neglecta	.	.	1	.	.	.	.	.	.	.	.	.	.	.	.	.	.	.	.	.	.	.	.	.	.	.	.	.	1	2
Carex fusca	.	.	.	.	.	.	.	.	.	.	.	.	.	.	.	.	.	.	.	.	.	.	.	.	.	2	2	+	.	.
Carex diandra	.	.	.	2	.	.	.	.	.	.	.	.	.	.	.	.	.	.	.	.	.	1	.	.	.	.	.	.	.	.
Agrostis canina	.	.	.	1	1	.	.	.	.	.	.	.	.	.	.	.	.	.	.	.	.	.	.	.	.	.	.	.	.	.
Campylium stellatum	.	.	2	.	.	.	.	.	.	.	.	.	.	.	.	.	.	.	.	.	.	.	.	.	.	.	.	.	.	.
Drosera rotundifolia	.	.	.	.	+	.	.	.	.	.	.	.	.	.	.	.	.	.	.	.	.	.	.	.	.	.	.	.	.	.
Juncus alpinus	.	.	.	.	2	.	.	.	.	.	.	.	.	.	.	.	.	.	.	.	.	.	.	.	.	.	.	.	.	.
b) Sonstige:																														
Acrocladium cuspidatum	+	2	3	5	2	4	3	3	3	.	.	.	4	.	.	.	.	1	.	1	5	3	4	2	.	1	2	1	3	3
Thelypteris palustris	1	2	2	2	.	3	1	.	3	2	.	1	2	2	2	.	.	.	+	2	3	2	.	.	1	.	.	.	3	1
Mnium seligeri	.	.	.	.	+	.	.	1	1	.	.	.	1	1	1	.	.	+	+	+	1	.	.	+	.	.	.	+	2	1
Cirsium palustre	.	.	2	+	1	+	+	+	+	.	.	.	.	.	+	.	.	+	+	+	.	.	.	+	1	.	.	.	+	.
Marchantia polymorpha	.	.	.	.	+	2	2	.	+	2	.	.	2	.	.	.	.	.	.	.	2	.	2	.	1	.	.	.	1	1
Lythrum salicaria	.	+	+	.	.	+	.	.	.	1	.	.	1	.	+	.	.	.	+	.	+	.	2	.	.	.	.	.	+	+
Alnus glutinosa juv.	.	+	+	2	2	.	.	+	.	.	.	.	.	.	.	.	.	.	.	.	.	2	.	.	.	.	.	+	1	1
Agrostis stolonifera	.	.	.	+	.	+	.	.	.	1	.	+	+	.	.	.	.	.	.	.	+	+	3	.	.	.	.	.	.	1
Calamagrostis canescens	.	3	.	.	1	.	+	.	.	.	.	.	+	.	.	.	.	.	.	+	.	.	.	.	.	.	.	.	.	+
Bryum spec.	+	.	.	1	.	.	1	.	.	2	.	.	.	.	.	.	.	+	.	.	.	.	.	.	.	.	.	.	.	2
Climacium dendroides	+	.	.	.	.	.	.	.	.	.	.	.	.	.	.	.	.	.	.	.	.	1	.	2	.	1	1	3	.	.
Rhytidiadelphus squarrosus	.	+	.	.	.	+	.	.	.	.	.	.	.	.	.	.	.	.	+	.	.	.	.	.	.	3	3	1	.	.

TABELLE 12 (Fortsetzung)

Drepanocladus aduncus	.	.	.	3	.	.	2	2	.	1	.	.	.	.	.	+	.	.	.	.	.	.	.	.	.	.	.	.	.	.
Calliergon cordifolium	.	.	.	.	.	1	2	1	.	.	.	.	.	.	.	.	.	+	.	.	.	.	.	.	.	.	.	.	1	+
Pinus silvestris juv.	.	+	+	.	+	.	.	.	.	.	.	.	.	.	.	.	.	.	.	+	.	+	.	.	.	.	.	.	.	.
Cardamine pratensis	.	.	.	.	.	.	.	.	.	.	.	.	.	.	.	.	.	.	.	.	+	+	+	.	.	1	1	.	.	+
Aneura sinuata	.	.	1	.	.	1	1	.	.	.	.	.	.	.	.	.	.	.	.	.	.	.	.	+	.	.	.	.	.	.
Hypnum pratense	.	.	.	.	1	.	.	.	.	.	.	.	+	1	.	.	.	+	.	.	.	.	.	.	.	.	.	.	.	.
Epilobium parviflorum	.	.	.	.	.	.	.	.	.	.	.	2	.	.	.	.	.	+	.	.	+	.	.	.	+	.	.	.	.	.
Ranunculus acer	.	.	.	.	.	.	.	.	.	.	.	.	.	.	.	.	.	.	.	.	.	r	.	.	.	+	1	+	.	.
Rumex acetosa	.	.	.	.	.	.	.	.	.	.	.	.	.	.	.	.	.	.	r	.	.	.	.	+	.	.	+	.	+	.
Molinia coerulea	.	.	.	.	1	.	.	.	.	.	.	.	.	.	.	.	.	.	.	.	.	.	.	.	.	.	.	.	1	1
Eupatorium cannabinum	.	.	.	.	.	.	.	.	+	.	.	.	.	.	.	2	.	.	.	.	.	.	.	.	2	.	.	.	.	.
Solanum dulcamara	+	.	.	.	.	.	+	.	.	.	.	.	.	.	.	1	.	.	.	.	.	.	.	.	.	.	.	.	.	.
Epilobium hirsutum	.	.	.	.	.	.	.	.	.	.	.	.	.	.	.	.	1	1	.	.	.	.	.	.	.	+	.	.	.	.
Equisetum palustre	.	.	.	.	.	.	.	.	.	.	.	.	.	.	.	.	.	1	+	.	.	.	.	.	.	+	.	.	.	.
Juncus effusus	.	.	.	.	.	.	.	.	.	.	.	.	.	.	.	.	.	.	.	.	.	.	.	.	.	+	+	.	+	.
Salix repens	.	.	.	.	.	.	.	.	.	.	.	.	.	.	.	.	.	.	.	.	.	.	.	.	.	.	.	+	1	2

Ferner in je 2 Aufnahmen: *Anthoxanthum odoratum* + (5), + (27); *Lemna trisulca* + (6), + (13); *Chiloscyphus fragilis* 1 (6), 2 (10); *Poa pratensis* ssp. *irrigata* + (17), + (18); *Geranium palustre* + (17), + (18); *Betula pendula* r (22), + (30); *Ranunculus repens* 1 (26), + (27); *Potentilla tormentilla* + (27), + (28); *Deschampsia caespitosa* + (26), + (27).

In je 1 Aufnahme: *Campylium polygamum* + (1); *Fissidens adiantoides* + (2); *Betula pubescens* 1 (5); *Rhamnus frangula* + (5); *Carex flava* + (5); *Parnassia palustris* + (5); *Luzula campestris* + (5); *Scleropodium purum* + (5); *Amblystegium riparium* 3 (6); *Sphagnum squarrosum* 1 (6); *Riccardia incurvata* 1 (6); *Chara fragilis* + (8); *Valeriana officinalis* 1 (11); *Equisetum pratense* 2 (16); *Cardamine amara* + (16); *Drepanocladus sendtneri* + (16); *Juncus subnodulosus* + (19); *Veronica chamaedrys* + (19); *Deschampsia flexuosa* + (20); *Urtica dioica* r (20); *Festuca arundinacea* + (20); *Mentha arvensis* + (22); *Salix cinerea* + (22); *Carex hirta* + (26); *Trifolium pratense* + (27); *Orchis latifolia* r (27).

Fundorts-Nachweis zu Tabelle 12:
1. Wittwe-See, NE-Bucht. 20. 8. 1963.
2. Kölpin-See, NE-Bucht. 15. 8. 1963.
3. Plötzen-See, N-Ufer. 21. 9. 1960.
4. Moorgebiet nördl. des Mehlitz-See. 23. 8. 1960.
5. Plötzen-See, E-Ufer. 29. 9. 1960.
6. Kl. Kessel-See, S-Seite. 6. 7. 1961.
7. Mehlitz-See, E-Ufer. 26. 8. 1960.
8. Mehlitz-See, S-Ufer. 26. 8. 1960.
9. Mehlitz-See, W-Ufer. 9. 8. 1962.
10. Kl. Kessel-See, N-Ufer. 6. 7. 1961.
11. Kl. Gramzow-See, W-Ufer. 28. 6. 1961.
12. Zufluß zum Glawke-See. 6. 7. 1961.
13. Kl. Kessel-See, E-Seite. 6. 7. 1961.
14. Pölzer Fließ, E-Ufer nörd. des Kl. Gramzow-See. 28. 6. 1961.
15. Kl. Boberow-See, E-Ufer. 10. 7. 1962.
16. Polzow-Wiesen unterhalb von Menz. 23. 6. 1961.
17. Polzow-Wiesen am Junkerbusch. 30. 6. 1961.
18. Polzow-Wiesen am Junkerbusch. 30. 6. 1961.
19. Wiesental westl. Dollgower See. 8. 8. 1963.
20. Glawke-See, S-Ufer. 17. 6. 1963.
21. Glawke-See, E-Ufer. 6. 7. 1961.
22. Moorgebiet nördl. des Mehlitz-Sees, dicht am Graben. 16. 6. 1963.
23. Glawke-See, NE-Ufer. 6. 7. 1961.
24. Pölzer Fließ östl. Forsthaus Neuhof. 28. 6. 1961.
25. Glawke-See, E-Ufer. 6. 7. 1961.
26. Moor nördl. des Zeuten Sees, 15. 6. 1963.
27. Moor nördl. des Zeuten-Sees. 15. 6. 1963.
28. Moor nördl. des Zeuten-Sees. 15. 6. 1963.
29. Moor nördl. des Kölpin-Sees, S-Rand. 5. 7. 1961.
30. Moor nördl. des Kölpin-Sees, S-Rand. 5. 7. 1961.

Stellenweise dringt das Caricetum paniculatae auch bis an das offene Wasser vor, wie z. B. am Kleinen Kessel-See, und bildet hier in mosaikartiger Durchdringung mit einem fragmentarischen Cicuto-Caricetum pseudocyperi eine bultige Schwingrasenkante. Die ausgedehntesten Vorkommen liegen aber auf quellfeuchten Standorten von Wiesentälern (Polzow-Fließ-Rinne, Tal des Pölzer Fließes, Glawke-See-Rinne, Törnsee-Rinne, Dollgower Rinne). Hier werden hauptsächlich nasse Senken, vor allem ehemalige Torfstiche und verwachsene Entwässerungsgräben, besiedelt.

Untereinheiten: Die Subassoziation von *Hydrocharis morsus-ranae* und die typische Subassoziation sind primäre Großseggenrasen innerhalb der Verlandungskomplexe von Seen und Torfstichen, wobei die erstere die nassesten Standorte mit noch mehr oder weniger stark schwankender Bodendecke einnimmt. Am Kleinen Kessel-See und am Glawke-See folgen diese primären Schwingrasen unmittelbar auf ein dichtes Hydrocharitetum, das die gesamte Fläche der Restseen bedeckt. Bei weiterer Verfestigung des Bodens, woran in besonderem Maße *Thelypteris palustris* beteiligt ist, breitet sich *Phragmites communis* stark aus, und das Caricetum paniculatae wird von der *Thelypteris*-Variante des Scirpo-Phragmitetum abgelöst, auf welches ein ebenfalls noch schwankendes Alnetum folgt. An anderen Stellen kann das Caricetum paniculatae unmittelbar in stark schwingende Alnetum-Initialen übergehen. Gern füllt es auch flache Entwässerungsgräben mit langsamem Quellwasserstrom aus und zieht sich dann als schmales Band durch die umgebenden Feuchtwiesen. An diesen Stellen kommt es meist zu Durchdringungen mit dem Bachröhricht, wie folgende Aufnahme vom Zufluß des Glawke-Sees zeigt:

2.2	*Carex paniculata*	4.5	*Sium erectum*
1.1	*Carex acutiformis*	2.2	*Epilobium parviflorum*
+.1	*Carex rostrata*	1.2	*Veronica anagallis-aquatica*
2.2	*Galium palustre*	1.3	*Thelypteris palustris*
3.4	*Mentha aquatica*	+.2	*Agrostis stolonifera*
2.2	*Rumex hydrolapathum*	1.1	*Lemna minor*
+.1	*Typha latifolia*		
+.1	*Ranunculus lingua*		

Die Subassoziation von *Myosotis palustris* umfaßt Bestände im Komplex quelliger Feuchtwiesen, welche zusammen mit diesen mehr oder weniger regelmäßig genutzt werden. Die Trennartengruppe dieser Subassoziation besteht aus Arten feuchter Wirtschaftswiesen. Ein Teil dieser Flächen gehört zu einer reicheren Variante mit *Geum rivale*, *Cirsium oleraceum* und weiteren Arten des Cirsio-Polygonetum bistortae, mit dem es nicht selten zu Verzahnungen kommt. Ihr steht eine Variante ärmerer Standorte gegenüber, die durch Arten der Kleinseggenrieder und Zwischenmoore gekennzeichnet wird. Auch *Carex rostrata* und andere Verbands-Kennarten, die in der *Geum*-Variante stark zurücktreten, sind hier wieder reichlich vorhanden.

Gesellschaftsvergleich: Das Caricetum paniculatae wird als eine nordische Gesellschaft angesehen (OBERDORFER 1957, S. 140); diese Beurteilung bedarf jedoch der Überprüfung. *Carex paniculata* geht in Skandinavien ebenso wie *Carex elata* nur bis Mittel-Schweden und Süd-Finnland (HULTÉN 1950). Über die Verbreitung des Caricetum paniculatae ist bisher erst wenig bekannt. Im südlichen Mitteleuropa einschließlich des nördlichen Südeuropa scheint die Gesellschaft selten zu sein. SOÓ (1949) beschrieb aus Siebenbürgen ein Caricetum paniculatae-paradoxae, das zum größten Teil zum Caricetum paniculatae gehört, und zwar zu dessen Subassoziation von *Myosotis palustris*.

Die Sammeltabelle für Süddeutschland bei OBERDORFER (1957) enthält lediglich drei Aufnahmen, die etwa unserer typischen Subassoziation entsprechen, aber insgesamt etwas reicher sind. Neuerdings wurde die Gesellschaft von KORNECK (1963) auch aus dem Rhein–Main-Gebiet belegt. Im nordmitteleuropäischen Flachland ist das Caricetum paniculatae häufiger, tritt aber auch hier in manchen Gegenden zurück. WANGERIN (1916) beschrieb die Gesellschaft als erster vom Kl. Plinske-See aus Westpreußen. LIBBERT (1932), der das Caricetum paniculatae als Variante des Caricetum elatae auffaßt, nennt es für die neumärkische Staubeckenlandschaft als selten an Seeufern und an kleinen Quellgräben. JESCHKE (1963) veröffentlichte eine Tabelle aus dem Müritz-Gebiet, wo die Gesellschaft aber ebenfalls selten ist, und nennt zugleich Vorkommen auf Rügen. In den Niederlanden wird *Carex paniculata* als Kennart des dortigen Caricetum acutiformo-paniculatae VLIEGER & VAN ZINDEREN BAKKER 1942 aufgefaßt. Jedoch läßt sich diese Gesellschaft, wie schon erwähnt, den Tabellen bei BOER 1942 und VAN DONSELAAR (1961) zufolge in ein Caricetum ripario-acutiformis und ein Caricetum paniculatae aufgliedern. Dieselbe Gesellschaft ist auch aus Belgien bekannt (VAN DONSELAAR 1961). Weitere Angaben über das Vorkommen des Caricetum paniculatae liegen aus NW-Deutschland vor (TÜXEN 1955).

6. Wunderseggen-Ried, Caricetum appropinquatae Tx. 1947 (Tab. 12c)

Wie das Caricetum elatae kommt das Caricetum appropinquatae im Stechlinsee-Gebiet nur an einigen Stellen kleinflächig vor. Gegenüber dem physiognomisch ähnlichen Caricetum paniculatae scheint es etwas ärmere Standorte zu bevorzugen. Es findet sich durchweg in der Nachbarschaft von Zwischenmoor-Gesellschaften des Caricion lasiocarpae und nimmt hier eine Zwischenstellung zwischen diesen und angrenzenden Kleinseggenriedern und armen Feuchtwiesen ein. Die Bestände gehören durchweg der Subassoziation von *Myosotis palustris* an, innerhalb welcher sich analog den Verhältnissen beim Caricetum paniculatae eine reichere Variante von *Geum rivale* und eine ärmere von *Eriophorum angustifolium* unterscheiden lassen. Zusammen mit den angrenzenden Wirtschafts- und Riedwiesen unterliegen die Bestände einer, wenn auch unregelmäßigen, Mähnutzung. Die Bulten sind daher im allgemeinen klein und niedrig, und die für *Carex appropinquata* typische Form der Bulten tritt kaum in Erscheinung. Die Gesellschaft dürfte früher einmal häufiger gewesen, aber ebenso wie die benachbarten Zwischenmoore durch die fortschreitende Melioration der Moorgebiete zurückgedrängt worden sein. Die heutigen Bestände dieser Gesellschaft im Stechlinsee-Gebiet machen alle den Eindruck von Reliktvorkommen.

Das Caricetum appropinquatae ist eine Ersatzgesellschaft bestimmter Ausbildungsformen des Kiefern-Birkenbruchwaldes und des Erlenbruchwaldes, wie sie vor allem im östlichen Europa vielfach in Erscheinung treten. So beschreibt KATZ (1929) aus dem Norden des Moskauer Gouvernements eine Anzahl von „*Carex paradoxa*-reichen *Pinus silvestris*- und *Betula pubescens*-Assoziationen“. Ob es daneben auch primär waldfreie *Carex appropinquata*-Seggenmoore gibt, ist unbekannt. Als unmittelbare Verlandungsgesellschaft scheint das Caricetum appropinquatae nicht aufzutreten. An höheren Bäumen arme, aber meist mehr oder weniger stark von *Betula humilis* durchsetzte *Carex appropinquata*-reiche „Kraut–Gras-Assoziationen“ haben auf den Niedermooren bei Moskau eine weite Verbreitung (KATZ 1929). Derartige Bestände konnten wir auch im Urwald von Bialowies im östlichen Polen anläßlich der Internationalen Pflanzensoziologischen Exkursion 1963 beobachten. Ein unmittelbar an ein Betuletum humilis angrenzendes Caricetum appropinquatae hatte folgende Zusammensetzung:

Urwald von Bialowies, östliches Polen; Boden Torf, feucht, 25 m². 6. 6. 1963.

4.4	*Carex appropinquata*	+.1	*Galium uliginosum*
1.2	*Carex caespitosa*	+.1	*Equisetum palustre*
1.1°	*Phragmites communis*	+.1	*Lychnis flos-cuculi*
1.1	*Filipendula ulmaria*	+.1	*Comarum palustre*
1.1	*Veronica longifolia*		
+.1	*Peucedanum palustre*	2.3	*Mnium seligeri*
+.1	*Polygonum bistorta*	1.2	*Acrocladium cuspidatum*
+.1	*Lythrum salicaria*	+.2	*Climacium dendroides*
+.1	*Cirsium palustre*	1.2	*Salix aurita* juv.
+.1	*Poa palustris*	+.1	*Picea abies* Klg.

Bei diesen offenen Großseggenbeständen handelt es sich an dieser Stelle um alte, ehedem landwirtschaftlich genutzte Waldwiesen, die später aufgelassen worden sind; menschliche Eingriffe finden seit langem nicht mehr statt.

In Mitteleuropa gehört das Caricetum appropinquatae zu den selteneren Großseggengesellschaften. Aufnahmematerial liegt bisher vor aus Ostpreußen (STEFFEN 1931, SCHULZ 1941), N-Polen (KEPCZYŃSKI 1960), NW-Deutschland (in BÁLÁTOVÁ-TULÁČKOVÁ 1963), S-Deutschland (OBERDORFER 1957, KUHN 1961), Österreich (KRISAI 1960), der Tschechoslowakei (KLIKA 1958, BALÁTOVÁ-TULÁČKOVÁ & ZAPLĚTAL 1959) sowie aus Ungarn und Siebenbürgen (SOÓ 1938, 1949, 1955). Die meisten dieser Vorkommen entsprechen unserer Subassoziation von *Myosotis palustris*. Daneben beschreibt SCHULZ (1941) vom Drausengebiet eine *Sphagnum teres-Carex paradoxa*-Gesellschaft, die eine Übergangsstellung zu Zwischenmooren einnimmt und die man vielleicht als *Sphagnum teres*-Subassoziation des Caricetum appropinquatae auffassen kann.

In Brandenburg ist das Caricetum appropinquatae ausgesprochen selten. Bisher hat lediglich PÖTSCH (1962) drei Aufnahmen dieser Gesellschaft aus dem Fiener Bruch mitgeteilt. Ähnlich wie im Stechlinsee-Gebiet wächst das Caricetum appropinquatae dort in engem Kontakt mit Kleinseggenriedern und ist weitgehend mit unserer Variante von *Eriophorum angustifolium* identisch. Große Flächen nimmt das Caricetum appropinquatae im Springbruch südlich von Potsdam ein (unveröff.), wo es, wie erhalten gebliebene Waldreste deutlich zeigen, aus einem Erlenbruchwald etwas quellzügiger Standorte hervorgegangen ist. Im übrigen bedarf die Ökologie dieser Gesellschaft noch weiterer Untersuchungen.

b. Eutrophe Großseggen-Rieder, Caricion gracilis BAL.-TUL. 1963

(1) Blasenseggen-Ried, Caricetum vesicariae BR.-BL. & DENIS 1926 (Tab. 13)

Entsprechend der mesotrophen Gesamtsituation des Stechlinsee-Gebietes fehlen die anspruchsvolleren Gesellschaften des Caricion gracilis nahezu vollständig; lediglich verarmte Bestände des Caricetum vesicariae wurden an einer Stelle festgestellt. Kleinflächig wachsen sie am Rande des Polzow-Fließes unterhalb von Menz. Die Gesellschaft besteht hier aus mehr oder weniger lockeren Herden von *Carex vesicaria*, denen in wechselnder Menge einige andere Röhricht- und Sumpfpflanzen beigemischt sind. Besonders reichlich ist *Eleocharis palustris* vertreten, die stellenweise zu reinen *Eleocharis palustris*-

Beständen überleitet. Die Standorte sind Schlammbänke in ruhigen Ausbuchtungen des Bachlaufes, die bei normalem Wasserstand z. T. über den Wasserspiegel hinausragen, z. T. flach überspült werden.

Bei diesen Beständen handelt es sich um eine sehr arme Ausbildungsform des Caricetum vesicariae. Sie enthält außer *Carex vesicaria* keine weiteren Caricion gracilis-Arten, dafür aber einige Arten des Caricion rostratae. Derartige Ausbildungsformen kommen aber auch anderswo vor, z. B. in Schweden (Almquist 1929) und in Irland (Braun-Blanquet & Tüxen 1952).

TABELLE 13

Caricetum vesicariae

Aufnahme-Nr.:	1	2
Artenzahl:	7	11
C-Assoziation:		
Carex vesicaria	3.3	4.5
OC-Magnocaricetalia:		
Carex acutiformis	1.2	+.1
Lysimachia thyrsiflora	r	.
Carex pseudocyperus	.	+.2
KC-Phragmitetea:		
Eleocharis palustris	2.3	+.1
Sparganium erectum	1.2	+.1
Sium erectum	+.1	.
Alisma plantago-aquatica	.	1.1
Glyceria maxima	.	+.1
Begleiter:		
Scirpus silvaticus	+.1	+.1
Juncus effusus	.	1.2
Lythrum salicaria	.	+.1
Deschampsia caespitosa	.	+.2

Das Caricetum vesicariae ist in Europa weitverbreitet und schon zu wiederholten Malen dargestellt worden, wobei es die meisten Autoren als Caricetum inflato-vesicariae aufgefaßt haben. Der größte Teil des Materials ist bei Balátová-Tuláčková (1963) zusammengestellt. Weitere Aufnahmen dieser Gesellschaft enthalten die Arbeiten von Miljan (1933) aus Estland, Panknin (1941) aus der Uckermark, Knapp & Stoffers (1962) aus dem mittleren Hessen, Rodi (1963) aus Württemberg, Eicke-Jenne (1960) vom Ammersee, Soó (1938, 1955) aus Ungarn und Corillion (1957) aus Frankreich.

C. Literatur

Allorge, P., 1925: Sur quelques groupements aquatiques et hygrophiles des Alpes du Briançonnais. Festschrift Carl Schröter, Veröff. geobot. Inst. Rübel (Zürich) **3**.

Almquist, E., 1929: Upplands vegetation och flora. Acta phytogeogr. suecica (Uppsala) **1**.

Balátová-Tuláčková, E., 1963: Zur Systematik der europäischen Phragmitetea. Preslia (Prag) **35**, 118–122.

Balátová-Tuláčková, E. & A. Zapletal, 1959: Druhý příspěvek k typologii luk Slezska. Přír. čas. Slezský **20**, 435–470.

BEGER, H., 1922: Assoziationsstudien in der Waldstufe des Schanfiggs. Beil. Jber. naturf. Ges. Graubünden; N. F. **61**, 1–96; **62**, 97–147.

BOER, A. C., 1942: Plantensociologische beschrijving van de orde der Phragmitetalia. Nederl. kruidk. Arch. **52**, 237–302.

BRAUN-BLANQUET, J. & R. TÜXEN, 1952: Irische Pflanzengesellschaften. Veröff. geobot. Inst. RÜBEL (Zürich) **25**, 224–421.

CASPERSON, G., 1955: Vegetationsstudien im Verlandungsgebiet des Wublitzsees. Beiträge zur Flora und Vegetation Brandenburgs 6. Wiss. Z. Päd. Hochsch. Potsdam, Math.-Nat. **2**, 119–140.

CORILLION, R., 1957: Les Charophycées de France et d'Europe Occidentale. Bull. Soc. sci. Bretagne **32** (1), 1–259; (2), 260–499.

DĄMBSKA, I., 1961: Roślinne zbiorowiska jeziorne okolic Sierakowa i Miedzychochu. Prace kom. biol. Pozn. Tow. przyj. Nauk (Poznań) **33** (4), 1–120.

EICKE-JENNE, J., 1960: Sukzessionsstudien in der Vegetation des Ammersees in Oberbayern. Bot. Jb. **79**, 447–520.

FREITAG, H., CH. MARKUS & I. SCHWIPPL, 1958: Die Wasser- und Sumpfpflanzengesellschaften im Magdeburger Urstromtal südlich des Fläming. Beiträge zur Flora und Vegetation Brandenburgs 22. Wiss. Z. Päd. Hochsch. Potsdam, Math.-Nat. **4**, 65–92.

FUKAREK, F., 1961: Die Vegetation des Darß und ihre Geschichte. Pflanzensoziologie **12**, Jena.

GÉHU, J.-M., 1961: Les groupements végétaux du Bassin de la Sambre française. Vegetatio (Den Haag) **10**, 69–148.

GROSSER, K.-H., 1954/55: Vegetationsuntersuchungen an Heidemooren und Heidesümpfen in der Oberförsterei Weißwasser (Oberlausitz). Wiss. Z. Humboldt-Univ. Berlin, Math.-Nat. **5**, 401–415.

HUECK, K., 1931: Erläuterung zur vegetationskundlichen Karte des Endmoränengebietes von Chorin (Uckermark). Beitr. z. Naturdenkmalpflege **14** (2), 105–214.

—, 1942: Die Pflanzenwelt des Naturschutzgebietes Krumme Lanke bei Rahnsdorf. Arb. Berliner Provinzst. f. Naturschutz **3**, 1–87.

HULTÉN, E., 1950: Atlas över växternas utbredning i norden. Stockholm.

HUNDT, R., 1958: Die Wiesenvegetation in der Nutheniederung bei Nedlitz, Grimme und Polenzko. Wiss. Z. Univ. Halle **7** (1), 159–190.

JESCHKE, L., 1959: Pflanzengesellschaften einiger Seen bei Feldberg in Mecklenburg. Feddes Rep./Beih. **138**, 161–214.

—, 1963: Die Wasser- und Sumpfvegetation im Naturschutzgebiet „Ostufer der Müritz". Limnologica (Berlin) **1** (5), 475–545.

JONAS, F., 1932: Die Vegetation der emsländischen Heidekölke. Feddes Rep./Beih. **66**, 41–68.

—, 1933: Der Hammrich. Die Vegetationseinheiten eines Flachmoores an der Unterems. Feddes Rep./Beih. **71**, 35–99.

JOVANOVIĆ, R., 1958: Tipovi močvarne vegetacije u Jasenici. Biol. Inst. Zb. rad. **2** (1), 1–36.

KATZ, N. I., 1929: Zur Kenntnis der Niedermoore im Norden des Moskauer Gouvernements. Feddes Rep./Beih. **56**, 1–79.

KĘPCYŃSKI, K., 1960: Zespoły roślinne jezior Skepskich i otacząjacych je łak. Stud. soc. sci. Torunensis (Toruń)/Suppl. **6**.

KLIKA, J., 1959: K fytocenologii rašelinných a slatinných společenstev na Záhorské Nížine. Biol. práce Slov. Akad. Vied **4** (4).

KNAPP, R. & A. L. STOFFERS, 1962: Über die Vegetation von Gewässern und Ufern im mittleren Hessen. Ber. oberhess. Ges. Natur- und Heilkde. Gießen, N. F., naturw. Abt. **32**, 90–141.

KOBENDZA, R., 1930: Stusunki fitosocjologiczne Puszczy Kampinoskiej. Planta Polonica (Warszawa) **2**.

KOCH, W., 1926: Die Vegetationseinheiten der Linthebene. Jb. St. gall. naturwiss. Ges. **61** (2), 1–146.

KOPECKÝ, K., 1960: Fytocenologická studie slatinných luk v severo-východnich Čechách. Rozpr. československ. Akad. Věd, mat. a přir. věd **70** (4).

KORNECK, D., 1963: Die Pfeifengraswiesen und ihre wichtigsten Kontaktgesellschaften in der nördlichen Oberrheinebene und im Schweinfurter Trockengebiet. III. Kontaktgesellschaften. Beitr. naturk. Forsch. SW-Deutschl. **22** (1), 19–44.

KOVACS, M., 1962: Übersicht der Bachröhrichte (Glycerio-Sparganion) Ungarns. Acta botanica (Budapest) 8, 109–143.

KRAUSCH, H.-D., 1953: Die Wiesen des Oberspreewaldes (unveröff. Dipl.-Arbeit). Potsdam.

—, 1955: Flora des Oberspreewaldes. Wiss. Z. Päd. Hochsch. Potsdam, Math.-Nat. 2, 81–118.

—, 1964: Die Pflanzengesellschaften des Stechlinsee-Gebietes I. Die Gesellschaften des offenen Wassers. Limnologica (Berlin) 2 (2), 145–203.

—, 1965: Zur Gliederung des Scirpo-Phragmitetum medioeuropaeum W. KOCH 1926. Limnologica (Berlin) 3 (1) (im Druck).

KRISAI, R., 1960: Pflanzengesellschaften aus dem Ibmer Moor. Jb. oberöst. Musealverein (Linz) 105, 155–208.

KUHN, L., 1961: Die Verlandungsgesellschaften des Federseerieds. In W. ZIMMERMANN: Der Federsee. Stuttgart, 1–69.

KULCZYŃSKI, S.: Peat bogs of Polesie. Mém. Acad. Pol., Cl. sci. math. nat., Sér. B 15, 1–356.

LIBBERT, W., 1932: Die Vegetationseinheiten der neumärkischen Staubeckenlandschaft. 1. Teil. Verh. bot. Ver. Prov. Brandenb. 74 (1), 10–93.

LUTZ, J., 1938: Geobotanische Beobachtungen an *Cladium Mariscus* R. BR. in Süddeutschland. Ber. bayer. bot. Ges. 23.

MARISTO, L., 1941: Die Seetypen Finnlands auf floristischer und vegetationsphysiognomischer Grundlage. Ann. bot. Soc. zool.-bot. fenn. Vanamo (Helsinki) 15 (5), 1–314.

MILJAN, A., 1933: Vegetationsuntersuchungen an Naturwiesen und Seen im Otepääschen Moränengebiet Estlands. Acta Comm. Univ. Tartuensis A 24, 139 S.

MÜLLER-STOLL, W. R. & M. NEUBAUER, 1964: Die Pflanzengesellschaften auf Grundwasserstandorten im Gebiet der Fercher Berge bei Potsdam. Beiträge zur Flora und Vegetation Brandenburgs 39. Wiss. Z. Päd. Hochsch. Potsdam, Math.-Nat. 8 (im Druck).

NEUHÄUSL, R., 1956: Fytocenologický rozbor asociace *Acorus calamus-Carex rostrata* v jižni části rybníka Nový Kanclíř. Acta Univ. Carolinae (Prag), Biologica 3, 1–86.

—, 1959: Die Pflanzengesellschaften des südöstlichen Teiles des Wittingauer Beckens. Preslia (Prag) 31, 115–147.

OBERDORFER, E., 1957: Süddeutsche Pflanzengesellschaften. Pflanzensoziologie 10, Jena.

—, 1962: Pflanzensoziologische Exkursionsflora für Süddeutschland. 2. Aufl. Stuttgart.

PANKNIN, W., 1941: Die Vegetation einiger Seen in der Umgebung von Joachimsthal in der Uckermark. Bibliotheca botanica (Stuttgart) 119.

PASSARGE, H., 1955: Pflanzengesellschaften des Lübbenauer Spreewaldes. Feddes Rep./Beih. 135, 194–231.

—, 1959: Pflanzengesellschaften zwischen Trebel, Grenz-Bach und Peene (O-Mecklenburg). Feddes Rep./Beih. 138, 1–56.

PFEIFFER, H., 1961: Soziologische Stellung, Gesellschaftshaushalt und Entwicklung des gefährdeten Cladietum marisci. Feddes Rep./Beih. 139, 250–262.

PÖTSCH, J., 1962: Die Grünland-Gesellschaften des Fiener Bruchs in West-Brandenburg. Beiträge zur Flora und Vegetation Brandenburgs 35. Wiss. Z. Päd. Hochsch. Potsdam, Math.-Nat. 7, 167–200.

RODI, D., 1963: Die Streuwiesen- und Verlandungsgesellschaften des Welzheimer Waldes. Veröff. Landesst. f. Naturschutz Baden-Württ. 31, 31–67.

RÜBEL, E., 1912: Pflanzengeographische Monographie des Berninagebietes. Engl. bot. Jb. 47.

SAUER, F., 1937: Die Makrophytenvegetation ostholsteinischer Seen und Teiche. Arch. Hydrobiol./Suppl. 6, 431–592.

SCHMALE, F., 1939: Das Naturschutzgebiet Golmer Luch, eine pflanzensoziologisch-ökologische Studie. Verh. bot. Ver. Prov. Brandenburg 79, 59–152.

SCHULZ, M., 1941: Die Vegetation des Drausengebietes. Schr. phys.-ökon. Ges. Königsberg 72 (1), 1–118.

SEGAL, S. & V. WESTHOFF, 1959: Die vegetationskundliche Stellung von *Carex buxbaumii* WAHLENB. in Europa, besonders in den Niederlanden. Acta bot. Neerlandica 8, 304–329.

SEIBERT, P., 1962: Die Auenvegetation an der Isar nördlich von München und ihre Beeinflussung durch den Menschen. Landschaftspflege und Vegetationskunde (München) 3.

SOÓ, B., 1938: Vizi, moscári és réti növényszövetkezetek a Nyirségen. Bot. Közlemények (Budapest) 35, 249–273.

—, 1949: Les associations végétales de la Moyenne-Transylvanie. II. Les associations des marais, des prairies et des steppes. Acta geobot. hung. (Debrecen) **6** (2), 3—107.

—, 1955: La végétation de Bátorliget. Acta botanica (Budapest) **1**, 301—334.

STEFFEN, H., 1931: Vegetationskunde von Ostpreußen. Pflanzensoziologie **1**, Jena.

SUKOPP, H., 1959: Vergleichende Untersuchungen der Vegetation Berliner Moore. Bot. Jb. **79** (1), 36—126; (2), 127—191.

TÜXEN, R., 1937: Die Pflanzengesellschaften Nordwestdeutschlands. Mitt. flor.-soz. Arbeitsgem. Niedersachsen (Hannover) **3**, 1—170.

—, 1955: Das System der nordwestdeutschen Pflanzengesellschaften. Mitt. flor.-soz. Arbeitsgem. (Stolzenau/Weser), N. F. **5**, 155—176.

TÜXEN, R. & E. PREISING, 1942: Grundbegriffe und Methoden zum Studium der Wasser- und Sumpfpflanzen-Gesellschaften. Deutsche Wasserwirtschaft **37** (1), 10—17; (2), 57—69.

UHLIG, J., 1938: Die Pflanzengesellschaften des westsächsischen Berg- und Hügellandes. III. Laichkraut-, Röhricht- und Großseggengesellschaften. Veröff. Landesver. sächs. Heimatschutz Dresden.

VAN DONSELAAR, G., 1961: On the vegetation of former river beds in the Netherlands. Wentia **5**, 1—85.

VAARAMA, A., 1938: Wasservegetationsstudien am Großsee Kallavesi. Ann. bot. Soc. zool.-bot. fenn. Vanamo (Helsinki) **13** (1), 1—318.

VOLLMAR, F., 1947: Die Pflanzengesellschaften des Murnauer Moores. Ber. bayer. bot. Ges. **27**, 13—97.

WANGERIN, W., 1916: Beiträge zur Kenntnis der Vegetationsverhältnisse einiger Moore der Provinz Westpreußen und des Kreises Lauenburg in Pommern. Ber. westpreuß. bot.-zool. Ver. **38**, 77—133.

ZOBRIST, L., 1935: Pflanzensoziologische und bodenkundliche Untersuchung des Schoenetum nigricantis im nordost-schweizerischen Mittellande. Beitr. geobot. Landesaufnahme Schweiz (Bern) **18**.

Anschrift des Verfassers:
Dr. rer. nat. HEINZ-DIETER KRAUSCH
Potsdam, Wilhelm-Pieck-Straße 32

Limnologica (Berlin)	2	4	1964	483–490

WALTER KOSTE und KURT WULFERT

Rotatorien aus der Wüste Gobi[1])

Mit Tafel VII sowie 7 Abbildungen im Text

(Eingegangen am 17. November 1963)

Eine von der Deutschen Akademie der Wissenschaften zu Berlin und der Mongolischen Akademie der Wissenschaften zu Ulan-Bator im Sommer 1962 durchgeführte Expedition in das Gebiet der Wüste Gobi (Mongolische Volksrepublik) erbrachte neben anderen Ergebnissen auch eine erste Kenntnis von den Rädertieren dieses Landstrichs. Die Wasserarmut des Landes ließ von vornherein nicht auf eine größere Ausbeute an Rotatorien hoffen. Immerhin wurde ein erster Anfang gemacht, und es konnte ein weiterer Beweis für die weltweite Verbreitung dieser Tierklasse erbracht werden.

Herr Dr. PICHOCKI (Halle), ein Teilnehmer der Expedition, überließ uns zwei Proben zur Untersuchung. Probe 1 stammt aus dem Orog-nur, einem ausgedehnten schwach salzigen Endsee, Probe 2 aus dem Quellbach der Oase Echin-gol. Beide Proben wurden durch einfaches Schöpfen entnommen und mit 2%igem Formol fixiert.

Probe 1 aus dem Litoral des Orog-nur enthielt eine reiche Mikroflora aus Fadenalgen und Diatomeen; die Mikrofauna wurde außer durch Species der Gattungen *Vorticella*, *Epistylis* und *Oxyura* und zwei Gastrotrichen durch 18 Rädertierarten vertreten. Bei den Rädertieren handelt es sich um auch sonst häufig vorkommende, bekannte Kosmopoliten; nur war ihre Abundanz — abgesehen von *Colurella colurus* — im Orog-nur recht gering, so daß nur nach langem Durchmustern der Probe einige wenige Exemplare aufgefunden werden konnten. Noch geringer war die Anzahl der Funde aus der Probe 2 aus der süßen Quelle des Echin-gol; hier konnten nur vier Arten, alle in Einzelfunden, gesichtet werden.

Die geringe Arten- und Individuenzahl der Rotatorien aus dem Orog-nur ist durchaus nicht verwunderlich; sie erklärt sich aus der Tatsache, daß schwach salzhaltige Gewässer stets dünn besiedelt sind. Der Salzgehalt der Probe konnte zwar nicht exakt gemessen werden, jedoch wurde festgestellt, daß der Geschmack etwa dem des Ostseewassers entsprach. Der pH-Wert betrug 6,5.

REMANE (1934) hat nachgewiesen, daß die Süßwässer die größte Häufigkeit an Rotarien aufweisen; sie sind die eigentliche Heimat dieser Tiere. In Salz- und Brackwässern nimmt ihre Anzahl erheblich ab; am geringsten ist ihre Dichte bei einem Salzgehalt zwischen 5 und 8‰. Bei 10‰ S ist bereits wieder ein Anstieg erkennbar und es ist erstaunlich, daß selbst bei so hohen Salzgehalten wie 70 bis 90‰ oft eine hohe Individuendichte festzustellen ist (vgl. WULFERT 1942).

[1]) Ergebnisse der Mongolisch-Deutschen Biologischen Expedition 1962. Nr. 1.

Für das Auftreten der Rotatorien im Orog-nur dürfte es ebenfalls abträglich sein, daß der See starken Schwankungen sowohl der Temperatur als auch seines Mineralstoffgehalts unterworfen ist. Glutheißen Tagen stehen empfindlich kalte Nächte gegenüber. Nach Messungen von KOZLOV (1930) schwankte vom 28. zum 29. März 1926 die Lufttemperatur am Orog-nur zwischen +28,2 °C und −14,2 °C, also um 42,4 °C im Verlauf eines Tages. Auch der Wasserstand des Sees ist starken Schwankungen unterworfen; bei hohem Wasserstand ist das Wasser entsprechend schwach salzig. Der Gehalt an Feststoffen wird von M. M. BESPOLOVA mit 1,3 g/l angegeben (12. Mai 1941). Die Wasserfarbe ist gelblich-grün, die Durchsichtigkeit gering. Der Boden ist ein bläulich-grauer Morast; es ist anzunehmen, daß dieser Schlamm eine eigenartige saprobe Lebewelt beherbergt.

Der Orog-nur gehört zu einer Kette ähnlicher Gewässer, die wohl die Reste eines ehemaligen Ursees darstellen. Es sind vier größere und eine große Anzahl kleinerer Seen vorhanden; manche sind schwach salzig, und alle sind abflußlos. Die Zuflüsse entspringen im Norden an den Abhängen des Changai- und des Karakorum-Gebirges, fließen parallel zueinander in südlicher Richtung und endigen in den erwähnten Seen. Aus den mittleren Zuflußmengen und den hohen Verdunstungswerten für die Oberflächen der Endseen resultieren die heutigen Areale dieser Seen und ihre Salzgehalte.

E. M. MURZAEV (1954) gibt folgende Schilderung des Orog-nur:

„Östlich des Adagin-cagan liegt als schmales, sehr langes Gewässer der zweitgrößte Gobisee, der Orog-nur, der sich als hellblaues Band am Fuße des höchsten Berges des Gobi-Altai, des Ichebogdo, abzeichnet. Seine Fläche ist 130 qkm groß, die größte Länge beträgt 28 km, die Breite 8 km, die Einzugsfläche 10500 qkm. An seiner schmalsten Stelle ist der See nur 2 km breit. Er liegt in 1198 m Höhe .... Die durchschnittliche Tiefe kann mit 2,5 bis 3 m angenommen werden .... Die Ufer des Sees sind verschieden: sandig (die Dünen treten ganz dicht an den Wasserspiegel heran), salzhaltig, mit Schilf bewachsen, besonders im Ostteil des Sees, selten kiesig fest und oft versumpft. Mitte April bricht das Eis des Sees auf; er friert Ende Oktober oder Anfang November zu. Die Stärke des Eises erreicht zum Ende des Winters 1,5 bis 2 m.

Der Orog-nur ist reich an Fischen und verschiedenen Vögeln. Hier gibt es viele Möven, Gänse, Enten und Seeraben.“

Tafel VII, Figur 1 zeigt einen Teil des Orog-nur mit dem Gobi-Altai im Hintergrunde. Figur 2 zeigt einen Abschnitt des Quellbachs der Oase Echin-gol und seiner Umgebung. Zur Charakterisierung der Oasen der Wüste Gobi im allgemeinen und der Oase Echin-gol im besonderen entnehmen wir dem zitierten Werk von MURZAEV:

„Inmitten der Wüstenräume der Transaltai-Gobi zeichnen sich Oasen ab und lenken durch ihre frischen Farben die Aufmerksamkeit von Mensch und Tier auf sich. Sie entstehen an den Stellen, an denen das Grundwasser zutage tritt und lassen einen Teil der Oase versumpfen. Diese ist deshalb von einem Ring aus Salzablagerungen mit hohem Grundwasserspiegel umgeben .....“.

An Bäumen nennt der Verfasser Euphratpappel, Krüppelulmen, Trauerweiden und Tamarisken. Daneben gibt es zahlreiche Krautgewächse und hohe Rohrbestände. Diese erreichen eine große Ausdehnung und eine Höhe von 3 bis 3,5 m. Die Tamariskengebüsche bieten vielen Säugern und Vögeln Unterschlupf. Zahlreiche Wüstentiere kommen zur Tränke an das süße Wasser der Oase.

Die Wasserprobe aus dem Echin-gol enthielt eine reiche Algenflora (*Spirogyra*, Diatomeen, Desmidiaceen, Chlorophyceen); an Tieren fanden sich ein paar Gastrotrichen und 4 Rädertiere, von denen 2 infolge ihrer Kontraktion unbestimmbare Bdelloidea waren.

Die Bestimmung der Rädertiere erfolgte in Gemeinschaftsarbeit der beiden Verfasser dieser Veröffentlichung.

Fig. 1. Teilansicht des Sees Orog-nur. Kiesig-sandige, z. T. versumpfte Ufer ohne jeden Baumwuchs. Im Hintergrunde der Gobi-Altai. Links die Zelte der Mongolisch-Deutschen Biologischen Expedition 1962. Foto: PICHOCKI

Fig. 2. Quellbach der Oase Echin-gol in der Wüste Gobi.
Foto: PICHOCKI

Liste der gefundenen Arten

I. Aus dem See Orog-nur

Ploima:
- *Asplanchna brightwelli* GOSSE, z. T. mit Dauereiern
- *Brachionus angularis* GOSSE
- *Brachionus urceolaris* (LINNAEUS)
- *Cephalodella catellina* (O. F. MÜLLER)
- *Cephalodella forficula* (EHRBG.)
- *Cephalodella gibba* (EHRBG.)
- *Colurella colurus f. compressa* (LUCKS)
- *Euchlanis dilatata* (EHRBG.)
- *Filinia terminalis* (PLATE), mit Dauereiern
- *Keratella cochlearis* (GOSSE)
- *Lecane closterocerca* (SCHMARDA)
- *Lepadella acuminata* (EHRBG.)
- *Lepadella patella* (O. F. MÜLLER)
- *Lindia janickii* WISZN.
- *Notholca squamula* (O. F. MÜLLER)
- *Trichocerca brachyura* (GOSSE) ?
- *Trichocerca tenuior* (GOSSE)

Bdelloidea:
- *Rotaria neptunia* (EHRBG.)

II. Aus der Oase Echin-gol

Ploima:
- *Euchlanis* spec.
- *Lepadella patella* (O. F. MÜLLER)

Bdelloidea:
- 1 Bdelloid, weiß; Zahnformel 2/2
- 1 Bdelloid, gelb; Zahnformel 2/2

Besprechung der Arten

Asplanchna brightwelli GOSSE

Im Plankton lebendes, glockenförmiges Rotator, bis 1,5 mm lang. Bekannt aus Teichen und aus dem Brackwasser. Manche Tiere mit Dauereiern.

Brachionus angularis GOSSE (Abb. 1a)

In vielen Formen im Süß- und Brackwasser, im Plankton und im Litoral. Im Orog-nur vereinzelt. Panzerlg. 133 μ.

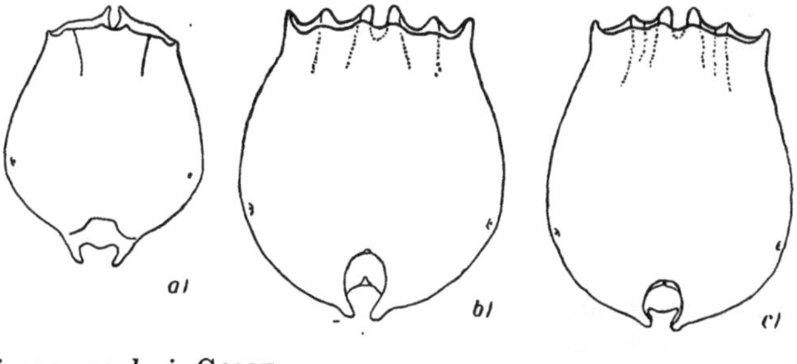

Abb. 1. a) *Brachionus angularis* GOSSE
b) und c) *Brachionus urceolaris* (LINNAEUS), eine Form mit stumpfen Vorderranddornen.

Brachionus urceolaris (LINNAEUS) (Abb. 1b, c)

Verbreitung wie bei der vorigen Art. Bei den Funden aus dem Orog-nur waren die Vorderranddornen abgerundet. Maße der abgebildeten Exemplare: 208 und 196 μ.

Cephalodella catellina (O. F. MÜLLER) (Abb. 2)

VOIGT (1957) schreibt: „Verbreitet in stehenden und fließenden Gewässern, in Salz- und Brackwasser, in Thermalquellen, im Meere. Auch zwischen Ufersand.“ Das Vorkommen der Art im Orog-nur ist also nicht überraschend. Sie ist kenntlich an ihren Stirnaugen, dem hinten abgeschnittenen Rumpf und den stark ventralabwärts gerichteten Zehen. — Drei Exemplare aus dem Orog-nur; deren Körperlänge 92 bis 105 μ, Zehen, rübenförmig, 18 μ.

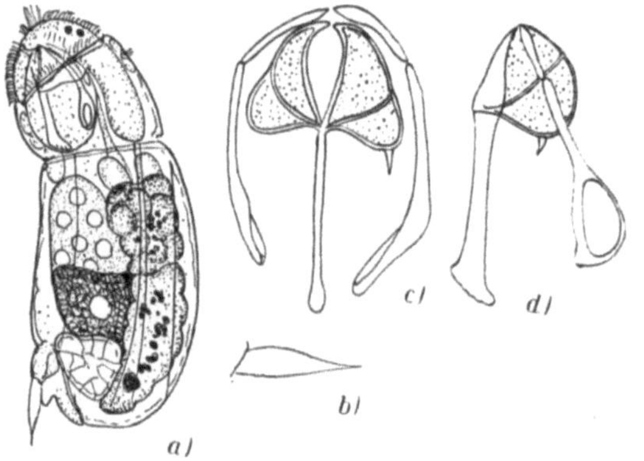

Abb. 2. *Cephalodella catellina* (O. F. MÜLLER) a) Seitenansicht; b) Zehe; c) und d) Kauer.

Cephalodella forficula (EHRENBERG) (Abb. 3a—c)

Unschwer erkennbar an ihren Zehen mit knolliger Basis und davon ausgehenden Zähnchen. Zwei rote Stirnaugen in gemeinsamer Linse. Kieselalgen-Fresser. Bisher

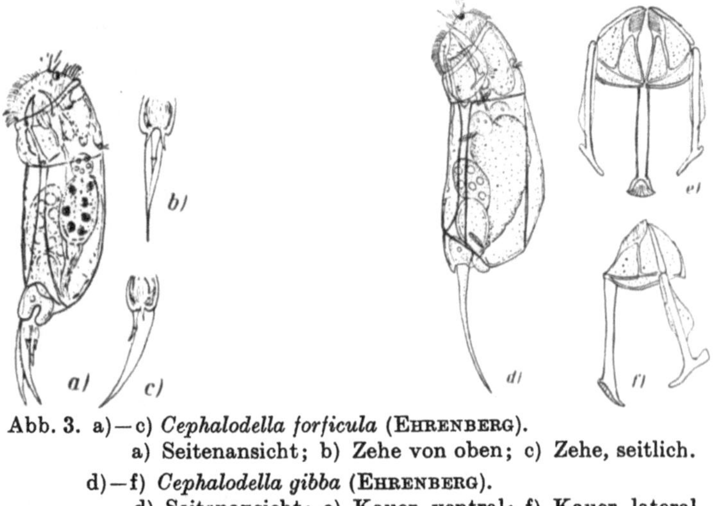

Abb. 3. a)—c) *Cephalodella forficula* (EHRENBERG).
a) Seitenansicht; b) Zehe von oben; c) Zehe, seitlich.
d)—f) *Cephalodella gibba* (EHRENBERG).
d) Seitenansicht; e) Kauer, ventral; f) Kauer, lateral.

aus Brack- bzw. Salzwasser gemeldet von REMANE (1929), SICK (1933) und ALTHAUS (1957). Bewohnt nach DONNER zuweilen selbstverfertigte Schlammröhren.

Cephalodella gibba (EHRENBERG) (Abb. 3d—f)

Überaus verbreitet in ausdauernden Gewässern. Bekannt aus Mooren, Thermal-, Salz- und Brackwasser; auch im Plankton, pH-tolerant. Ihre Neigung zu Salzwasser wird bestätigt durch REMANE (1929, östliche Ostsee), LEVANDER (1894, Helsingfors), HAUER (1925, Oldesloer Salzstellen), MEUCHE (1934, Strandseen in Ostholstein) und ALTHAUS (1957, Süßer See, Salzstellen bei Merseburg). Maße der Tiere aus dem Orog-nur: Körper 135 bis 160, Zehen 55 bis 60 μ. Nicht selten. Im Magen: Diatomeen, Grünalgen, Kauer von Rädertieren.

Colurella colurus f. *compressa* (LUCKS) (Abb. 4)

Diese aus vielen Meeren und Salzgewässern des Binnenlandes beschriebene Art war in der Probe aus dem Orog-nur das häufigste Rotator. Die Stammart und ihre Varietät weichen in den Umrissen stark voneinander ab; bei den Exemplaren aus dem Orog-nur handelte es sich stets um die seitlich stark zusammengedrückte forma *compressa*. In der Abbildung 4 a—c sind drei Exemplare unterschiedlicher Größe in Seitenansicht wiedergegeben. Das Panzerende ist entweder abgerundet oder zungenförmig ausgezogen (Fig. b). Die Zehen sind lang und dünn, nie gespreizt; oft sind sie so verwachsen, daß nur noch ein winziger Trennungsstrich an der Zehenbasis zu erkennen ist. Maße: Form I (Abb. 4a): Panzerlg. 88, Panzerbr. 52, Zehen 30 μ; Form II (Abb. 4b): Panzerlg. 92, Panzerbr. 45, Zehen 37 μ; Form III (Abb. 4 c—e): Panzerlg. 80, Panzerbr. 44, Panzerdicke 34, Zehen 30 μ.

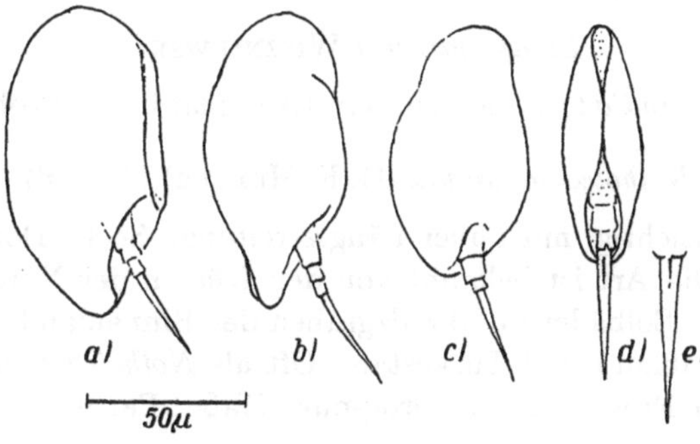

Abb. 4. *Colurella colurus* var. *compressa* (LUCKS).
a)—c) drei Erscheinungsformen, Seitenansichten.
d) Form c, ventral; e) Form c, Zehen.

Euchlanis dilatata (EHRENBERG)

Die Art ist aus Litoral und Plankton der Seen, aber auch aus dem Meere und dem Brackwasser bekannt. Ventralplatte schmaler und kürzer als Rückenplatte, vorn ausgeschweift. Im Orog-nur nicht selten. Maße: Panzerlg. total 160, 170 oder 208 μ; Panzerbr. 104, 136 oder 150 μ.

Filinia terminalis (PLATE) (Abb. 5)

Schmaler Körper, der sich nach hinten verjüngt. Ruderborsten weit länger als der Rumpf; Hinterborste endständig. Planktonart; im Litoral des Orog-nur wohl Zufallsgast. Ein Exemplar mit Dauerei; dieses mit blasigen Behältern, die sich später mit Stoffwechselgasen füllen und das Ei auftreiben lassen. Maße: Körper 120 bis 136, Vorderborsten 270—300, Hinterborste 208 bis 262 μ.

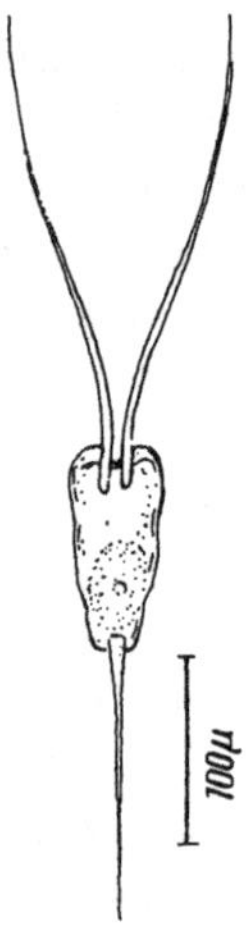

Keratella cochlearis (GOSSE)

Nach REMANE, ALTHAUS, LEVANDER und anderen Autoren auch aus der Ostsee und aus Salzgewässern des Binnenlandes nachgewiesen. Im Orog-nur selten.

Lecane closterocerca (SCHMARDA)

Die sonst überall häufigen *Lecane*-Arten fehlten in der Probe aus dem Orog-nur völlig bis auf ein Exemplar dieser Art.

Lepadella acuminata (EHRENBERG)

In der Probe aus dem Orog-nur ebenfalls lediglich in einem Exemplar.

Abb. 5. *Filinia terminalis* (PLATE), kontrahiert.

Lepadella patella (O. F. MÜLLER)

Diese Art fehlt in fast keinem Gewässer und wurde auch aus Salztümpeln, Strandseen usw. gemeldet. Im Orog-nur und im Echin-gol in einigen wenigen Exemplaren.

Lindia janickii WISZNIEWSKI

Nahe verwandt mit *Lindia torulosa*. Nur ein Exemplar in der Probe aus dem Orog-nur.

Notholca squamula (O. F. MÜLLER) (Abb. 6)

Panzer flach, durchsichtig, mit feiner Längsstreifung. Sechs Dorsaldornen, die mittleren am längsten. Die Art ist bekannt von den Küsten der Nordsee, der Ostsee und des Atlantik sowie aus Solbädern und Salzgräben des Binnenlandes; Europa und Amerika, Kaukasus, Südrußland und Turkestan. Oft als *Notholca striata* bezeichnet. Nur zwei Exemplare in der Probe aus dem Orog-nur. Maße: Panzerlg. (mit Dornen) 133 bis 145, Panzerbr. 90 μ.

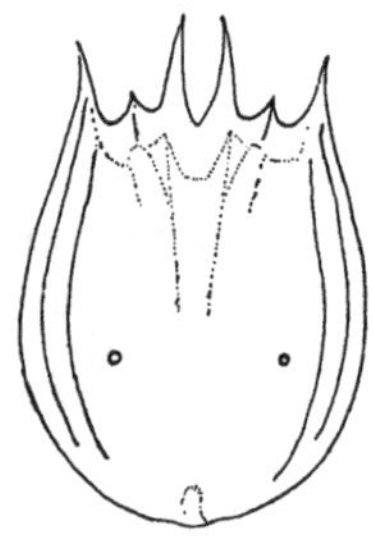

Abb. 6. *Notholca squamula* (O. F. MÜLLER), Dorsalansicht des Panzers.

Trichocerca brachyura (GOSSE) ?

Ein Exemplar in der Probe aus dem Orog-nur.

Trichocerca tenuior (GOSSE) (Abb. 7)

Asymmetrisch gebautes Rädertier von schlanker, gebogener Gestalt. Linke Zehe doppelt so lang wie die rechte. Der Kopfpanzer trägt rechts einen vorspringenden Zahn, von dem aus ein „gestreiftes Feld“ über die halbe Rumpfseite zieht. Bewegung schraubig gedreht. Langer, quergestreifter Kauer mit anhängender Speicheldrüse. Gehirn mit dunklem Zerebralauge. Verdauungstraktus normal gebaut. Achtkerniger Dotterstock. Verwachsene asymmetrische Kittdrüsen mit mächtigen Reservoiren. Kleine Blase.

Nicht selten in krautigen Gewässern; in der Probe aus dem Orog-nur nur ein Exemplar gesichtet. MEUCHE (1934) fand dieses Tier in einem ostholsteinischen Strandtümpel, ALTHAUS in Salztümpeln bei Merseburg.

Maße: Körper 156, Zehen 74, 40 und 18 μ.

Rotaria neptunia (EHRENBERG)

Außerordentlich langgestrecktes und dünnes Rotator mit roten Augen im Rüssel, zweigliedrigen Sporen und drei langen Zehen. Zahnformel 2/2.

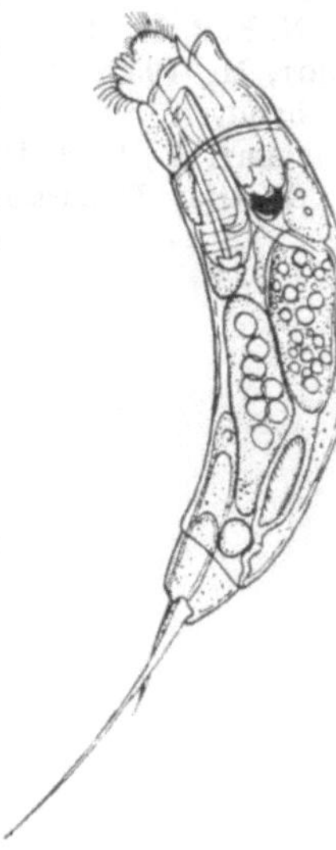

Abb. 7. *Trichocerca tenuior* (GOSSE), Seitenansicht.

Zusammenfassung

Zwei Proben, die die Mongolisch-Deutsche Biologische Expedition 1962 aus Gewässern der Wüste Gobi gesammelt hatte, wurden auf Rotatorien hin untersucht. In der Probe aus dem Litoral des Orog-nur, eines großen schwach salzigen Endsees, wurden 18 Arten festgestellt. Alle sind weitverbreitete Kosmopoliten, die dem Süßwasser angehören, gelegentlich aber auch in Salz- und Brackwässern vorkommen. Nur *Colurella colurus* var. *compressa*, *Cephalodella gibba* und *Filinia terminalis* waren in höherer Abundanz vertreten, alle übrigen Arten traten sehr spärlich auf. Dies entspricht ganz den Erfahrungen, daß bei Salinitäten von 5 bis 8‰ Artenzahl und Individuendichte der Rotatorien am geringsten sind. Der Abfluß einer Süßwasserquelle der Oase Echin-gol lieferte nur 4 Arten, alle in Einzelexemplaren.

Das Gesamtbild unterschied sich in nichts von dem Bilde, das ökologisch ähnliche Gewässer Mitteleuropas bieten.

Literatur

ALTHAUS, B., 1957: Faunistisch-ökologische Studien an Rotatorien salzhaltiger Gewässer Mitteldeutschlands. Wiss. Z. Univ. Halle-Wittenberg, Math.-Nat. **6** (1), 117–157.

HAUER, J., 1925: Rotatorien aus den Salzgewässern von Oldesloe (Holstein). Mitt. Geogr. Ges. und Naturhist. Mus. Lübeck, 2. Reihe **30**, 152–195.

KOSLOVA, E. V., 1930: Die Vögel Südwest-Transbaikaliens, der Nordmongolei und der Zentralgobi. Material. Kommiss. Erforsch. Mongol. Turvin. Volksrepubl. und Burjat-Mongol. ASSR **12**.

LEVANDER, K. M., 1894: Materialien zur Kenntnis der Wasserfauna in der Umgebung von Helsingfors, mit besonderer Berücksichtigung der Meeresfauna. II. Rotatoria. Acta Soc. Fauna Flora Fennica **12**, 1–70.

MEUCHE, A., 1934: Die Fauna im Algenbewuchs. Arch. Hydrobiol. **34**, 349–520.

MURZAEV, E. M., 1954: Die Mongolische Volksrepublik. VEB Geographische und Kartographische Anstalt, Gotha. 526 S.

REMANE, A., 1929: Rotatoria. In: GRIMPE-WAGLER, Die Tierwelt der Nord- und Ostsee. 156 S.

—, 1934: Die Brackwasserfauna (Mit besonderer Berücksichtigung der Ostsee). Zool. Anz./ Suppl. **7** (Verh. Dt. Zool. Ges.), 34–74.

SICK, F., 1933: Die Fauna der Meeresstrandtümpel des Bottsandes (Kieler Bucht). Z. Wiss. Zool. N. F. 2, 54–96.

VOIGT, M., 1957: Rotatoria. Die Rädertiere Mitteleuropas. Berlin-Nikolassee. 508 S. + Tafelband.

WULFERT, K., 1942: Über die Meeres- und Brackwasserrotatorien in der Umgebung von Rovigno d'Istria. Thalassia (Bozen) 4, 1–26.

Anschriften der Verfasser:
WALTER KOSTE, (457) Quakenbrück, Ludwig-Brill-Straße 5

KURT WULFERT, Bad Lauchstädt, Goethestraße 3

Limnologica (Berlin)	2	4	1964	491—499

Aus der Forschungsstelle für Limnologie
der Deutschen Akademie der Wissenschaften zu Berlin, Jena-Lobeda

Direktor: Dozent Dr. habil. TH. SCHRÄDER

WILFRIED SCHÖNBORN

Bodenbewohnende Testaceen aus Deutschland

II. Untersuchungen in der Umgebung des Großen Stechlinsees (Brandenburg)

Mit 12 Abbildungen

(Eingegangen am 17. März 1964)

Die in der vorliegenden Arbeit aufgeführten Testaceen-Arten stammen aus dem Boden der Wälder in der näheren Umgebung des Großen Stechlinsees im Norden Brandenburgs. Der Bodentyp ist eine mehr oder weniger podsolierte Braunerde. Untersucht wurden Kiefern- und Buchenwälder auf mineralischem Untergrund.

Centropyxis gauthieri THOMAS, 1959 (Abb. 1)

Beschreibung: Schale in Vorderansicht fast kreisförmig, lückenlos mit Quarz belegt. Kittmasse hyalin. Der untere Schalenteil verlängert sich weit in den Schalenraum und ist „löffelartig" eingebuchtet. Das Plasma wurde nicht untersucht.

Länge μ	Breite μ	Höhe μ
80	80	51
82	82	54
85	81	51

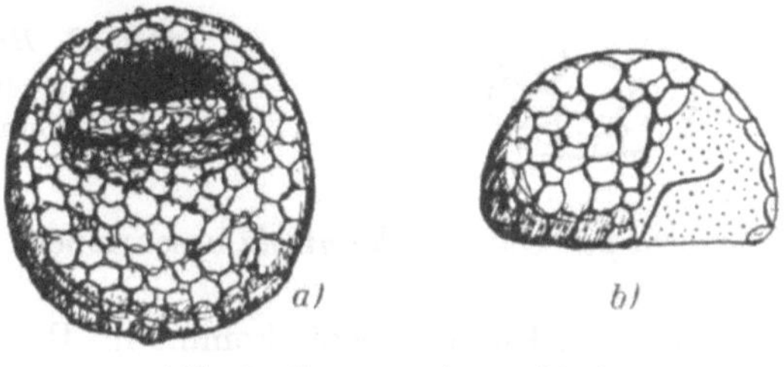

Abb. 1. *Centropyxis gauthieri*.
a) Vorderansicht, b) Seitenansicht.

Die untersuchten Individuen sind größer als die von THOMAS (1959) gefundenen (53—55 μ Länge).

Geographische Verbreitung: Frankreich (THOMAS 1959), Belgien (CHARDEZ 1961).

Ökologie: Vereinzelt im Rohhumus von Kiefern- und Buchenwäldern.

Centropyxis aërophila var. *sphagnicola* f. *cryptostoma* n. f. (Abb. 2)

Beschreibung: Schale in Vorderansicht kreisförmig, lückenlos mit Quarz bedeckt. Kittmasse hyalin. Das Pseudostom ist kryptostom. Es sind Übergänge zur Form *Centropyxis aërophila* var. *sphagnicola* vorhanden; die neue Form kann daher nur einen infrasubspezifischen Rang erhalten. Kern und Plasma wie bei der Stammform.

Ökologie: Vereinzelt im Rohhumus der Kiefernwälder.

Länge μ	Breite μ	Höhe μ
60	60	35
60	58	36
60	58	38

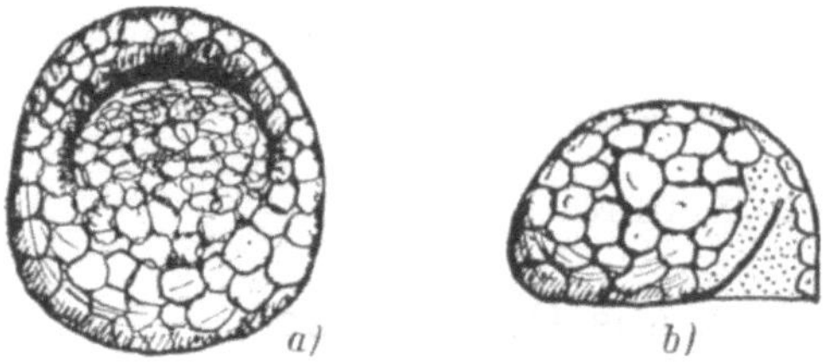

Abb. 2. *Centropyxis aërophila* var. *sphagnicola* f. *cryptostoma* n. f.
a) Vorderansicht, b) Seitenansicht.

Heleopera sylvatica var. *inflata* n. v. (Abb. 3)

Beschreibung: Schale eiförmig und nur schwach komprimiert. Das Pseudostom ist daher nicht spaltförmig, sondern wird von zwei halbkreisförmigen Bögen umgrenzt, die an den Seiten zusammen spitz auslaufen. Die Schale ist hyalin, ohne Fremdkörper und von mehr oder weniger regelmäßigen Silizium-Plättchen bedeckt. Die Lippen fehlen völlig. Es liegt der gleiche Variationstyp vor, wie ihn BONNET & THOMAS (1955) mit

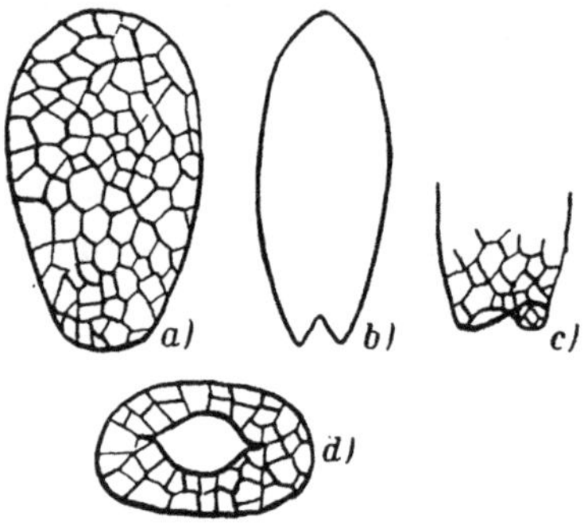

Länge μ	Breite μ	Dicke μ
72	41	30
73	41	31
74	41	29
75	40	28

Abb. 3. *Heleopera sylvatica* var. *inflata* n. v.
a) Breitseite, b) Schmalseite, c) Schale etwas gedreht, d) Vorderansicht.

Heleopera petricola var. *humicola* beschrieben. Kern und Zytoplasma wie bei der Stammform.

Ökologie: Diese Varietät kommt im Rohhumus und in der Grenzschicht zwischen Rohhumus und der sich zersetzenden Förna vor. Dagegen lebt die viel stärker komprimierte Stammform fast ausschließlich in der Förna. Infolge ihrer starken Komprimierung ist sie in der Lage, den dünnen Wasserfilm an den Blatteilen noch auszunutzen, während die var. *inflata* dies nicht mehr kann. Schon diese ökologische Isolierung gibt

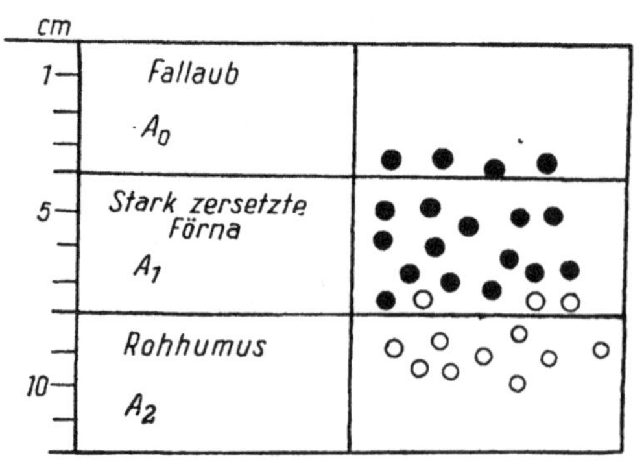

Abb. 4. Durchschnittliche quantitative Verteilung von *Heleopera sylvatica* und *Heleopera sylvatica* var. *inflata* in einer Erdsäule von 1 cm^2 Oberfläche. ● = *Heleopera sylvatica*, ○ = *Heleopera sylvatica* var. *inflata*.

die Berechtigung zur systematischen Trennung beider Formen. Abbildung 4 veranschaulicht die quantitative Verteilung von Stammform und Varietät in den Horizonten.

Nebela lageniformis PENARD, 1890

Beschreibung: Schale flaschenförmig mit gut entwickeltem Hals. Die Lippen sind nicht doppelt konturiert. Die Schale ist stark komprimiert und hyalin. Sie ist bedeckt mit großen runden, oftmals etwas eckigen und kleinen unregelmäßigen Schuppen. Das Plasma füllt die Schale ganz aus; es zeigt keine deutliche Zonierung. Der Kern besitzt einen zentral gelegenen Nukleolus.

Länge μ	Breite μ	Dicke μ
90	50	18
95	52	18
122	70	22
125	72	25

Geographische Verbreitung: Kosmopolitisch.

Ökologie: Nicht sehr häufig, aber regelmäßig in der stark zersetzten Förna der Buchenwälder. Sie wurde bisher von folgenden Autoren im Boden gefunden: VARGA (1936, Algerien), VARGA (1959, Ungarn), FRANCÉ (1921, Deutschland), SANDON (1927, Spitzbergen), ROSA (1957, 1958, 1962, 1963, Tschechoslowakei), BONNET & THOMAS (1960 b, Frankreich). Häufiger als im Boden kommt die Art in Moosen und Sphagnen vor.

Schoenbornia humicola (SCHÖNBORN) DECLOÎTRE, 1964
(Syn.: *Pseudonebela humicola* SCHÖNBORN, 1964)

Diese Art kommt, mit der folgenden neuen Art vergesellschaftet, in den Wäldern um den Stechlinsee häufig vor.

Schoenbornia viscicula n. sp. (Abb. 5)

Beschreibung: Schale klein, abgestutzt eiförmig und zum Pseudostom hin wenig verengt. Schalenquerschnitt kreisförmig. Die Schale ist von unregelmäßigen, meist großen Silizium-Platten bedeckt, die denen von *S. humicola* gleichen. Die Schale ist hyalin bis schwach gelblich. Xenosomen in Form von Quarzsplittern kommen selten und dann nur vereinzelt vor. Das Pseudostom ist kreisförmig oder leicht unregelmäßig gestaltet. Die Gattungszugehörigkeit wurde auf Grund der Schalenmorphologie be-

Länge μ	Breite μ	Pseudostomdurchmesser μ	Kerndurchmesser μ
15,0	13,2	8,1	–
15,2	13,2	8,2	–
17,5	15,7	9,0	9,0
21,0	17,5	9,3	9,5

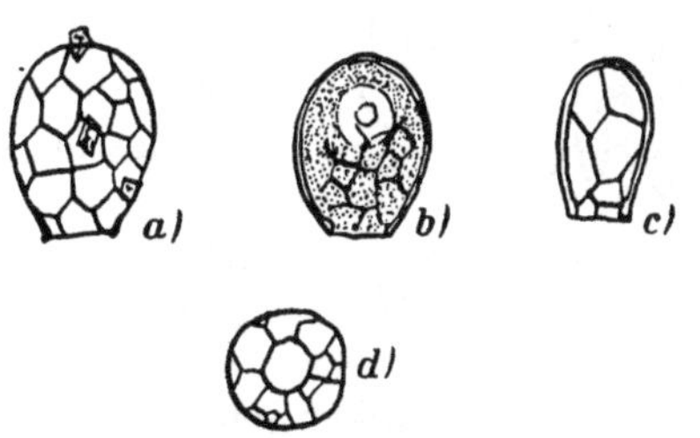

Abb. 5. *Schoenbornia viscicula*.
a), b) und c) Seitenansichten, d) Vorderansicht.

stimmt. Pseudopodien wurden nicht beobachtet. Der Kern ist relativ groß und besitzt einen zentral gelegenen Nukleolus. Das Zytoplasma der gefundenen Individuen war homogen und zeigte keine Zonierung.

Ökologie: Nicht häufig im Rohhumus und in der sich zersetzenden Förna eines Buchenwaldes.

Phryganella paradoxa PENARD, 1902

Beschreibung: Die Schale ist klein, oval, mit kreisförmigem Querschnitt und am Pseudostom abgestutzt. Das Pseudostom ist rund oder leicht unregelmäßig. Die Farbe der Schale ist braun, gelb und auch grünlich und mit Quarz und Detritus-Partikeln bedeckt. Der Kern ist relativ groß mit zentral gelegenem Nukleolus, der oft einige Vakuolen aufweist. Die Pseudopodien sind lang, fingerförmig, vorn zugespitzt und rein ektoplasmatischer Natur.

Länge μ	Durchmesser μ
21,2	14,1
30,6	20,0
31,0	21,0
31,0	21,3

Geographische Verbreitung: Kosmopolitisch.

Ökologie: In der sich zersetzenden Förna eines Buchenwaldes. Die Art wurde bereits von R. & L. GRANDORI (1934) in Italien und von BONNET & THOMAS (1960b) in Frankreich im Erdboden nachgewiesen; sonst besiedelt sie submerse Pflanzen, Sphagnen und Laubmoose.

Euglypha anodonta var. *magna* n. v. (Abb. 6)

Beschreibung: Die Schale ist breit mit fast parallel verlaufenden Seiten und dorsaler, halbkreisförmiger Rundung. Die stark komprimierte Schale besitzt ein elliptisches Pseudostom, das von 8—12 Schuppen umgeben ist. Die Schuppen des Pseudostoms besitzen einen gerundeten terminalen Zahn. Die Schale ist hyalin und von kleinen länglichen Schuppen bedeckt.

Länge μ	Breite μ	Dicke μ
30,6	23,8	15,0
40,8	23,8	18,0
44,0	28,0	15,5
44,0	27,2	16,0
47,0	27,5	18,0

Die Stammform wurde von BONNET (1960) beschrieben. Der Autor gibt als Maße 20—21 μ Länge, 13—14 μ Breite und 8—9 μ Dicke an. Da die von mir untersuchten Tiere konstant die doppelten Ausmaße zeigten, halte ich die systematische Kennzeichnung dieser Form für berechtigt.

Ökologie: Häufig in der Förna der Buchenwälder. Die Stammform ist bisher aus dem Boden von Angola (BONNET 1960) und von Frankreich (BONNET & THOMAS 1960b) bekannt.

Euglypha tuberculata var. *minor* TARANEK, 1882

Beschreibung: Die hyaline Schale ist fast zylindrisch und zum Pseudostom hin nur schwach verengt. Schuppenzahl und Schup-

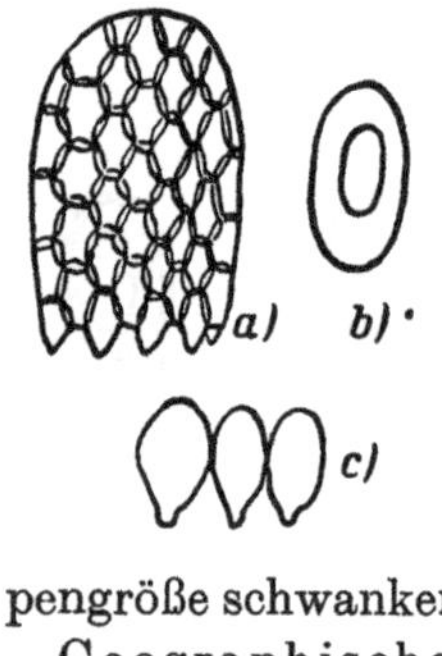

Abb. 6. *Euglypha anodonta* var. *magna* n. v.
a) Breitseite, b) Vorderansicht, c) Pseudostomschuppen.

pengröße schwanken sehr. Die 6—7 Pseudostomschuppen sind unregelmäßig gezähnelt.

Geographische Verbreitung: Kosmopolitisch (DECLOÎTRE, 1962).

Ökologie: In der Grenzschicht zwischen Rohhumus und sich zersetzender Förna der Buchenwälder. Auch im Boden ist die Form weltweit verbreitet (SANDON 1927). Sie kommt auch an submersen Pflanzen vor.

Länge µ	Durchmesser µ
40,0	17,0
44,2	19,1
47,6	20,0
47,8	20,1

Euglypha strigosa (EHRENBERG, 1871) LEIDY, 1887 und
Euglypha strigosa f. *glabra* WAILES, 1915

Beschreibung: Kennzeichnend sind die verdickten Pseudostomschuppen, die deutlich gezähnelt sind. Die f. *glabra* besitzt im Gegensatz zu der Stammform keine Stacheln.

Stammform

Länge µ	Breite µ	Dicke µ
68	40	18
70	42	18
73	48	17
82	47	17

f. *glabra*

Länge µ	Breite µ	Dicke µ
98	47	17
100	48	18
100	50	18
100	50	18

Geographische Verbreitung: Beide Formen sind kosmopolitisch.

Ökologie: In der sich zersetzenden Förna der Buchenwälder. Beide Formen sind selten; aber f. *glabra* tritt häufiger auf als die Stammform. Nach CHARDEZ & LECLERQ (1963) ist die f. *glabra* aus dem Formenkreis von *E. strigosa* typisch für den Boden. Viel seltener treten die Stammform und intermediäre Individuen auf. *Euglypha strigosa* wurde bereits von folgenden Autoren im Boden nachgewiesen: BICZOK (1954, Ungarn), CHARDEZ (1959, Belgien), ROSA (1957, 1958, 1962, Tschechoslowakei).

Euglypha denticulata BROWN, 1912 (Abb. 7)

Beschreibung: Die Schale ist hyalin, komprimiert und zum Pseudostom hin konvergierend; doch zeigen die Schalen oft unregelmäßige Gestalt. Das Pseudostom ist elliptisch und von 8—10 unregelmäßigen spitzen Schuppen ohne Zähnchen umgeben. Die Schuppen der Schale sind länglich und erscheinen durch die Überdeckung hexagonal. Der Kern besitzt einen zentral gelegenen Nukleolus.

Länge µ	Breite µ	Dicke µ
31	24	12
36	24	19
39	30	17
40	26	18
44	27	18
45	18	17
47	27	19
48	32	19

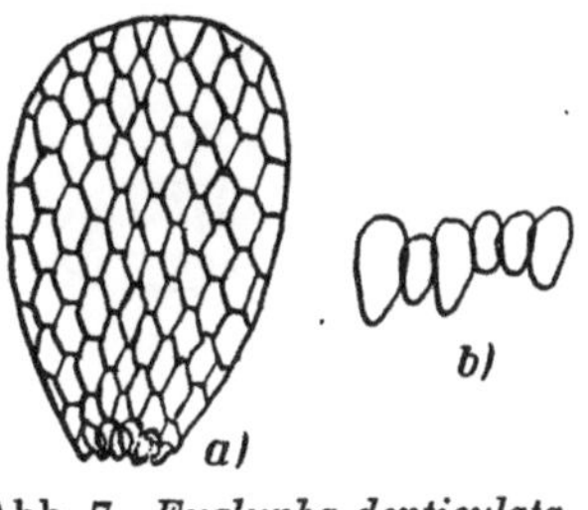

Abb. 7. *Euglypha denticulata*.
a) Breitseite, b) Pseudostomschuppen.

Geographische Verbreitung: Kosmopolitisch.

Ökologie: Häufig in allen Waldtypen des Gebietes. Die Art wurde bereits von BONNET & THOMAS (1955) und CHARDEZ (1960) im Boden nachgewiesen; sie wird häufig in Sphagnen und Laubmoosen gefunden.

Euglyphella elegans n. sp. (Abb. 8)

Beschreibung: Die Schale ist schlank und konvergiert zum Pseudostom hin; sie ist komprimiert und völlig hyalin. Das Pseudostom ist elliptisch, glattrandig und nimmt nicht die ganze Vorderfront ein. Die Schuppen erreichen den Rand des Pseudostoms; sie sind länglich-oval und erscheinen durch die Überdeckung regelmäßig hexagonal. Der Kern besitzt einen zentral gelegenen Nukleolus. Das Plasma ist zoniert. Die Pseudopodien sind Filopodien.

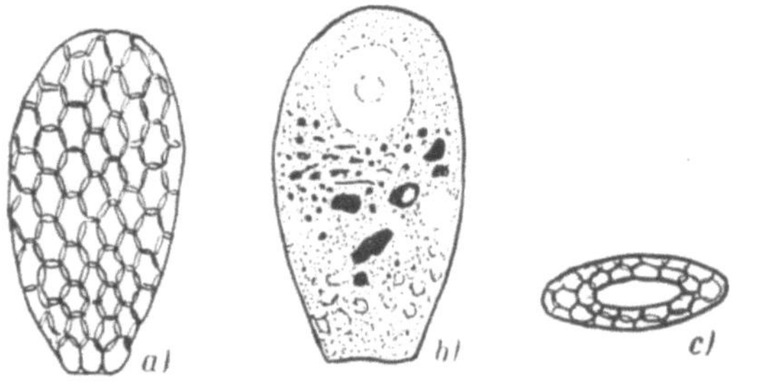

Abb. 8. *Euglyphella elegans* n. sp.
a) Breitseite, b) Kern und Zytoplasma, c) Vorderansicht.

Länge μ	Breite μ	Dicke μ
39	25	18
40	26	18
41	26	17

Ökologie: Regelmäßig in der Förna von Buchen- und Kiefernwäldern.

Systematische Stellung: VALKANOV (1962) stellte die Gattung *Euglyphella* an der Art *E. delicatula* auf. Die taxonomischen Merkmale, die VALKANOV anführt, sind: Komprimierte Schale, *Euglypha*-artige Idiosomen, ein glattrandiges Pseudostom; die Schuppen reichen bis an das Pseudostom heran; das Pseudostom selbst ist rund. Die neue Art unterscheidet sich durch ihr elliptisches Pseudostom von *E. delicatula*; die Form des Pseudostoms kann also nur den Wert eines Artmerkmals haben. *Euglyphella* leitet morphologisch zu *Tracheleuglypha, Assulina* und *Placocista* hin. Von *Tracheleuglypha* unterscheidet sie sich durch die Komprimierung der Schalen, von *Assulina* durch das Fehlen eines gezähnelten Saumes und von *Placocista* durch das nicht spaltförmige Pseudostom.

Euglyphella lineare n. sp. (Abb. 9)

Beschreibung: Die Schale ist schlank, hyalin, mit fast parallelen Seiten, die nur kurz vor dem Pseudostom etwas konvergieren. Die Schale ist komprimiert, das Pseudostom elliptisch. Die Schuppen sind länglich-oval und überdecken sich hexagonal. Das Pseudostom ist glattrandig oder leicht gewellt durch überstehende Schuppen, die aber die gleiche Form wie die übrigen Schuppen haben. Der Kern besitzt einen zentral gelegenen Nukleolus.

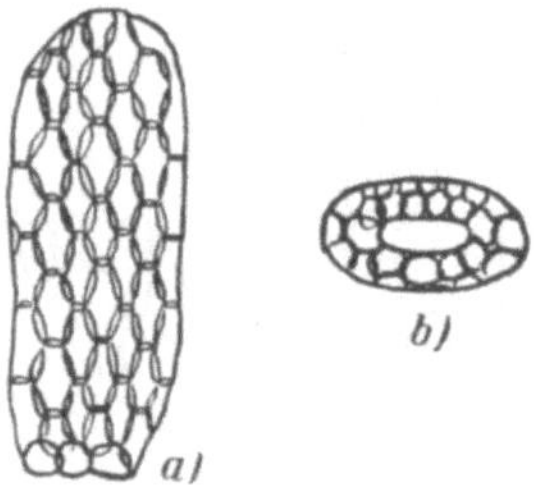

Abb. 9. *Euglyphella lineare* n. sp.
a) Breitseite, b) Vorderansicht.

Länge μ	Breite μ	Dicke μ
37,0	17,0	11,0
40,8	23,8	12,0
40,8	23,8	12,0
41,0	17,0	11,5
44,0	18,0	11,0
47,6	23,0	12,2

Ökologie: Vereinzelt, aber regelmäßig in der Rohhumusschicht eines Buchenwaldes.

Euglyphella compacta n. sp. (Abb. 10)

Beschreibung: Schale gedrungen und nur schwach komprimiert. Die Schuppen der hyalinen Schale sind groß, rund bis schwach oval und überdecken sich hexagonal. Die

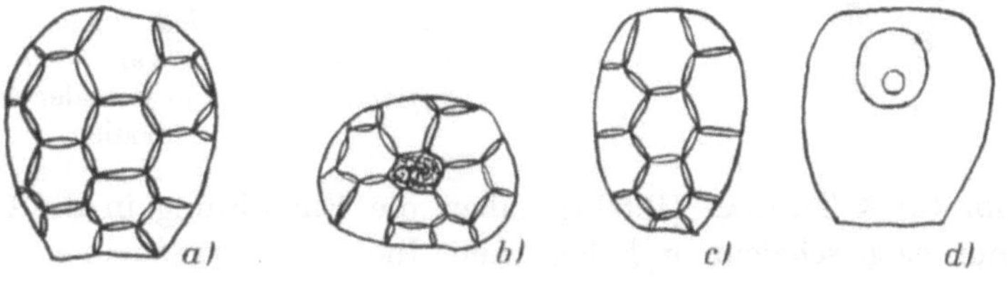

Abb. 10. *Euglyphella compacta* n. sp.
a) Breitseite, b) Vorderansicht, c) Schmalseite, d) Kern und Nukleolus.

Zahl der Schuppen ist gering, in der Längsreihe 3—4, in der Querreihe 3—4. Das Pseudostom ist fast rund, selten etwas elliptisch, aber stets unregelmäßig. Die Schuppen reichen bis an den glatten Rand des Pseudostoms. Die Gestalt der Schale ist vergleichbar mit der von *Paraquadrula globulosa*. Die Idiosomen sind Kieselplättchen. Der Kern besitzt einen exzentrisch gelegenen Nukleolus. Pseudopodien wurden nicht beobachtet.

Länge μ	Breite μ	Dicke μ
34,0	27,2	20,4
40,7	27,2	20,8
40,8	27,2	21,0

Ökologie: Vereinzelt in der sich zersetzenden Förna eines Buchenwaldes.

Trinema complanata var. *platystoma* n. v. (Abb. 11)

Beschreibung: Die Schale ist an beiden Seiten hantelförmig eingebuchtet. Der dadurch entstandene hintere Schalenteil ist gewölbt; der vordere ist stark abgeplattet und

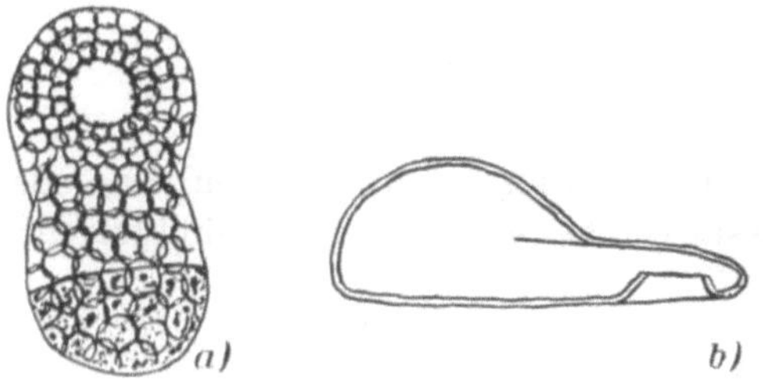

Länge μ	Breite μ	Dicke μ
49	27	13
52	27	14
53	27	14

Abb. 11. *Trinema complanata* var. *platystoma* n.v.
a) dorsale Ansicht, b) Seitenansicht.

verlängert, so daß vorderer und hinterer Schalenteil fast gleich lang sind. Die Schale erinnert in der Gestalt an *Centropyxis platystoma*. Das Pseudostom ist kreisförmig und nach innen eingebuchtet. Die Schuppen sind rund, Kern und Zytoplasma sind wie bei der Stammform.

Ökologie: Regelmäßig in der Förna der Buchen- und Kiefernwälder.

Pseudodifflugia gracilis Schlumberger, 1845 und *Pseudodifflugia gracilis* var. *terricola* Bonnet & Thomas, 1960 (Abb. 12)

Beschreibung: Die Schale ist klein, braun, bedeckt mit Quarzsplittern und

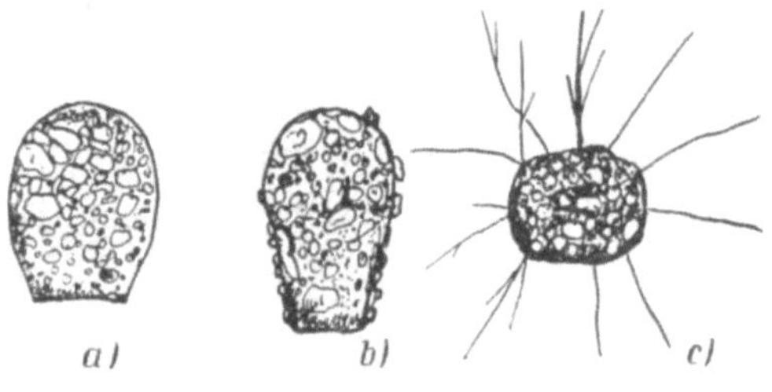

Abb. 12. a) *Pseudodifflugia gracilis*, b) *Pseudodifflugia gracilis* var. *terricola*, c) *Pseudodifflugia gracilis* in dorsaler Ansicht mit Filopodien.

amorphen Kieselelementen. Die Varietät *terricola* unterscheidet sich von der Stammform nur in der Länge (etwa doppelt so lang wie breit). Im Querschnitt sind die Schalen rund bis schwach komprimiert. BONNET & THOMAS (1960a) haben die Einordnung in die Gattung *Pseudodifflugia* nur nach schalenmorphologischen Indizien vorgenommen, obwohl *Pseudodifflugia* ohne die Kenntnis der Pseudopodien schwer von *Difflugiella* und *Difflugia* zu unterscheiden ist. Ich konnte einmal die Bildung von Filopodien beobachten, so daß also die Einordnung in die Gattung *Pseudodifflugia* bestätigt wird.

Stammform		var. *terricola*	
Länge μ	Durchmesser μ	Länge μ	Durchmesser μ
30,6	23,0	27,0	16,0
32,0	24,5	34,0	18,5

Geographische Verbreitung: Die Stammform ist anscheinend kosmopolitisch; die Varietät *terricola* wurde bisher nur in Frankreich nachgewiesen.

Ökologie: In der Rohhumusschicht des Buchenwaldes. Beide Formen treten regelmäßig auf; doch ist die Varietät *terricola* etwa viermal häufiger als die Stammform. ROSA (1957, 1962, 1963) fand *Pseudodifflugia gracilis* in den Böden der Tschechoslowakei. Die Art kommt auch häufig an submersen Pflanzen vor.

Zusammenfassung

Aus dem Waldboden um den Großen Stechlinsee (Brandenburg) wurden neue oder ökologisch und faunistisch bemerkenswerte Testaceen besprochen. Davon sind folgende Formen neu für die Wissenschaft:

Vier neue Arten:
- *Schoenbornia viscicula* n. sp.
- *Euglyphella elegans* n. sp.
- *Euglyphella lineare* n. sp.
- *Euglyphella compacta* n. sp.

Vier neue Varietäten:
- *Centropyxis aërophila* var. *sphagnicola* f. *cryptostoma* n. f.
- *Heleopera sylvatica* var. *inflata* n. v.
- *Euglypha anodonta* var. *magna* n. v.
- *Trinema complanata* var. *platystoma* n. v.

Von den in der vorliegenden Arbeit behandelten Testaceen sind außer den acht neu beschriebenen Formen vier weitere Formen Erstfunde für Deutschland.

Literatur

BICZOK, F., 1954: Testaceen in der Rhizosphäre. Ann. biol. Univ. Hung. **2**, 385–394.

BONNET, L., 1960: Thécamoebiens des sols d'Angola (I). Publicaçoes Culturais da Companhia de Diamantes de Angola, 79–86.

BONNET, L. & R. THOMAS, 1955: Étude sur les Thécamoebiens du sol (I). Bull. Soc. Hist. Nat. Toulouse **90**, 411–428.

—, 1960a: Étude sur les Thécamoebiens du sol (II). Bull. Soc. Hist. Nat. Toulouse, **95**, 339–349.

—, 1960b: Thécamoebiens du sol. Vie et Milieu, Suppl. **11**, 103 S.

CHARDEZ, D., 1959: Thécamoebiens des terres de Belgique I. Hydrobiologia (Den Haag) **14**, 72–78.

—, 1960: Étude comparée des Thécamoebiens de trois biotopes dans trois milieux differents. Bull. Inst. Agron. Sta. Rech. Gembloux **28**, 132–138.

—, 1961: Catalogue des Thécamoebiens de Belgique (Protozoa, Rhizopoda testacea). Bull. Inst. Agron. Sta. Rech. Gembloux **29**, 269–300.

CHARDEZ, D. & J. LECLERCQ, 1963: Variabilité des populations d' *Euglypha strigosa* (EHRENBERG) LEIDY en fonction d'habitat (Rhizopoda testacea). Bull. Inst. Agron. Sta. Rech. Gembloux **31**, 21–27.

DECLOÎTRE, L., 1962: Le genre *Euglypha* DUJARDIN. Arch. Protistenkde. **106**, 51–100.

FRANCÉ, R. H., 1921: Das Edaphon. Untersuchungen zur Ökologie der bodenbewohnenden Mikroorganismen. 2. Aufl. Stuttgart.

GRANDORI, R. & L. GRANDORI, 1934: Studi sui Protozoi del terreno. Boll. Zool. Agrar. e Brachicolt. Milano **5**, 339 S.

ROSA, K., 1957: Bodenmikroflora und -mikrofauna im Fichtenbestande am Praděd (Altvater). Přirod. sbornik Ostr. kraje **18**, 17–75.

—, 1958: Die Wurzelfüßer im Boden des Kubani-Urwaldes. Ochrana přirod. **13**, 185–187.

—, 1962: Mikroedafon im degradierten Kieferbestand und in Töpfen auf tertiärem Sand in Nová Ves bei České Budějovice. Acta Univ. Carolinae — Biologica —, Suppl., 7–30.

—, 1963: Mikroedafón lesnich pôd Javoriny. Sborn. prác. o tatransk. národ. Parku **6**, 75–103.

SANDON, H., 1927: The Composition and Distribution of the Protozoan Fauna of the Soil. London & Edinburgh. 237 S.

SCHÖNBORN, W., 1964: Bodenbewohnende Testaceen aus Deutschland. I. Untersuchungen im Naturschutzgebiet Serrahn (Mecklenburg). Limnologica (Berlin) **2** (1), 105–122.

THOMAS, R., 1959: Les Thécamoebiens muscicoles et terricoles: Notions d'Écologie générale et comparative. P.-V. Soc. Linn. Bordeaux **97**, 1–27.

VALKANOV, A., 1962: *Euglyphella delicatula* n. g. n. sp. (Rhizopoda — Testacea) und ihre Kopulation. Compt. rend. Acad. Bulg. Sci. **15**, 207–209.

VARGA, L., 1936: Études sur la faune des Protozoaires de quelques sols du Sahara et des Hauts-Plateaux algériens. Ann. Inst. Pasteur **56**, 101–123.

—, 1959: Untersuchungen über die Mikrofauna der Waldstreu einiger Waldtypen im Bükkgebirge (Ungarn). Acta Zool. Hung. **4**, 443–478.

Anschrift des Verfassers:
Dr. rer. nat. WILFRIED SCHÖNBORN
Jena-Lobeda, Alte Landstraße 3

Limnologica (Berlin)	2	4	1964	501–538

Aus dem Laboratorium für Seenkunde Leningrad

N. I. SEMENOVIČ und N. JU. JAKOVLEVA

Übersicht über die sowjetische hydrobiologische Literatur des Jahres 1961

(Eingegangen am 1. Juli 1963)

In der Sowjetunion werden alljährlich mehrere hundert wissenschaftliche Arbeiten über die Hydrobiologie der Binnengewässer veröffentlicht. Sie erscheinen in den Schriftenreihen einer Anzahl von Institutionen und in Journalen, von denen die wichtigsten genannt seien:

Schriftenreihen von Institutionen der Akademie der Wissenschaften der UdSSR und ihrer Filialen:
- Limnologičeskij institut Sibirskogo otdelenija Akademii Nauk SSSR (Limnologisches Institut der Sibirischen Abteilung der Akademie der Wissenschaften der UdSSR),
- Institut biologii vnutrennich vod (Institut für Biologie der Binnengewässer),
- Zoologičeskij institut (Zoologisches Institut),
- Ichtiologičeskaja komissija (Ichthyologische Kommission).

Schriftenreihen von Institutionen der Akademien der Republiken:
- Institut Gidrobiologii Akademii nauk Ukrainskoj SSR (Hydrobiologisches Institut der Akademie der Wissenschaften der Ukrainischen SSR),
- Biologičeskaja stancija na ozere Sevan Armjanskoj Akademii nauk (Biologische Station am See Sevan der Armenischen Akademie der Wissenschaften).

Schriftenreihe des Laboratorija ozerovedenija (Laboratorium für Seenkunde).

Schriftenreihen von Institutionen für die fischwirtschaftliche wissenschaftliche Forschung:
- Gosudarstvennyj naučno-issledovatel'skij institut ozernogo i rečnogo rybnogo chozjajstva (Staatliches wissenschaftliches Forschungsinstitut für Seen- und Fluß-Fischwirtschaft),
- Institut prudovogo rybnogo chozjajstva (Institut für Teich-Fischwirtschaft).

Schriftenreihen der Universitäten (Moskva, Leningrad, Minsk, Dnepropetrovsk u. a.).

Periodica und Journale:
- Trudy Vsesojuznogo gidrobiologičeskogo obščestva (Arbeiten der Allunions-Hydrobiologischen Gesellschaft),
- Zoologičeskij Žurnal (Zoologische Zeitschrift),
- Rybnoe chozjajstvo (Fischwirtschaft),
- Voprosy ichtiologii (Fragen der Ichthyologie).

Referate über die hydrobiologischen Arbeiten der einzelnen Jahre erscheinen im „Referativnyj Žurnal" des Instituts für Information der Akademie der Wissenschaften der UdSSR in den Abschnitten Biologie, Abteilung Hydrobiologie und Geographie sowie Abteilung Biogeographie der Binnengewässer und Höhlen.

In der Literatur des Jahres 1961 erscheinen die Ergebnisse folgender Beratungen und Konferenzen:

- Wissenschaftliche Konferenz über die Primärproduktion der Gewässer,
- Allunions-Konferenz über die Kultivierung einzelliger Algen,
- Allunions-Konferenz über die biologischen Grundlagen der fischwirtschaftlichen Nutzung der Stauseen,

Gebiets-Konferenz über die Typologie und die biologischen Grundlagen der fischwirtschaftlichen Nutzung der Binnengewässer der südlichen Zonen der UdSSR,
Allunions-Konferenz über Kleingewässer (Kleine Seen und Stauseen der Ebenen der UdSSR).

In der vorliegenden Übersicht werden die Titel der zitierten Arbeiten in deutscher Übersetzung wiedergegeben; die Sprache des Originals ist in Klammern angefügt (Russisch, Ukrainisch, Armenisch usw.). Enthält die Arbeit eine Zusammenfassung in einer oder mehreren anderen Sprachen, so ist dies insoweit vermerkt, als es sich um die Zusammenfassung in einer Kongreßsprache handelt (z. B. „Russisch mit engl. Zus.fass.") oder bei Arbeiten in den Sprachen der Unions-Republiken um eine Zusammenfassung in russischer Sprache (z. B. „Lettisch mit russ. Zus.fass."). Die Namen der Autoren und die Titel der Zeitschriften usw. sind in der bibliothekarischen Umschrift des russischen Alphabets wiedergegeben; für die Reihenfolge der Autorennamen im Literaturverzeichnis wurde die Reihenfolge des russischen Alphabets beibehalten.

Allgemeine hydrobiologische Probleme

ŽADIN [197] behandelte die Frage der Rolle der Primärproduktion in Hinsicht auf die Probleme der hydrobiologischen Prozesse und den Weg ihrer Steuerung. VINBERG [88] gab eine Übersicht über den gegenwärtigen Stand und die Aufgaben der Erforschung der Primärproduktion der Gewässer. FRANCEV [613] diskutierte verschiedene Wege der Einwirkung auf das Leben in den Binnengewässern. ŠELOMOV & FEDOSOV [634] berühren die Probleme des organischen Stoffkreislaufs in den Gewässern. SOROKIN [567] beschreibt die Rolle der Chemosynthese in der Trophie der Gewässer.

Neue Wege

SKADOVSKIJ und Mitarbeiter untersuchten die Biozönosen des Aufwuchses unter dem Gesichtspunkt ihrer Rolle als Biovernichter. Die Ziele und Aufgaben dieser Forschungsrichtung formulierte er in der Einleitung zum Sammelband „Die Biozönosen des Aufwuchses als Biovernichter" [536].

In Entwicklung des energetischen Prinzips in der Hydrobiologie untersuchte IVLEV [230] die Verwertung der Energie durch eines der Glieder der Nahrungskette der Wassertiere. Derselbe Autor [231] erarbeitete auch das Prinzip einer mathematischen Formulierung der Dynamik der fangreifen Populationen der Fische.

PETROVIČ & ŠUŠKINA [451] versuchten die Bestimmung der Zooplanktonproduktion auf dem Wege einer Berechnung, die auf der Methode von G. G. VINBERG beruht.

Methoden

JAŠNOV [663] legte ein neues schnell arbeitendes Planktonnetz vor, BITJUKOV [52] ein neues Modell eines Planktonschöpfers; SOKOLOV [555] beschrieb ein Gerät zur Untersuchung der Verteilung der Wasserorganismen auf Reisfeldern, VLADIMIROVA [97] ein Gerät zum Sammeln des Mikrophytobenthos. MEDNIKOV & STAROBOGATOV [383] legten eine neue RANDOM-Kammer zum Zählen kleiner biologischer Objekte vor. REŠETNIKOV

[494] konstruierte einen pneumatischen Belüfter (mit Windantrieb) zur Bekämpfung des Sauerstoff-Defizits (Zehrung) in Seen während des Winters. USAČEV [603] beschrieb eine quantitative Methode zum Sammeln und zur Bearbeitung des Phytoplanktons. Verschiedene Arbeiten [90, 245, 319, 500] sind der Methode der Erforschung der Primärproduktion gewidmet. GORJUNOVA [144, 145] diskutiert die Anwendung der Luminneszenzmethode in der Hydrobiologie. MESSINEVA & USPENSKAJA [396] beschreiben Spezialverfahren und -Methoden der quantitativen Charakterisierung der Biozönosen des Aufwuchses. TORSUNOV [589] behandelt die Methoden der Entnahme hydrobiologischer Bodenproben, BORUCKIJ & GIRSA [64, 65] beschreiben die Methoden zur gewichtsmäßigen Charakterisierung der Wirbellosen, die den Fischen als Nahrung dienen. RUDAKOV [501] behandelt die Methoden der Radio-Markierung von Jungfischen. In zwei Arbeiten [156, 600] wird die Methodik der Umsetzung von Fischen und Mysideen betrachtet. Einige Arbeiten beschäftigen sich mit den Methoden zur Erforschung der Dynamik des Wachstums, des Gewichtes und der Fruchtbarkeit der Fische [1, 352, 637] und der Berechnung ihres Bestandes [200].

Grundwasser und Quellen

KUZNECOVA [308] charakterisiert Verteilung und Ökologie der Mikroorganismen in tiefen unterirdischen Gewässern einiger Territorien der UdSSR. ALIEV [14] beschrieb die Algenflora einiger Mineralquellen Azerbajdžans.

Flüsse

Die Literatur zur Hydrobiologie der Flüsse läßt sich inhaltlich in die folgenden Gruppen einteilen:

Allgemeine hydrobiologische und fischwirtschaftliche Untersuchungen in der Donau, in den kleinen Flüssen am Azovschen Meer, im Don, in der Moskva, Volga, dem Zeravšan und in den Flüssen hinter den Karpaten [128, 184, 232, 388, 525, 532, 537, 548].

Erforschung der Primärproduktion der Flüsse Moskva und Dnepr [254, 342].

Mikrobiologische Untersuchungen in der Volga, Moskva und Donau [78, 120, 134, 391]. Höhere Wasserpflanzen der Volga, der Donau und der kleinen Flüsse am Azovschen Meer [34, 188, 233]. Phytoplankton der Donau, der Volga, des Ob, der Dẑrava (Lettland) [266, 316, 473, 497, 659]. Zooplankton der Donau, Volga und Angara [20, 286, 506, 507, 619]. Benthos und Periphyton der Donau, der Desna, des Schwarzmeer-Einzugsgebietes, der Moskva, des Prut und der Kama (16 Arbeiten).

34 Arbeiten beschäftigen sich mit der Ichthyofauna und der Biologie der Fische der Volga, des Don, des Dnestr, der Donau, des Prut, der kleinen Flüsse der Ukraine, der Flüsse Lettlands, des Amu-Darja, des Zeravšan, des Kodor (Grusinien), des Enisej, der Lena, des Amur und der Ozernaja (Kamčatka).

Seen

CEEB [618] erarbeitete die Typologie der Salzseen der Krym. KORDE [284] charakterisierte die Typen der Biostratifikation des Seensapropels. KOŽOV & TJUMENCEV [267] betrachteten die Frage der biologischen Auswirkungen der Schwankungen des

Wasserspiegels des Bajkal, DEKSBACH [170] berichtete über den Einfluß der säkularen Wasserstandsschwankungen auf die Wasserorganismen der Seen Westsibiriens. MOSEVIČ [412] diskutierte die Frage des winterlichen Sauerstoff-Defizits in Seen und dessen Verhütung durch Belüftung. Neun Arbeiten [6, 9, 26, 108, 428, 441, 450, 549, 612] bringen eine hydrobiologische und fischwirtschaftliche Charakteristik der Seen des Moldau-Gebiets, des Quellgebiets der Westlichen Dvina, der Volga, des Lovat und der Velikaja, der nördlichen Krym, einiger Seen Weißrußlands, der Svjat-Seen (Karelien) und insbesondere der Seen des Prut. ČEČUGA [627] charakterisiert die jahreszeitlichen Schwankungen der Keimzahl und die Generationsdauer der Bakterien in Seen unterschiedlichen Typs. SOKOLOVA [556] beschreibt die jahreszeitlichen Schwankungen und die Anzahl der Eisenbakterien sowie den Kreislauf des Eisens im Glubokoe-See.

Sechs Arbeiten [91, 199, 217, 227, 628, 661] widmen sich der Erforschung der Primärproduktion der Seen mit verschiedenen Methoden (Nordteil des Kaspij, Seen Weißrußlands verschiedenen Typs, See Krasavica auf der Karelischen Landenge, See Disna und Seen Litauens).

ZACHARENKOV [218] charakterisiert die chemische Zusammensetzung der Makrophyten der Naročansker Seen (Weißrußland); RASPOPOV [492] beschrieb die höheren Wasserpflanzen des Schärengebiets des Ladoga-Sees.

Plankton. JANKAVIČJUS und Mitarbeiter [660] machen Angaben über den 24-Stunden-Rhythmus der Anzahl des Bakterien-, Phyto- und Zooplanktons im See Disnaj (Litauen). Mitteilungen über Phytoplankton finden sich in acht Arbeiten [122, 268, 269, 353, 449, 474, 475, 499] für folgende Seen: Bajkal, Ladoga, Sevan, Kaspij und Seen des Donaugebiets; über Zooplankton in zehn Arbeiten [21, 138, 139, 172, 260, 261, 358, 454, 635, 648] für folgende Seen: Vyrts-jarv (Estland), Il'men, Ladoga, Raspadočnoje (Jakutsk), Seen des Donaugebiets, Kareliens, Litauens und des nördlichen Kasachstan.

Benthos und Periphyton. Drei Arbeiten [219, 220, 247] sind der Erforschung des Aufwuchses im Kaspijschen Meer gewidmet. LINDE & VEJNBERGA [336] erforschten die Dynamik der Mikroflora des Sapropels im See Kanieris (Lettland), VLADIMIROVA [98] beschrieb das Phyto-Mikrobenthos der Gewässer des Donaugebiets. DAVYDOVA [164, 165] charakterisierte die Zusammensetzung der Diatomeen in den Bodenablagerungen des Ladoga-Sees. 19 Arbeiten beschäftigen sich mit dem Zoobenthos folgender Seen: Ladoga, Seen Kareliens, Litauens, Lettlands, Grusiniens, Westsibiriens, Seen des Donaugebiets, Sevan, Issyk-Kul, Aral-See, Marka-Kul u. a.

Einbürgerung von Wirbellosen. In fünf Arbeiten [224, 237, 357, 413, 601] wird das Problem der Einbürgerung wirbelloser Tiere (Garnelen, Mysideen, Amphipoden u. a.) im Aral-See, im Balchaš sowie in den Seen des Nordwestens der UdSSR und anderer Gebiete mit dem Ziele der Vermehrung der Nahrungstiere für Fische behandelt.

Mitteilungen über die Ichthyofauna, die Biologie und die Einbürgerung neuer Fischarten finden sich in 40 Arbeiten, die sich auf folgende Gewässer beziehen: Kaspij, Aral-See, Bajkal, Marka-Kul, Son-Kul, Kara-Kul, Issyk-Kul, Balchaš, Paravan (Grusinien), Seen Ost-Kasachstans, Kareliens, Lettlands u. a.

Stauseen

Auf diese Gewässer bezieht sich die größte Anzahl der Arbeiten. Ein Nachschlagwerk allgemeinen Charakters ist der unter der Redaktion von TJURIN [101] herausgegebene Sammelband über die Stauseen der UdSSR und ihre fischwirtschaftliche Bedeutung.

Eine hydrobiologische und fischwirtschaftliche Charakteristik von Stauseen enthalten acht Arbeiten [255, 275, 338, 379, 404, 433, 577, 617] für folgende Gewässer: Cimljansker, Kujbyševsker und Novosibirsker Stausee, kleine Stauseen des Kujbyševsker Gebiets, der Ukraine, der Krym, Uzbekistans und Tadžikistans. KUZNECOV [307] charakterisiert die Grundzüge der Bakterien-Besiedlung in den Stauseen der Volga; ŠESTAKOVA [638] beschreibt die Bakterien-Besiedlung des Wassers und des Bodens des Novosibirsker Stausees. Die Primärproduktion in Stauseen und die damit zusammenhängenden Fragen werden in sechs Arbeiten [438, 521, 522, 523, 565, 566] über die Stauseen der Volga, der Kama und des Mingečaur behandelt.

Makrophyten. In sechs Arbeiten [40, 240, 357, 477, 650, 651] werden der Bestand der Makroflora des Gewässers, die Prozesse der Verlandung der Stauseen sowie die Nutzung der Makrophyten durch die wirbellosen Wassertiere behandelt. Sieben Arbeiten [72, 189, 312, 313, 481, 606, 632] beschreiben die Besonderheiten der Ausbildung, des Bestandes und der jahreszeitlichen Dynamik des Phytoplanktons in Stauseen; die gleichen Probleme hinsichtlich des Zooplanktons enthalten neun Arbeiten [48, 51, 329, 337, 360, 361, 386, 419, 563]. Die zitierten Arbeiten betreffen folgende Stauseen: Stauseen der Krym, Novosibirsker, Gor'kovsker, Rybinsker und Dubasarsker Stausee, kleine Stauseen des Moldau-Gebiets, Gebirgs-Stauseen der westlichen Ukraine, Mingečaur-Stausee. PIROŽNIKOV [459] gibt eine zusammenfassende Charakterisierung des Zooplanktons von Stauseen.

Benthos und Periphyton. Die Bedingungen der Ausbildung, der Zusammensetzung und der Biologie der Bodenfauna der Stauseen spiegeln sich in 20 Arbeiten wider, die sich auf die folgenden Stauseen beziehen: Novosibirsker, Kamsker, Kachovsker, Dubasarsker (Moldau-Gebiet), Mingečaursker, Volga-Stauseen, Stauseen der Krym u. a. Eine allgemeine Übersicht über die Bedingungen der Bildung der Bodenfauna in Stauseen findet sich in der Arbeit von IOFFE [238]; LEVADNAJA [330] beschrieb die Algen des Bodens und des Aufwuchses im Novosibirsker Stausee. Vier Arbeiten betreffen die Einbürgerung wirbelloser Wassertiere in Stauseen [205, 206, 207, 208].

Von 58 Arbeiten über die Ichthyologie und Fischwirtschaft von Stauseen behandeln 21 die Bildung des Fischbestandes in Stauseen, seine Zusammensetzung und die Einbürgerung neuer Fischarten; 23 Arbeiten widmen sich der Biologie der Fische und der Dynamik der Populationsdichte; 13 Arbeiten diskutieren die fischwirtschaftliche Nutzung der Stauseen. DRJAGIN [181, 182] gibt eine allgemeine Charakteristik der Bildung der Fischbestände in den Stauseen der UdSSR. PODDUBNYJ & FORTUNATOV [466] betrachten das Problem der fischwirtschaftlichen Nutzung der Stauseen in unterschiedlichen geographischen Zonen. GREZE [146] stellte die Frage einer Vereinheitlichung der fischwirtschaftlichen Forschung in Stauseen. TJURIN [599] erarbeitete eine fischwirtschaftliche Klassifizierung der Stauseen. Die ichthyologischen Arbeiten beziehen sich auf die Fische der Stauseen der Volga, des Kachovsker, Cimljansker und Dubosarsker Stausees (Weißrußland), der Stauseen Mittelasiens, Sibiriens und anderer Gebiete.

Teiche

ŠPET [644] untersuchte die Beziehungen zwischen der Größe eines Teiches und seiner Produktivität. Eine allgemeine hydrobiologische Charakteristik enthalten drei Arbeiten [489, 508, 629] über Teiche im Kujbyševsker und Permsker Gebiet und im westlichen

Lettland. Die Primärproduktion der Teiche behandeln fünf Arbeiten [346, 380, 580, 615, 642]. Über Zusammensetzung und Biomasse des Phytoplanktons von Teichen in der Ukraine und in Weißrußland berichten sechs Arbeiten [66, 486, 487, 573, 574, 624]. VOLKOVA [102] macht Angaben über die Dynamik und die Artenzusammensetzung des Zooplanktons in den Teichen einer Fischzucht (Lettland). PIDGAJKO [453, 455] erforschte die Bildung der Fauna in einigen neu angelegten Teichen in der Ukraine. Die Frage der Erhöhung der biologischen Produktion von Teichen durch Düngung wird in fünf Arbeiten diskutiert [38, 39, 76, 363, 364]. Mit der Fischwirtschaft in Teichen beschäftigen sich 25 Arbeiten. MARTYŠEV [373] formulierte die allgemeinen Aufgaben der Forschung auf dem Gebiete der Fischwirtschaft in Teichen.

Kleingewässer

ASAUL [28] erforschte die Euglenen der periodischen Gewässer Polesiens (Ukraine), OBUCHOVA [432] die Algenflora der Reisfelder einiger Gebiete Kasachstans, JARVEKJULJA [662] die Fauna der Ostracoden in austrocknenden Gewässern Estlands.

Trinkwasser

SKADOVSKIJ und Mitarbeiter [392, 393, 539, 541, 542, 544, 545, 547, 604, 605] verfaßten eine Reihe von Arbeiten mit dem Ziele der Schaffung biologischer und physiko-chemischer Methoden zur Verbesserung der Wasserqualität für die Wasserversorgung.

Abwässer

Fünf Arbeiten [89, 273, 436, 533, 575] untersuchen die Reinigung von Abwässern in biologischen Teichen. RODINA [496] machte Angaben über die Verbreitung der Schwefelbakterien in Binnengewässern und klassifizierte sie als Indikatoren des Verschmutzungsgrades.

In sieben Arbeiten [124, 241, 272, 333, 478, 540, 543] werden die Frage der Selbstreinigung der Binnengewässer und die Rolle der einzelnen Wasserorganismen und Biozönosen in diesem Prozeß behandelt. KOKIN [270] und LEVINA [331] untersuchten die antagonistischen Beziehungen zwischen Algen und Mikrobenflora. KABANOV [242] diskutierte die Bedeutung der Bestimmung der Photosynthese bei der hygienischen Untersuchung von Gewässern; KOKINA [271] beschrieb Untersuchungsverfahren zur Erfassung der Verschmutzung unterirdischer Gewässer durch unmittelbares Mikroskopieren.

Vier Arbeiten [243, 317, 498, 639] behandeln den Verschmutzungsgrad bestimmter Flüsse, Seen und unterirdischer Gewässer. Fünf Arbeiten [92, 161, 411, 512, 607] beschäftigen sich mit der Auswirkung von Abwässern auf Wasserorganismen.

Organismen

ŽADIN & GERD [198] publizierten ein Buch über die Fauna und Flora der Binnengewässer, BOGAČEV [56] eine Monographie über die Geschichte der Süßwasserfauna Eurasiens. GERD [127] charakterisierte die Auswirkung von Zuflüssen aus Mooren auf die Fauna und Flora von Seen. KRUGLOVA [296] beschäftigte sich mit den Perspektiven einer Einbürgerung von Vertretern der kaspischen Fauna. Der Biochemie von Wasserorganismen sind elf Arbeiten gewidmet [20, 23, 35, 190, 265, 274, 377, 378, 457, 531, 611]. Von diesen behandelt BARAŠKOV [35] die Chemie der Blaualgen; ANANIČEV [23] gibt eine vergleichende biochemische Charakteristik der Wirbellosen und der Fische des Süßwassers; EVREINOVA und Mitarbeiter [190] und SERENKOV & PACHOMOV [531] untersuchten die Nukleinsäuren der Algen *Mastigocladus laminosus* und *Scenedesmus quadricauda*.

Von 22 Arbeiten über Protophyten beschäftigt sich eine Reihe [332, 397, 415, 458, 504, 626] mit Fragen der Kultur von *Chlorella* und Protococcalen. MEJER [384] behandelt das Problem der Phylogenie der Grünalgen. SAFONOVA [527] beschrieb neue Arten der Gattungen *Trachelomonas* EHR. und *Strombomonas* DEFL., VLADIMIROVA [96] die neue Blaualgenart *Oscillatoria ucrainica*, MASJUK [376] zwei neue Characeen, *Hydrianum pyrenoidiferum* und *Lambertia viridis*. Elf Arbeiten enthalten Angaben zur Algenflora und -Biologie. Fragen der Photosynthese und der Primärproduktion werden in fünf Arbeiten beleuchtet [37, 41, 85, 123, 483]. SUŠČENJA [581] behandelt die Ausnutzung der Primärproduktion des Planktons durch die folgenden Glieder der Nahrungskette. Derselbe Autor [582] berechnete den Nahrungsbedarf der Krebstiere aus ihrer Atmungsintensität. SMIRNOV [550] bestimmte den Jahresbedarf der Wirbellosen an einigen giftigen Pflanzen. MANUJLOVA [366] untersuchte den Absterbeprozeß des Zooplanktons als Basis des Ansteigens der Keimzahl. KUZMENKO [309] berichtete über das Vorkommen von Reliktkrebsen in den Seen der Karelischen Landenge, KISELITE [260] über die Verbreitung von *Limnocalanus grimaldii* var. *macrurus* in den Seen Litauens. Vier Arbeiten [394, 395, 396, 653] beschäftigen sich mit der Erforschung des Periphytons; SKADOVSKIJ [538] charakterisiert die Mikrozönosen des Sestons und der Bodensedimente; SEMENOVA & RADIONOVA [529] beschrieben die Besonderheiten der Kutikula der aquatischen Insektenlarven im Zusammenhang mit ihren Lebensbedingungen.

Die Arbeiten über spezielle Tiergruppen verteilen sich wie folgt: Mollusca 8 [10, 17, 99, 100, 609, 620, 621, 636], Hydracarina 1 [77], Tendipedidae 4 [277, 279, 344, 640], Ostracoda 1 [641], Copepoda 7 [226, 359, 362, 406, 407, 564, 602], Cladocera 4 [281, 283, 405, 418], Amphipoda 2 [167, 382], Oligochaeta 5 [464, 558, 559, 560, 561], Rotatoria 4 [57, 58, 79, 505], Bryozoa 2 [4, 5]. ZAIKA [213] behandelt die Frage des Endemismus der Parasiten der Fische des Bajkal.

Ichthyologie

Unter der Redaktion des Akademiemitglieds E. N. PAVLOVSKIJ wurde ein Handweiser über die Ernährung der Fische [503] publiziert. NIKOL'SKIJ [427] berührt verschiedene Fragen der Entwicklung der fischwirtschaftlichen Forschung im Aral-See. BORISOV & NIKOL'SKIJ [62] veröffentlichten eine Übersicht über die inländischen fischereibiologischen Forschungen der letzten 100 Jahre.

Fünf Arbeiten [171, 439, 467, 490, 630] sind der Theorie der Populationsstärke der Fische gewidmet. Fragen der Akklimatisierung von Fischen und ihrer Anpassung an neue Umweltbedingungen enthalten zwölf Arbeiten [12, 15, 16, 18, 70, 83, 84, 292, 327, 403, 518, 586]. KARPEVIČ & BOKOVA [250] veröffentlichten eine Übersicht über die Arbeiten zur Akklimatisation von Fischen und Wirbellosen in der UdSSR aus den Jahren

1957 bis 1959. Sieben Arbeiten sind der Faunistik und Zoogeographie der Fische gewidmet [204, 235, 299, 301, 314, 562, 591]. Morphologie und Systematik der Fische werden in zehn Arbeiten behandelt [104, 143, 192, 253, 440, 443, 516, 551, 530, 570]. Eine umfangreiche Literatur (65 Arbeiten) beschäftigt sich mit der Biologie und der Physiologie von Fischen; 17 Arbeiten behandeln Fragen der Fischzucht und Fischwirtschaft.

Chronik

Veröffentlicht wurde ein Rechenschaftsbericht der Sektion für Ichthyologie und Hydrobiologie der Moskauer Gesellschaft der Naturforscher für das erste Halbjahr 1961 [173].

Vier Arbeiten [71, 115, 211, 479] unterrichten über einige hydrobiologische und fischwirtschaftliche Konferenzen.

A

[1] ABAKUMOV, V. A.: Untersuchungsmethoden zur Dynamik des Gewichts- und Längenzuwachses der Fische (Russisch). Tr. Sovešč. Ichtiol. komiss. AN SSSR 1961 (13), 194—201.

[2] ABBASOV, N. S. & Mitarbeiter: Zur Ichthyofauna des Džejranbatansker Stausees (Azerbajdžanisch mit russ. Zus.fass.). Izv. AN Azerbajdž. SSR, Ser. biol. i med. nauk 1961 (1), 63—65.

[3] ABDURACHMANOV, JU. A.: Die Einbürgerung von stationären Populationen von Wanderfischen der Kura im Mingečaursker Staussee (Russisch). Izv. AN Azerbajdž. SSR, Ser. biol. i med. nauk 1961 (7), 33—38.

[4] ABRIKOSOV, G. G.: Süßwasser-Bryozoen der Gewässer des Fernen Ostens der UdSSR (Russisch). Sbor. tr. Zool. mus. Moskovsk. univ. 1961, 8, 103—111.

[5] ABRIKOSOV, G. G.: Systematik und geographische Verbreitung der Gattung *Fredericella* (Bryozoa, Phylactolaemata) (Russisch mit engl. Zus.fass.). Zool. Ž. 1961, **40** (3), 334—339.

[6] ABROSOV, V. N.: Die wichtigsten regionalen Daten der Seen in den Ursprungsgebieten der Flüsse Volga, Westliche Dvina, Lovat und Velikaja (Russisch). Im Sammelband: Malye vodoemy ravninnych oblastej SSSR i ich ispol'zovanie (Die kleinen Gewässer der Ebenen der UdSSR und ihre Nutzung). Moskva — Leningrad, Izd. AN SSSR 1961, 305—314.

[7] AGALAROV, G. D. & G. S. ABBASOV: Ergebnisse der gewerbsmäßigen Aufzucht von Jungfischen aus im See abgelegtem Laich in der Ali-Bajramlinsker Fischzucht (Russisch). Izv. AN Azerbajdž. SSR, Ser. biol. i med. nauk 1961 (5), 87—95.

[8] AGAPOV, I. D.: Der Einfluß der Wasserstandsschwankungen auf die Entwicklungsbedingungen der Fische in Stauseen (Russisch). Im Sammelband: Trudy Vsesojuznogo soveščanija po biologičeskim osnovam rybochozjajstvennogo osvoenija vodochranilišč (Arbeiten der Allunions-Konferenz über die biologischen Grundlagen der fischwirtschaftlichen Nutzzung der Stauseen) 1958. Moskva-Leningrad, Izd. AN SSSR 1961, 200—202.

[9] ALEKSANDROV, B. M.: Svjat-See. Makrophyten, Bodenfauna, Ernährung der Benthos fressenden Fische (Russisch). Uč. zapiski Karel'sk. pedag. inst. 1961, 11 (2), 136—153.

[10] ALIEV, A. D.: Die Süßwassermollusken der Gewässer am rechten Ufer der Kura-Niederung (Russisch). Izv. AN Azerbajdž. SSR, Ser. biol. i med. nauk 1961 (2), 67—71.

[11] ALIEV, A. D.: Die Verbreitung der Süßwassermollusken in den an der Unteren Kura (von Mingečaur bis Ali-Bajramly) gelegenen Gewässer (Russisch). Izv. AN Azerbajdž. SSR, Ser. biol. i med. nauk 1961 (9), 59—64.

[12] ALIEV, D.: Amur (*Ctenopharyngodon*) und Tolstolob (*Hypophthalmichthys*) in Turkmenien (Russisch). Rybovodstvo i rybolovstvo 1961 (5), 14—16.

[13] ALIEV, D. A.: Die Characeen der Gewässer von Talyš und der Apšeronsker Halbinsel (Russisch). Uč. zapiski Azerbajdž. univ., ser. biol. nauk 1961 (4), 45—46.

[14] ALIEV, D. G.: Materialien zur Algenflora der Mineralquellen des Kel'badžarsker Istisu der Azerbajdžansker SSR (Russisch). Izv. AN Azerbajdž. SSR, Ser. biol. i med. nauk 1961 (5), 23–29.
[15] ALIEV, D. S.: Ein Einbürgerungsversuch des Weißen Amur (*Ctenopharyngodon idella*) und des Gemeinen Tolstolob (*Hypophthalmichthys molitrix*) in den Gewässern Turkmeniens (Russisch). Izv. AN Turkmen. SSR, Ser. biol. nauk 1961 (5), 89–90.
[16] ALIEV, D. S.: Versuch einer Nachzucht fernöstlicher pflanzenfressender Fische unter den Bedingungen Turkmeniens (Russisch). Vopr. ichtiol. 1961, **1** (4/21), 650–658.
[17] ALI-ZADE, A. A.: Akčagyl'sker Vertreter der Gattung *Dreissensia* (Russisch). Baku, Azernešr 1961. 66. S., 3 Taf.
[18] ALIMBAEVA, S. K.: Zur Morphologie und Systematik der im Čujsker Tal Kirgiziens eingebürgerten Gambusien (Russisch). Izv. AN Kirgiz. SSR, Ser. biol. nauk 1961, **3** (1), 139–158.
[19] ALTUCHOV, JU. P.: Über den Einfluß des Geschlechts und des Alters einiger Fische auf ihre Hitzeresistenz sowie den Grad der serologischen Ähnlichkeit ihrer Muskeleiweiße (Russisch). Citologija 1961, **3** (5), 598–601.
[20] ALFIMOV, N. N. & A. I. PROŠKINA-LAVRENKO: Zur Biologie und Biochemie von *Cladophora siwaschensis* MEYER (Russisch). Dokl. AN SSSR 1961, **136** (1), 230–232.
[21] AMMOSOV, JU. N.: Das Plankton des Tundrasees Raspcdočnoe und seine Bedeutung als Nahrung der Fische und Jungfische (Russisch). Uč. zapiski Jakutsk. univ. 1961 (11), 47–52.
[22] AMOSOV, V. A.: Über einen neuen Anzeiger für gutes Abwachsen von Fischen – Index der einzelnen Wohlgestaltigkeit (Russisch). Im Sammelband: Voprosy ichtiologii (Fragen der Ichthyologie) **17**. Izd. AN SSSR 1961, 122–139.
[23] ANANIČEV, A. V.: Vergleichende biochemische Charakteristik einiger Wirbellosen und Fische des Süßwassers (Russisch mit engl. Zus.fass.). Biochimija 1961, **26** (1), 18–30.
[24] ANDRES, A. G. & T. N. KURAŽSKOVSKAJA: Zur Frage der Geschlechtsreife der Peipus-Maräne (*Coregonus lavaretus maraenoides* POLJAKOW) unter den Bedingungen ihrer Einbürgerung im Rybinsker Stausee (Russisch). Bjull. Inst. biol. vodochranilišč AN SSSR 1961 (10), 46–50.
[25] ANDRUŠAJTIS, G.: Die Aufzucht der Peljad-Maräne (*Coregonus peled*) in Teichen der Lettischen SSR (Russisch). Izv. AN Latvijsk. SSR 1961 (1), 87–92.
[26] ANDRUŠAJTIS, G. P. & Mitarbeiter: Hydrobiologische und fischwirtschaftliche Charakteristik von 14 Seen des südöstlichen Teils der Lettischen SSR (Russisch). Tr. Inst. biol. Latvijsk. SSR 1961, **19**, 291–363.
[27] ANTONOVIČ, S. D.: Die benthischen Protozoen der kleinen Bucht Jagorlyk des Dubossarsker Stausees (Russisch). Uč. zapiski Tiraspol'sk. gos. pedag. inst. 1961 (12), biol., 24–32.
[28] ASAUL, Z. U.: Die Euglenen ephemerer Gewässer des westukrainischen Polesiens (Ukrainisch mit engl. Zus.fass.). Ukrains'k. bot. Ž. 1961, **18** (5), 74–82.
[29] ASSMAN, A. V.: Über die Zugänglichkeit der Chironomidenlarven für Fische (Russisch). Tr. Sovešč. ichtiol. komiss. AN SSSR 1961 (13), 361–363.
[30] AFANAC'EVA, E. L.: Die jahreszeitlichen Veränderungen des Zooplanktons in der Quelle des Flusses Angara (Russisch). Im Sammelband: Materialy k Konferencii molodych naučnych sotrudnikov Vostočno-Sibirskogo filiala Sibirskogo otdelenija AN SSSR (Materialien zur Konferenz der jungen wissenschaftlichen Mitarbeiter der Ostsibirischen Filiale der Sibirischen Abteilung der Akademie der Wissenschaften der UdSSR) **2**, 77–82. Blagoveščensk 1961.

Б

[31] BAJMOV, U.: Über die Artenzusammensetzuug und die Anzahl der Kaspischen Grundeln im Aral-See (Russisch). Vestnik Karakalpakskogo filiala AN Uzbeksk. SSR 1961 (3/5), 11–16.
[32] BAJMOV, U. A.: Einige Resultate der fischzüchterischen Akklimatisations-Arbeiten im Aral-See (Russisch). Uzbeksk. biol. Ž. 1961 (4), 62–66.
[33] BARANOV, I. V.: Versuch einer trophischen und hydrochemischen Typisierung der Seen des Europäischen Teils der UdSSR (Russisch). Im Sammelband vgl. [6], 288–292.

[34] BARANOVA, I. N.: Einige Angaben über die Geschwindigkeit einer Wiederherstellung der halbsubmersen Vegetation unter den Bedingungen der Deltagewässer der Fischzuchtwirtschaften im Volga-Delta (Russisch). Im Sammelband vgl. [6], 358–361.

[35] BARAŠKOV, G. K.: Chemie der Blaualgen (Cyanophyceae) (Russisch). Bot. Ž. 1961, **46** (3), 447–454.

[36] BARSUKOV, V. V.: Über die Abhängigkeit des Wachstumstempos der Fische von der Individuenzahl in den Generationen (Russisch). Bjull. Inst. biol. vodochranilišč AN SSSR 1961 (11), 37–41.

[37] BASLAVSKAJA, S. S.: Mineralische Nährstoffe als Faktor zur Erhöhung der Intensität und Produktivität der Photosynthese der Algen (Russisch). Im Sammelband: Pervičnaja produkcija morej i vnutrennich vod (Die Primärproduktion der Meere und der Binnengewässer). Izd. Min-va vysš., sr. spec., prof. obraz. BSSR, 319–327. Minsk 1961.

[38] BATENKO, A. I. & V. I. BACHTINA: Der Einfluß des Zeitpunkts der Einbringung von Düngemitteln auf den Gehalt an Biogenen, die Futterbasis und die Fisch-Produktivität der Teiche (Russisch). Im Sammelband: Ispol'zovanie prudov dlja intensivnogo rybovodstva (Die Ausnutzung der Teiche für eine intensive Fischzucht), 7–16. Moskva, Izd. Min-va s/ch SSSR 1961.

[39] BACHTINA, V. I. & A. I. BATENKO: Die Auswirkung kleiner Gaben von Mineraldünger auf die Entwicklung der natürlichen Futterbasis und die Fischproduktivität der Teiche (Russisch). Tr. Vserossijsk. nauč.-issledov. inst. prud. ryb. choz. 1961, **10**, 8–17.

[40] BELAVSKAJA, A. P. & T. A. PAVLOVA: Vegetation und Bodenbeschaffenheit des Gor'kovsker Stausees (Russisch). Tr. Inst. biol. vodochranilišč AN SSSR 1961, **4** (7), 34–48.

[41] BELL, L. N. & G. L. MERINOVA: Der Einfluß von Dosis und Wellenlänge der ultravioletten Strahlung auf die Photosynthese der Chlorellen (Russisch mit engl. Zus.fass.). Biofizika 1961, **6** (2), 159–164.

[42] BELYJ, M. D.: Über das Ablaichen des Zanders im Dnepr (Ukrainisch mit engl. Zus.fass.). Dopov. AN URSR 1961 (2), 242–246.

[43] BELYI, M. D.: Die Fruchtbarkeit des Zanders unterschiedlichen Alters und unterschiedlicher Größe aus dem Flusse Ol'šanka (Ukrainisch mit engl. Zus.fass.). Dopov. AN URSR 1961 (4), 534–537.

[44] BELYI, M. D.: Die Rolle der Farbe des Bodens und des Substrates beim Aufsuchen geeigneter Laichplätze durch die Laichfische (Ukrainisch mit engl. Zus.fass.). Dopov. AN URSR 1961 (10), 1389–1392.

[45] BELYI, N. D.: Die Fortpflanzung der Fische auf künstlichen Nestern im Kachovsker Stausee (Russisch). Ryb. choz. 1961 (6), 25–27.

[46] BELYI, N. D.: Die Fortpflanzung des Taran *Rutilus rutilus heckeli* (NORDMANN) im Unterlauf des Dnepr auf künstlichen Nestern (Russisch). Vopr. ichtiol. 1961, **1** (3/20), 481–490.

[47] BERVAL'D, E. A.: Die Fortpflanzung der Wirtschaftsfische des Veselovsker Stausees und die Möglichkeiten einer Erhöhung seiner Fischproduktivität (Russisch). Im Sammelband vgl. [8], 244–247.

[48] BILAK, I. I.: Nahrungsquellen (Zooplankton) des Terebljansker Stausees und anderer Gebirgsgewässer im Flußsystem der Tereblja (Russisch). Dokl. i soobšč. Užgorodsk. univ., Ser. biol. 1961 (4), 50–54.

[49] Biologische Grundlagen der Inkubationszeit des Laichs der störartigen Fische unter den Bedingungen der künstlichen Aufzucht (Russisch). Tr. Inst. morf. živ. AN SSSR **37**. Moskva 1961. 220 S.

[50] Biozönosen des Aufwuchses als Biovernichter (Ein neues Verfahren zur Vorreinigung des Wassers für die Wasserversorgung) (Russisch). Izd. Mosk. univ., Moskva 1961. 363 S.

[51] BITJUKOV, E. P.: Über die Vertikalverteilung des Zooplanktons im Novosibirsker Stausee (Russisch). Tr. Biol. inst. Sibirsk. otdel. AN SSSR 1961 (7), 103–107.

[52] BITJUKOV, E. P.: Ein neues Modell eines Planktonschöpfers (Russisch). Tr. Vsesojuzn. gidrobiol. obšč. 1961, **11**, 419–423.

[53] BLAGOVIDOVA, L. A.: Untersuchungen über die Verteilung der Fische in der Moložsker Bucht des Rybinsker Stausees (Russisch). Tr. Darvinsk. gos. zapovednika 1961 (7), 247 bis 276.

[54] BLAGOVIDOVA, L. A.: Die Besonderheiten der Ausbildung des Benthos im Novosibirsker Stausee (Russisch). Im Sammelband vgl. [8], 153–155.

[55] BLAGOVIDOVA, L. A.: Die Ausbildung des Benthos im Novosibirsker Stausee in der Periode seines Anstaus (Russisch). Tr. Biol. inst. Sibirsk. otdel. AN SSSR 1961 (7), 91–102.

[56] BOGAČEV, V. V.: Materialien zur Geschichte der Süßwasserfauna Eurasiens (Russisch). Izd. AN USSR. Kiev 1961. 403 S.

[57] BOGOSLOVSKIJ, A. S.: Die Verteilung der Rotatorien in einem Flußabschnitt der Kljaz'ma, seinen Zuflüssen und einem Flußstau oberhalb eines Wehres (Russisch). Tr. Vsesojuzn. gidrobiol. obšč. 1961, 11, 54–81.

[58] BOGOSLOVSKIJ, A. S.: Systematik, geographische Verbreitung und Fundplätze der Rotatorien *Brachionus nilsoni* AHLSTROM und *B. bennini* (LEISSLING) (Russisch mit engl. Zus.-fass.). Zool. Ž. 1961, 40 (4), 602–604.

[59] BOGOSLOVSKIJ, B. B. & Mitarbeiter: Über das hydrologische Regime und die Ausbildung der Ichthyofauna des Možajsker Stausees (nach Daten des Jahres 1960) (Russisch). Vestnik Moskovsk. univ. Geografija 1961 (3), 38–45.

[60] BOJKO, E. G. & E. A. KALINKINA: Über die Aufzucht von Jungstören verschiedener Gewichtsgruppen (Russisch). Ryb. choz. 1961 (4), 18–22.

[61] BOLDINA, I. K.: Über die Nahrung des Sterlets im Gor'kovsker Stausee (Russisch). Tr. Inst. vodochranilišč AN SSSR 1961, 4 (7), 273–280.

[62] BORISOV, P. G. & G. V. NIKOL'SKIJ: Die Hauptzüge der Entwicklung der einheimischen biologischen fischwirtschaftlichen Forschung in den letzten 100 Jahren (Russisch mit engl. Zus.fass.). Zool. Ž. 1961, 40 (8), 1227–1239.

[63] BORUCKIJ, E. V.: Über die Futtergrundlage und Futterversorgung der Fische (Russisch). Tr. Soveśč. Ichtiol. komiss. AN SSSR 1961 (13), 67–77.

[64] BORUCKIJ, E. V. & I. I. GIRSA: Zur Methodik der Bestimmung der Größen-Gewichts-Charakteristik wirbelloser Organismen, die als Fischnahrung dienen. 4. Beitrag (Russisch). Vopr. ichtiol. 1961, 17, 150–158.

[65] BORUCKIJ, E. V. & I. I. GIRSA: Zur Methodik der Bestimmung der Größen-Gewichts-Charakteristik wirbelloser Organismen, die als Fischnahrung dienen. 5. Beitrag (Russisch). Vopr. ichtiol. 1961, 1 (2) 19, 354–362.

[66] BRAGINSKIJ, L. P.: Über den Zusammenhang zwischen dem Bestand des Teich-Phytoplanktons und der Auswirkung seiner „Gewichtigkeit" unter den biogenen Elementen (Russisch). Im Sammelband vgl. [37], 139–147.

[67] BRJUCHATOVA, A. L.: Der Einfluß der Verschlammung des Grundes und der Oxydationsbedingungen auf den Bestand des Mikrobenthos im Fluß Desna (Russisch). In: Biocenosy obrastanij v kačestve biopoglotitelja (Die Biozönosen des Aufwuchses als Biovertilger), 235–345. Izd. Mosk. univ., Moskva 1961.

[68] BUKAREV, A. I. & G. F. KOSTAREV: Über Größe und Wachstum des Blei im Kamsker Stausee (Russisch). Vopr. ichtiol. 1961, 17, 68–74.

[69] BURMAKIN, E. V.: Die absolute Anzahl des Barsches und seine Ichthyomasse in kleinen Seen (Russisch). Tr. Soveśč. ichtiol. komiss. AN SSSR 1961 (13), 235–237.

[70] BURMAKIN, E. V.: Einige Fragen zur Theorie der Akklimatisation der Süßwasserfische (Russisch mit engl. Zus.fass.). Zool. Ž. 1961, 40 (9), 1385–1394.

[71] BURNAŠEV, M. S.: Gebietskonferenz über die Typologie und über die biologischen Grundlagen der fischwirtschaftlichen Nutzung der Binnengewässer der südlichen Zonen der UdSSR. Kišinev, 24.–28. Okt. 1960 (Russisch). Vopr. ichtiol. 1961, 1 (2), 374–376.

[72] BUTORINA, L. G.: Das Phytoplankton des Ivan'kovsker Stausees in den Jahren 1954–1956 (Russisch). Tr. Inst. biol. vodochranilišč AN SSSR 1961, 4 (7), 20–33.

[73] BUSUEVA, N. P.: Der Zustand der Lachs-Laichflüsse und die Arbeit der Kontrollstationen (Russisch). Im Sammelband: Ochrana prirody KomiASSR (Naturschutzkommission der ASSR), 113–116. Syktyvkar 1961.

[74] BYKOV, N. E.: Materialien zur Einbürgerung von Fischen und wirbellosen Nahrungstieren im Aral-See (Russisch). Im Sammelband: Trudy Konferencii po rybnomu chozjajstvu respublik Srednej Azii i Kazachstana 1958 (Arbeiten der Konferenz über die Fischwirtschaft der Republiken Mittelasiens und Kazachstans 1958), 45–50. Izd. AN Kirg. SSR. Frunze 1961.

[75] Bykov, N. E.: Materialien zur Biologie des Strömlings *Clupea harengus membras* (L.) im Aral-See (Russisch). Sbor. rabot po ichtiol. i gidrobiol. AN Kazachsk. SSR 1961 (3), 185 bis 196.

B

[76] Vadze, Dz.: Anwachsen der Biomasse von Bodentieren in den Moorwasserteichen der Teichwirtschaft Ekabpils bei komplexer Düngung (Russisch). Tr. Inst. biol. AN Latvijsk. SSR 1961, **19**, 35—54.

[77] Vajnštejn, B. A.: Wassermilben des Rybinsker Stausees und der angrenzenden Gewässer, 3. Mitteilung (Russisch). Bjull. Inst. biol. vodochranilišč AN SSSR 1961 (11), 17—18.

[78] Varlamov, E. V.: Anzahl der Bakterien und ihre Biomasse im Wasser der Volga während der Errichtung des Kujbyševsker Stausees (Russisch). Tr. Kujbyševsk. medinst. 1961, **17**, 167—174.

[79] Vasil'eva, G. L. & G. L. Okuneva: Versuche zur Zucht des Rädertiers *Brachionus rubens* Ehrbg. als Futter für Jungfische (Russisch). Vopr. ichtiol. 1961, **1** (4/21), 752—761.

[80] Vasnecov, V. V.: Über das Verhalten teilweise wandernder Fische auf Laichplätzen (Russisch). Tr. Astrachansk. gos. zapovednika 1961 (5), 163—179.

[81] Vaškjavičene, G. K.: Einige Angaben zur Biologie junger Zuchtkarpfen in der Seengruppe Meteljaj (Litauisch mit russ. Zus.fass.). Tr. AN Litovsk. SSR, Ser. V 1961 (1/24), 149—154.

[82] Vaščenko, D. M.: Über die Vermehrung der Karausche im Kachovsker Stausee (Russisch mit engl. Zus.fass.). Zool. Ž. 1961, **40** (5), 725—729.

[83] Verigin, B.: Der Schlangenkopf (*Ophiocephalus*) in der Umgebung von Moskva (Russisch). Rybovodstvo i rybolovstvo 1961 (4), 26.

[84] Verigin, B. V.: Ergebnisse der Arbeiten zur Einbürgerung fernöstlicher pflanzenfressender Fische und Maßnahmen zu ihrer weiteren Beobachtung und Erforschung in neuen Gebieten (Russisch). Vopr. ichtiol. 1961, **1** (1/18), 640—649.

[85] Vertebnaja, P. I.: Einige bestimmende Faktoren für die Intensität der Photosynthese der Wasserpflanzen (Russisch). Im Sammelband vgl. [37], 356—360.

[86] Veršinin, N. V.: Die Ernährung der jungen Maränen in der Unteren Lena (Russisch). Vopr. ichtiol. 1961, **1** (3/20), 542—551.

[87] Vilene, V. V. & B. K. Bagdžjus: Versuch einer Aufzucht junger Baltischer Lachse in den Teichen der Fischzucht Voka (Russisch). Tr. AN Litovsk. SSR, Ser. V 1961 (1/24), 155—159.

[88] Vinberg, G. G.: Der gegenwärtige Stand und die Aufgaben der Untersuchung der Primärproduktion der Gewässer (Russisch). Im Sammelband vgl. [37], 11—23.

[89] Vinberg, G. G. & P. V. Ostapenja: Biologische Teiche bei der praktischen Abwasserreinigung (Russisch). Im Sammelband: Očistka stočnych vod v biologičeskich prudach (Die Reinigung von Abwässern in biologischen Teichen), 3—42. Izd. AN BSSR, Minsk 1961.

[90] Vinberg, G. G. & Mitarbeiter: Methoden zur Bestimmung des Chlorophyllgehalts im Plankton und einige Ergebnisse ihrer Anwendung (Russisch). Im Sammelband vgl. [37], 231 bis 240.

[91] Vineckaja, N. I.: Die Primärproduktion des nördlichen Kaspij-Sees (Russisch). Im Sammelband vgl. [37], 52—59.

[92] Višneveckij, F. E.: Pathomorphologie der Fischvergiftung durch Phenol und wasserlösliche Komponenten von Rohöl, Steinkohlenteer und Erdölrückständen (Russisch). Tr. Astrachansk. gos. zapovednika 1961 (5), 350—352.

[93] Višnjakova, R. I.: Der Einfluß des Absinkens des Wasserspiegels im Kujbyševsker Stausee auf die Überwinterung des Karpfens (Russisch). Im Sammelband vgl. [8], 221—222.

[94] Vladimirov, V. I.: Die Vermehrung von Heringsartigen und Stören unter den Verhältnissen des regulierten Flusses (Russisch). Tr. Sovešč. Ichtiol. komiss. AN SSSR 1961 (13), 277—282.

[95] VLADIMIROV, M. Z.: Perspektiven der Zucht des Sterlet im Dubossarsker Stausee (Russisch). Im Sammelband: Voprosy gidrobiologii i ichtiologii vodoemov Moldavii (Fragen der Hydrobiologie und Ichthyologie der Gewässer Moldaviens), 32–39. Izd. „Štiinca", Kišinev 1961.

[96] VLADIMIROVA, K. S.: Über eine neue Blaualgenart *Oscillatoria ucrainica* sp. n. (Ukrainisch mit engl. Zus.fass.). Ukrain'sk. bot. Ž. 1961, **18** (1), 96–98.

[97] VLADIMIROVA, K. S.: Ein verbessertes Gerät zur Entnahme von Proben des Phythomikrobenthos (Ukrainisch). Ukrain'sk. bot. Ž. 1961, **18** (2), 81–83.

[98] VLADIMIROVA, K. S.: Das Phytomikrobenthos der Gewässer des Donaugebiets (Russisch mit engl. Zus.fass.). Tr. Inst. gidrobiol. AN USSR 1961 (36), 242–263.

[99] VLASOV, B. V.: Erhöhung der Vermehrungsrate der Wirtschafts-Mollusken (Gattung *Unio*) im Zusammenhang mit der Frage der Schaffung von Rohstoffquellen an Perlmutt in unseren Binnengewässern. 2. Die Intensivierung der natürlichen Infektion der Fische in den Gewässern mit Muschellarven (Glochidien) (Russisch). Tr. Vsesojuzn. gidrobiol. obšč. 1961, **11**, 406–410.

[100] VLASOV, B. V. & L. V. EROCHINA: Erhöhung der Vermehrungsrate der Wirtschafts-Mollusken (Gattung *Unio*) im Zusammenhang mit der Frage der Schaffung von Rohstoffquellen an Perlmutt in unseren Binnengewässern. 1. Aufgaben und Arbeitsmethoden (Russisch). Tr. Vsesojuzn. gidrobiol. obšč. 1961, **11**, 394–405.

[101] Vodochranilišča SSSR i ich rybochozjajstvennoe značenie (Die Stauseen der UdSSR und ihre fischwirtschaftliche Bedeutung). Izd. Gos. NIORCH, Leningrad 1961. 456 S. (Izv. Gos. naučno-issledov. inst. ozern. i. rečn. ryb. choz. **50**).

[102] VOLKOVA, A. P.: Anwachsen der Biomasse des Zooplanktons in den Moorwasserteichen der Teichwirtschaft Ekabpils bei komplexer Düngung (Russisch). Tr. Inst. biol. AN Latvijsk. SSR 1961, **19**, 55–70.

[103] VOLKOVA, A. P.: Artenzusammensetzung und Dynamik des Zooplanktons in den Teichen des Fischzuchtbetriebes „Mušas" (Russisch). Tr. Inst. biol. AN Latvijsk. SSR 1961, **19**, 109–126.

[104] VOLKOVA, N. S. & M. A. DANILOV: Längenmaße und Durchschnittsgewicht des Kaspischen Blei (Russisch). Tr. Kaspijsk. naučno-issledov. inst. morsk. ryb. choz. i okeanogr. 1961, **16**, 72–80.

[105] VOLODIN, V. M.: Über Unterschiede bei den Geschlechtsprodukten des Blei des Rybinsker Stausees (Russisch). Bjull. Inst. biol. vodochranilišč AN SSSR 1961 (11), 28–32.

[106] VOLODKIN, A. V.: Die biologischen Grundlagen der Entwicklung der Fischwirtschaft des Aral-Sees (Russisch). Im Sammelband vgl. [74], 5–20.

[107] VOLODKIN, A. V.: Über die Entwicklung der Fischwirtschafts-Wissenschaft des Aral-Sees (Russisch). Sbor. rabot po ichtiol. i gidrobiol. AN Kazachsk. SSR 1961 (3), 10–44.

[108] Voprosy gidrobiologii i ichtiologii vodoemov Moldavii (Fragen der Hydrobiologie und Ichthyologie der Gewässer Moldaviens). Izd. „Štiinca", Kišinev 1961, 80 S. (Inst. zool. AN Moldavsk. SSR.)

[109] Voprosy prudovogo rybovodstva (Fragen der Teich-Fischwirtschaft). Piščepromizdat, Moskva 1961, 159 S. (Tr. Vserossijsk. naučno-issledov. inst. prud. ryb. choz. **10**).

[110] Voprosy ekologii ryb. Sbornik rabot (Fragen der Ökologie der Fische. Eine Sammlung von Arbeiten). Izd. AN SSSR, Moskva 1961, 182 S. (Tr. Inst. morfol. živ. AN SSSR 39).

[111] Vosproizvodstvo rybnych zapasov v Kubanskich limanach i na Donu (Der Aufbau von Fischbeständen in den Kuban-Mündungen und im Don). Piščepromizdat, Moskva 1961, 202 S. (Tr. Azovsk. naučno-issledov. inst. ryb. choz. 4).

[112] VOTINCEV, K. K.: Einige hydrochemische Daten für die Produktivität des Bajkal (Russisch). Im Sammelband vgl. [37], 116–121.

[113] VOTINCEV, K. K.: Über die Rolle der photosynthetischen Belüftung im Kreislauf der organischen Stoffe des Bajkal-Sees (Russisch). Dokl. AN SSSR 1961, **139** (1), 211–213.

[114] VOTNOV, N. P. & V. S. JUCHNEVA: Die Geschlechtsreife des Sibirischen Störs nach der Unterbrechung seiner Laichwanderung (Russisch). Ryb. choz. 1961 (3), 39–41.

[115] Vsesojuznoe soveščanie po kul'tivirovaniju odnokletočnych vodoroslej. Leningrad, 6–11 marta 1961 g (Allunions-Konferenz über die Kultivierung einzelliger Algen, Leningrad, 6.–11. März 1961). Fiziol. rastenij 1961, **8** (4), 518–520.

Г

[116] GAVRILOV, G. B.: Zur Kenntnis des Zoobenthos des Flusses Kama zwischen Perm und Krasnokamsk (Russisch). Im Sammelband vgl. [8], 134–136.

[117] GAVRILOV, G. B.: Über die Bildung der Bodenfauna künstlicher Stauseen und über einige Fragen der Evolutionstheorie, die mit diesem Prozeß zusammenhängen (Russisch). Ž. obšč. biol. 1961, **22** (3), 233–240.

[118] GAJLE, R. & I. KALNINJA: Wachstum und Ernährung der jungen Lachse und Meerforellen in den Flußsystemen der Gauja und Salaca (Lettisch mit engl. Zus.fass.). Uč. zapiski Latvijsk. gos. univ. 1961, **39**, 29–46.

[119] GAJNIEV, S. S.: Beobachtungen über die Vermehrung einiger Wirtschaftsfische im zentralen Teil des Kujbyševsker Stausees (Russisch). Uč. zapiski Ul'janovsk. pedag. inst. 1961, **17** (6), 37–53.

[120] GAK, D. Z.: Das Bakterioplankton des Unterlaufs der Donau (im Gebiet der UdSSR) (Russisch mit engl. Zus.fass.). Tr. Inst. gidrobiol. AN USSR 1961 (36), 50–69.

[121] GALAKTIONOVA, E. L.: Materialien zur Biologie der Aral-Barbe (Russisch). Sbor. rabot po ichtiol. i gidrobiol. AN Kazachsk. SSR 1961 (3), 202–213.

[122] GAMBARJAN, M. E.: Über die Produktion des Phytoplanktons und der chemoautotrophen Bakterien im Sevan-See (Russisch). Im Sammelband vgl. [37], 219–222.

[123] GAPONENKO, V. I.: Über die Möglichkeit der Bestimmung der Intensität der Photosynthese nach dem Chlorophyllgehalt (Russisch). Dokl. AN BSSR 1961, **5** (7), 311–314.

[124] GASILINA, M. M.: Von Wasserpflanzen ausgeschiedene biologisch aktive Stoffe als Faktor der bakteriellen Selbstreinigung der Gewässer (Russisch). Im Sammelband vgl. [37], 345–349.

[125] GASYMOV, E. CH. & CH. B. BABAJEV: Die Bodenfauna der unteren Schleuse des Mingečaursker Stausees (Azerbajdžanisch mit russ. Zus.fass.). Dokl. AN Azerbajdžansk. SSR 1961, **17** (2), 147–150.

[126] GAUMIGA-ŠNEJDERE, R.: Biologie und morphologische Besonderheiten des Blei (*Abramis brama* L.) der Seen Silvers und Dridza (Lettisch mit engl. Zus.fass.). Uč. zapiski Latvijsk. gos. univ. 1961, **39**. 129–147.

[127] GERD, S. V.: Der Einfluß von Moorwasser auf die Fauna und Flora der Seen (Russisch). Uč. zapiski Karel'sk. pedag. inst. 1961, **11** (2), 3–14.

[128] Gidrobiologičeskie issledovanija Volgi (Hydrobiologische Untersuchung der Volga). Izd. Kujb. medinst., Kujbyšev 1961, 176 S. (Tr. Kujbyševsk. medinst. **16**).

[129] GINZBURG, JA. I.: Über die Gründe der Schwankungen der Jungfischbestände im Cimljansker Stausee (Russisch). Im Sammelband vgl. [8], 232–234.

[130] GIRSA, I. I.: Die Zugänglichkeit der Nahrungstiere einiger Fische bei unterschiedlichen Lichtverhältnissen (Russisch). Tr. Sovešč. Ichtiol. komiss, AN SSSR 1961 (13), 355–359.

[131] GONČAROV, A. I.: Zur Frage der Bildung der Ichthyofauna im Orto-Tokajsker Stausee (Oberlauf des Flusses Ču) (Russisch). Izv. AN Kirgizsk. SSR, Ser. biol. nauk 1961, **3** (1), 125–128.

[132] GONČAROV, A. I. & M. V. PAVLOVA: Die Möglichkeiten der Bildung einer Ichthyofauna im See Son-Kul' (Russisch). Izv. AN Kirgizsk. SSR, Ser. biol. nauk 1961, **3** (1), 129–138.

[133] GORBAČ, E. N.: Alterszusammensetzung, Größe und Zeitpunkt der Geschlechtsreife des Weißen Amur [*Ctenopharyngodon idella* (VAL.)] und des Schwarzen Amur [*Mylopharyngodon piceus* (RICH.)] im Flußsystem des Amur (Russisch). Vopr. ichtiol. 1961, **1** (1/18), 119–126.

[134] GORBUNOV, K. V.: Jahresgang der Entwicklung der Mikroben in den Gewässern des unteren Volga-Deltas (Russisch). Im Sammelband vgl. [37], 369–373.

[135] GORBUNOV, K. V. & A. A. KOSOVA: Nahrungsverhältnisse der Jungfische in einem Deltabecken der unteren Volga (Russisch). Tr. Astrachansk. gos. zapovednika 1961 (5), 86–150.

[136] GORBUNOVA, N. P.: Der Geschlechtsprozeß bei *Asteromonas gracilis* ARTARI (Russisch). Bot. Ž. 1961, **46** (7), 993–998.

[137] GORDEEV, O. N.: Die benthischen Nahrungsvorräte und ihre Verteilung in den Humusgewässern Südwest-Kareliens (Russisch). Uč. zapisti Karel'sk. pedag. inst. 1961, **11** (2), 47–71.

[138] Gordeev, O. P. & Z. I. Filimonova: Über das Zooplankton einiger Humusgewässer Südwest-Kareliens (Russisch). Uč. zapiski Karel'sk. pedag. inst. 1961, **11** (2), 72–83.

[139] Gordeeva, L. N.: Das Zooplankton des Sees Sandal (Russisch). Uč. zapiski Karel'sk. pedag. inst. 1961, **11** (2), 117–127.

[140] Gordeeva-Perceva, L. I.: Die Bodenfauna des Sandal'sker Stausees (Russisch). Uč. zapiski Karel'sk. pedag. inst. 1961, **11** (2), 106–116.

[141] Gordon, L. M.: Über die Produktion von Fischzucht-Material (Rusisscb). Im Sammelband: Ispol'zovanie prudov dlja intensivnogo rybovodstva (Die Ausnutzung der Teiche für eine intensive Fischwirtschaft). Izd. Min-va s/ch SSSR, Moskva 1961, 45–60.

[142] Gorjunova, A.: Die Silberkarausche in den Teichen des Celinnsker Gebietes (Russisch). Rybovodstvo i rybolovstvo 1961 (5), 27–28.

[143] Gorjunova, A. I.: Über die Farbe des Bauchfells der Karausche als taxonomisches Merkmal (Russisch). Dokl. AN SSSR 1961, **136** (1), 245–246.

[144] Gorjunova, S. V.: Methoden der Lumineszenzanalyse bei der Erforschung der Fragen der Primärproduktion (Russisch). Im Sammelband vgl. [37], 256–261.

[145] Gorjunova, S. V. & G. N. Ryžanova: Stand und Entwicklungsperspektiven der lumineszenzanalytischen Methoden in der Hydrobiologie (Russisch). Uspechi sovrem. biol. 1961, **51** (3), 369–378.

[146] Greze, V. N.: Über die Vereinheitlichung fischwirtschaftlicher Forschungen in Stauseen (Russisch). Im Sammelband vgl. [8], 109–113.

[147] Gribanov, L. V.: Die Ausnutzung der Teiche für eine intensive Fischwirtschaft (Russisch). Izd. Min-va s/ch SSSR, Moskva 1961, 74 S. (VASCHNIL, Vserossijsk. naučno-issledov. inst. prudov. ryb. choz.)

[148] Gribanov, L. V. & L. M. Gordon: Die Steigerung der Intensivierung, das Hauptproblem in der Entwicklung der Teich-Fischwirtschaft der UdSSR (Russisch). Im Sammelband vgl. [141], 3–6.

[149] Grigor'eva, M. B.: Der Tag-Nacht-Rhythmus des Gasaustausches bei der jungen Zährte (*Vimba*) und Schemaja (*Chalcalburnus*) (Russisch). Uč. zapiski Karel'sk. pedag. inst. 1961, **11** (2), 138–196.

[150] Grigjalis, A. I.: Die Oligochaetenfauna und die Dynamik der Anzahl und der Biomasse von *Ilyodrilus hammoniensis* Mich. und *Psammoryctes barbatus* (Grube) im See Disnaj (Russisch). Tr. AN Litovsk. SSR, Ser. V 1961 (3/26), 145–152.

[151] Grimal'ski, V. L.: Zur Frage der Rhythmik der Ernährung des jungen Karpfens (Russisch). Tr. Kišinevsk. sel'sko-choz. inst. 1961, **25**, 141–149.

[152] Grimal'ski, V. L. & S. N. Tjutjunik: Die Rolle des Sauerstoff-Faktors beim Aufzuchtverfahren einsömmriger Karpfen für den Handel (Russisch). Tr. Kišinevsk. sel'sko-choz. inst. 1961, **25**, 133–140.

[153] Grinevskij, A. M.: Der Erfolg der Inventarisierung der Kolchoz- und Sovchoz-Teiche des Moskauer Bezirks und die Perspektiven ihrer Nutzung zur Fischzucht (Russisch). Dokl. Moskovsk. sel'sko-choz. akad. im. K. A. Timirjazeva 1961 (69), 175–181.

[154] Gromov, V. V.: Die Hydrofauna des überstauten Gehölzes der Sylvensker Bucht des Kamsker Stausees (Russisch mit engl. Zus.fass.). Zool. Ž. 1961, **40** (3), 309–317.

[155] Gudimovič, P. K.: Der Blei des Sees Imnati (Russisch). Vopr. ichtiol. 1961, 1 (3/20), 435–438.

[156] Gumerov, R.: Der Transport von Fischen in einem geschlossenen Gefäß mit Sauerstoff (Russisch). Rybovodstvo i rybolovstvo 1961 (4), 16–17.

[157] Gun'ko, A. F.: Die Bodenfauna der Volga im Bereich des Gor'kovsker Stausees vor dessen Errichtung (Russisch). Tr. inst. biol. vodochranilišč AN SSSR 1961, **4** (7), 178–186.

[158] Gun'ko, A. F. & Mitarbeiter: Die Aufzucht der Störartigen bei Temperaturregelung während der Inkubationszeit (Russisch). Dokl. AN SSSR 1961, **141** (6), 1512–1514.

[159] Gurvič, V. V.: Über die Bildung der Mikrofauna des Benthos im oberen Teil des Kachovsker Stausees (Russisch). Nauč. dokl. vysš. školy, Biol. nauki 1961 (3), 18–20.

[160] Gurvič, V. F.: Über die Einbürgerung von Wirtschaftsfischen im See Kara-Kul' (Pamir) (Russisch). Vopr. ichtiol. 1961, 1 (2), 281–285.

[161] Gusev, A. G.: Die Auswirkung gewerblicher Abwässer auf die Fischwirtschaft in den Stauseen (Russisch). Izv. Gos. naučno-issledov. inst. ozern. i rečn. rybn. choz. 1961, **50**, 411–428.

[162] GUSEV, M. V.: Blaualgen (Russisch). Mikrobiologija 1911, **30**, (6), 1108–1128.
[163] GUSEVA, K. A.: Die Entwicklung des Phytoplanktons im Gewässer beeinflussende Faktoren (Russisch). Im Sammelband vgl. [37], 301–307.

Д

[164] DAVYDOVA, N. N.: Zur Charakteristik der Diatomeen der Bodensedimente des Ladoga-Sees (Russisch). Bot. Ž. 1961, **46** (5), 722–726.
[165] DAVYDOVA, N. N.: Versuch einer Gliederung der oberen Schicht der Bodensedimente des Ladoga-Sees auf Grund der Diatomeen-Gemeinschaften (Russisch). Izv. Vsesojuzn. geograf. obšč. 1961, **93** (3), 211–223.
[166] DAIRBAEV, M.: Über die Bildung der Ichthyofauna im Džezkazgansker Stausee (Russisch). Im Sammelband vgl. [74], 73–76.
[167] DEDJU, I. I.: Zur Frage des Bestandes und der Verbreitung der Amphipoden Moldaviens (Russisch). Im Sammelband vgl. [95], 10–18.
[168] DEDJU, I. I. & O. I. VAL'KOVSKAJA: Materialien zur Fauna des Ripals (Fluß-Uferzone, ŽADIN) des Flusses Prut (Russisch). Im Sammelband vgl. [95], 19–23.
[169] DEKSBACH, N. K.: Benthos und Pflanzengürtel des Flußsystems der Moskva im Gebiet von Rublev im Jahre 1940. Im Sammelband vgl. [67], 32–42.
[170] DEKSBACH, N. K.: Der Einfluß der säkularen Wasserstandsschwankungen auf die Hydrobionten in den Gewässern der Kurorte West-Sibiriens. Der See Gor'koe im Kurgansker Bezirk des Šučansker Gebiets (Russisch). Tr. Vsesojuzn. gidrobiol. obšč. 1961, **11**, 162–170.
[171] DEMENT'EVA, T. F. & Mitarbeiter: Über die Gesetzmäßigkeiten der Dynamik der Fischpopulationen (Russisch). Tr. Sovešč. Ichtiol. komiss. AN SSSR 1961 (13), 7–20.
[172] DEN'GINA, R. S.: Das Zooplankton des Schärenabschnitts des Ladoga-Sees (Russisch). Tr. Laborat. ozerovedenija 1961, **12**, 236–266.
[173] Dejatel'nost' sekcii ichtiologii i gidrobiologii Moskoskovo obščestva ispytatelej prirody za pervuju polovinu 1961 g (Die Tätigkeit der Sektion Ichthyologie und Hydrobiologie der Moskauer Gesellschaft für Naturschutz im ersten Halbjahr 1961). Bjull. Moskovsk. obšč. ispyt. prir. Otdel. biol. 1961, **66** (5), 152–154.
[174] DOMANEVSKIJ, L.: Fähigkeit des Hechtes zur Auswahl bei der Nahrungsaufnahme (Russisch). Rybovodstvo i rybolovstvo 1961 (3), 23.
[175] DORMIDONTOV, A. S.: Die Besonderheiten der Verteilung der Lena-Maränen auf ihren Weideplätzen (Russisch). Vopr. ichtiol. 1961, **1** (3/20), 453–461.
[176] DOROŠIN, G. JA.: Der erste Laichgang des Azovsker Kutum (*Rutilus frisii kutum*) (Russisch). Ryb. choz. 1961 (9), 33–34.
[177] DRABKINA, B. M.: Der Einfluß von Wasser verschiedenen Salzgehalts auf die Lebensfähigkeit von Sperma, Eiern und Larven des Störs (Russisch). Dokl. AN SSSR 1961, **138** (2), 492–495.
[178] DREMKOVA, P. P.: Die jahreszeitliche Dynamik des Benthos der Volga bei Dubovka (Russisch). Uč. zapiski Volgogradsk. gos. pedag. inst. 1961 (13), 3–15.
[179] DREMKOVA, P. P. & M. P. MIROŠENIČENKO: Die Bodenfauna der Volga oberhalb des Gebietes Volgograd vor der Abflußregulierung (Russisch). Uč. zapiski Volgogradsk. gos. pedag. inst. 1961 (13), 16–28.
[180] DROGOMIROV, N. I.: Die ökologisch-morphologischen Besonderheiten der Larvenentwicklung des Hausen *Huso huso* (L.) (Russisch). Tr. Inst. morfol. živ. AN SSSR 1961 (33), 72–93.
[181] DRJAGIN, P. A.: Die biologischen Grundlagen einer gezielten Formierung der Fischbestände in Stauseen (Russisch). Im Sammelband vgl. [8], 18–25.
[182] DRJAGIN, P. A.: Die Formierung der Fischbestände in den Stauseen der UdSSR (Russisch). Izv. Gos. naučno-issledov. inst. ozern. i rečn. ryb. choz. 1961, **50**, 382–394.
[183] DUL'KIN, A. L.: Der Wasserchemismus der Seen im südlichen Ural und hinter dem Ural und die Mollusken (Russisch mit engl. Zus.fass.). Zool. Ž. 1961, **40** (10), 1461–1464.
[184] Dunaj i Pridunajskie vodoemy v predelach SSSR (Die Donau und die Gewässer des Donaugebietes innerhalb der UdSSR). Izd. AN USSR, Kiev 1961, 312 S. (Tr. Inst. gidrobiol. AN USSR 36).

[185] Djužikov, A. T.: Die Vermehrung des Winter-Störs im Stauabschnitt des Hydroelektrischen Station an der Volga und die Perspektiven der Auswirkung der Station auf die regulierte Volga (Russisch). Im Sammelband vgl. [8], 256—259.

[186] Djužikov, A. T.: Ergebnisse dreijähriger Beobachtungen der Fische im Stauabschnitt der Lenin-Hydroelektrischen Volgastation (Russisch). Vopr. ichtiol. 1961, **1** (1/18), 69—78.

[187] Djužikov, A. T.: Die Vermehrungsrate der störartigen Fische in der Wolga oberhalb der Volgogradsker Hydroelektrischen Station in den Jahren 1958—1960 (Russisch). Ryb. choz. 1961 (4), 16—18.

E

[188] Evduščenko, A. V.: Die Gesellschaft der höheren Sumpf-Wasserpflanzen der kleinen Flüsse des Gebietes nördlich des Azovschen Meeres (Russisch). Im Sammelband vgl. [6], 350—354.

[189] Evduščenko, A. V.: Über das Phytoplankton der Stauseen des Gebirgsvorlands der Krym (Russisch). Im Sammelband vgl. [8], 137—139.

[190] Evreinova, T. N. & Mitarbeiter: Die Nukleinsäuren der thermophilen Blaualge *Mastigocladus laminosus* Cohn (Russisch). Dokl. AN SSSR 1961, **137** (1), 213—216.

[191] Evseeva, N. G.: Der rheostatische Reflex bei Fischen (Russisch). Uč. zapiski Moskovsk. obl. pedag. inst. 1961, **102**, 43—55.

[192] Egorov, A. G.: Der Bajkal-Stör, *Acipenser baeri stenorrhynchus* natio *baicalensis* A. Nikolski (Systematik, Biologie, Fang, Rohstoffbasis und Bestandsvermehrung) (Russisch). Izd. AN SSSR, Ulan-Ude 1960 (1961), 121 S. (AN SSSR, Sibirsk. otdel. Burjatsk. kompl. naučno-issledov. inst.).

[193] Egorov, A. G. & M. Žamsaran: Der Karlikover Altaj-Osman [*Oreoleuciscus potanini* (Kessler)] des Sees Ubsa-Nor (Russisch). Nauč. dokl. vysš. školy, Biol. nauki 1961 (2), 42—43.

[194] Egorov, A. G. & Mitarbeiter: Beobachtungen über die jahreszeitlichen Änderungen in der Nahrung der Schwarzen Bajkal-Äsche, *Thymallus arcticus baicalensis* Dyb. (Russisch). Tr. Burjatsk. kompl. naučno-issledov. inst. 1960 (1961) (4), 98—107.

[195] Egorova, T. V., F. V. Krogius & Mitarbeiter: Die Gründe für die Bestandsschwankungen des Blaurücken (*Oncorhynchus nerka*) des Flusses Ozernaja (Russisch). Vopr. ichtiol. 1961, **1** (3/20), 439—447.

[196] Erochina, L. V.: Erhöhung der Futterausnutzung des Karpfens durch Vervollkommnung der Methoden der Futterzubereitung (Russisch). Im Sammelband vgl. [141], 28—44.

Ж

[197] Žadin, V. I.: Die Rolle der Primärproduktion bei der Aufklärung der Probleme der hydrobiologischen Prozesse und ihre Anwendbarkeit (Russisch). Im Sammelband vgl. [37], 7—10.

[198] Žadin, V. I. & S. V. Gerd: Flüsse, Seen und Stauseen der UdSSR, ihre Fauna und Flora (Russisch). Učpedgiz, Moskva 1961, 599 S.

[199] Žadin, V. I. & Mitarbeiter: Über die Anwendung der Radiokohlenstoff- und Sauerstoff-Methoden bei der Erforschung der Primärproduktion des Sees Krasavica (Russisch). Im Sammelband vgl. [37], 195—203.

[200] Žakov, L. A.: Versuche zur Bestimmung der Biomasse der Fische in kleinen Seen im Zusammenhang mit der Frage einer Einsetzung von Maränen (Thesen eines Vortrags) (Russisch). Im Sammelband vgl. [6], 324—325.

[201] Ždanova, N. N. & Mitarbeiter: Der Einfluß des Windes auf die Bedingungen der Zucht junger Zander im Fluß Don (Russisch). Ryb. choz. 1961 (8), 19—20.

[202] Želtenkova, M. V.: Der Einfluß der Futterbeschaffenheit auf die Intensität der Nahrungsaufnahme junger Bleie (Russisch). Tr. Azovsk. naučno-issledov. inst. ryb. choz. 1961 (4), 167—189.

[203] Žiteneva, T. S.: Die Ernährung des Blei der Volga-Stauseen (Russisch). Im Sammelband vgl. [8], 156—158.

[204] ŽUKAU, P. I.: Die Artenzusammensetzung der Fische im Einzugsgebiet des Flusses Sož (Weißrussisch). Izv. AN BSSR, Ser. biol. nauk 1961 (2), 73–78.
[205] ŽURAVEL', P. A.: Einige Erwägungen zur Einführung neuer Futtertiere in den Stauseen der Krym (Russisch). Tr. Vsesojuzn. gidrobiol. obšč. 1961, 11, 338–344.
[206] ŽURAVEL', P. A.: Versuch einer Einführung von Futterorganismen für Fische in den Stauseen des Vorgebirges der Krym (Russisch). Im Sammelband vgl. [8], 140–142.
[207] ŽURAVEL', P. A.: Versuch der Bereicherung der Fischfutter-Fauna in den kleinen Flüssen der Steppenzone der Ukraine und der dort gelegenen Stauseen (Russisch). Im Sammelband vgl. [6], 346–350.
[208] ŽURAVEL', P. O.: Eine neue Mysidee *Mesomysis intermedia* im Simferopol'sker Stausee (Ukrainisch mit engl. Zus.fass.). Dopovidi AN URSR 1961 (1), 91–93.

З

[209] ZABOLOCKIJ, A. A.: Die Futtervorräte des Končozero und ihre Ausnutzung durch die Fische (Russisch). Uč. zapiski Karel'sk. pedag. inst. 1961, 11 (2), 84–99.
[210] ZABOLOCKIJ, A. A.: Versuch einer Berechnung des Mikrobenthos in den kleinen Seen Kareliens (Russisch). Uč. zapiski Karel'sk. pedag. inst. 1961, **11** (2), 100–105.
[211] ZAVGORODNJAJA, N. G.: Zwischenbehördliche Konferenz über das Problem „Theoretische Grundlagen einer rationellen Nutzung der Reproduktion und einer Vergrößerung der Fisch- und Nichtfisch-Bestände des Weißen Meeres und der Binnengewässer Kareliens", 8.–10. Dezember 1960 (Russisch). Vopr. ichtiol. 1961, 1 (2), 372–374.
[212] ZAVODOV, L. D.: Teich-Fischwirtschaft (Russisch). Knigoizdat, Volgograd 1961, 55 S.
[213] ZAIKA, V. E.: Zur Frage des Endemismus der Fischparasiten des Bajkal-Sees (Russisch). Dokl. AN SSSR 1961, **141** (1), 236–239.
[214] ZAJCEV, JU. P.: Perspektiven einer Intensivierung der Meeräschenzucht in Strandseen unter Beachtung einiger Besonderheiten der Biologie der Vermehrung der Meeräsche (Russisch). Dopovidi AN URSR 1961 (1), 108–111.
[215] ZAKS, M. G. & M. M. SOKOLOVA: Über die Mechanismen der Adaption an die Schwankungen des Salzgehalts des Wassers beim Blaurücken *Oncorhynchus nerka* (WALB.) (Russisch). Vopr. ichtiol. 1961, 1 (2), 338–346.
[216] ZAUER, L. M.: Kritische Bemerkungen hinsichtlich der Zweckmäßigkeit der Aufrechterhaltung der Gattung *Pseudodichotomosiphon* YAMADA (Vaucheriaceae) (Russisch). Bot. mater. Otd. sporovych rastenij Bot. inst. AN SSSR 1961, **14**, 21–23.
[217] ZACHARENKOV, I. S.: Der Chlorophyllgehalt des Planktons von Seen verschiedener Typen (Russisch). Im Sammelband vgl. [37], 241–242.
[218] ZACHARENKOVA, G. F.: Charakteristik der chemischen Zusammensetzung der Makrophyten-Produktion der Naročansker Seen (Russisch). Im Sammelband vgl. [37], 112–115.
[219] ZEVINA, G. B.: Ausbau der hydrotechnischen Anlagen am Kaspij-See (Russisch). Tr. Inst. okeanol. AN SSSR 1961, **49**, 65–96.
[220] ZEVINA, G. B. & I. V. STAROSTIN: Qualitative und quantitative Veränderungen der Pflanzenbestände im Kaspij-See im Zusammenhang mit der Eröffnung des Volga-Don-Kanals (Russisch). Tr. Inst. okeanol. AN SSSR 1961, **49**, 97–107.
[221] ZEMSKAJA, K. A.: Über den Einfluß des Ernährungszustandes und der Anzahl der Laichfische auf die Menge der Nachkommen des Kaspijschen Bleis (Russisch). Tr. Sovešč. Ichtiol. komiss. AN SSSR 1961 (13), 307–313.
[222] ZERNOV, M. S.: Die Ichthyofauna des Šapsuksker Stausees (Russisch). Bjull. Inst. biol. vodochranilišč AN SSSR 1961 (11), 33–36.
[223] ZEROV, K. K.: Die Wasserpflanzengesellschaft des Kilijsker Deltas der Donau (Russisch mit engl. Zus.fass.). Tr. Inst. gidrobiol. AN USSR 1961 (36), 37–49.

И

[224] IVANOV, S. N.: Einbürgerung von Mysideen im Balchaš-See (Russisch). Ryb. choz. 1961 (10), 22–23.

[225] Ivanov, S. N.: Über das Ergebnis der Einbürgerung der Aral'-Barbe im Balchaš (Russisch). Vestnik Karakalpaksk. filiala AN Uzbeksk. SSR, 1961 (3/5), 32–35.

[226] Ivanova, M. B.: Über den Lebenszyklus von *Diaptomus gracilis* Sars in einem Moorsee (Russisch). Dokl. AN SSSR 1961, **139** (5), 1231–1234.

[227] Ivanova, M. B.: Die Anwendung der Chlorophyll-Methode bei der Untersuchung der Primärproduktion eines dystrophen Sees (Russisch). Im Sammelband vgl. [37], 243–248.

[228] Ivanova, M. N.: Über die Ernährung der Ziege (*Pelecus cultratus*) im Rybinsker Stausee (Russisch). Bjull. Inst. biol. vodochranilišč AN SSSR 1961 (10), 38–41.

[229] Ivanova, O. N.: Biologische Charakteristik des Aral'-Wildkarpfens (Russisch). Sbornik rabot po ichtiol. i gidrobiol. AN Kazachsk. SSR 1961 (3), 171–184.

[230] Ivlev, V. S.: Versuch der Beurteilung der Energienutzung in einem Einzelglied der Nahrungskette (Russisch). Im Sammelband vgl. [37], 374–380.

[231] Ivlev, V. S.: Prinzip einer mathematischen Formulierung der Dynamik der marktreifen Fischpopulationen (Russisch). Tr. Sovešč. Ichtiol. komiss. AN SSSR 1961 (13), 185–193.

[232] Ivlev, V. S. & V. M. Ivasik: Materialien zur Biologie der Bergflüsse des sowjetischen Gebietes hinter den Karpaten (Russisch). Tr. Vsesojuzn. gidrobiol. obšč. 1961, **11**, 171–188.

[233] Il'ina, L. K. & A. T. Poddubnyj: Über einige Gesetzmäßigkeiten der Dynamik der Nutzfisch-Schwärme im Rybinsker Stausee (Russisch). Tr. Sovešč. Ichtiol. komiss. AN SSSR 1961, **13**, 374–380.

[234] Ioganzen, B. G. & A. N. Gundrizer: Bestimmungsmethoden der Bestände von Wanderfischen und ihren Nutzungsgrad unter den Bedingungen des Stromes (Russisch). Tr. Sovešč. Ichtiol. komiss. AN SSSR 1961 (13), 457–465.

[235] Ioganzen, B. G. & A. N. Petkevič: Neue Fische West-Sibiriens (Russisch). Novosibirsk 1961, 52 S. (Vsesojuzn. obšč. sodejstvija ochr. prirody i ozelen. nasel. punktov. Novosibirsk. obl. otdel).

[236] Ioganzen, B. G. & Mitarbeiter: Einige Fragen der fischwirtschaftlichen Nutzung der Stauseen Sibiriens (Russisch). Im Sammelband vgl. [8], 185–189.

[237] Ioffe, C. I.: Zur Frage der Vergrößerung der Futterbasis in den Seen des Nordwestens (Russisch). Im Sammelband vgl. [6], 325–331.

[238] Ioffe, C. I.: Die Formierung der Bodenfauna in den Stauseen der UdSSR und Versuch einer Klassifizierung (Russisch). Izv. Gos. naučno-issledov. inst. ozern. i rečn. ryb. choz. 1961, **50**, 341–381.

[239] Isaev, A. I.: Die fischwirtschaftliche Nutzung der Stauseen (Russisch). Im Sammelband vgl. [8], 11–17.

K

[240] Kabanov, N. M.: Makrophyten und Plankton der regulierten Gewässer (Russisch). Im Sammelband: Gigiena vodochranilišč (Hygiene der Stauseen). Medgiz, Moskva 1961, 127–132.

[241] Kabanov, N. M.: Über die chemische und sanitär-biologische Rolle der Mikrophyten im Kljaz'minsker Stausee (Russisch). Tr. Vsesojuzn. gidrobiol. obšč. 1961, **11**, 361–369.

[242] Kabanov, N. M.: Die Bestimmung der Phytosynthese und der Biomasse bei sanitären Untersuchungen von Gewässern (Russisch). Im Sammelband vgl. [37], 350–355.

[243] Kagan, C. A.: Sanitäre und hydrochemische Verhältnisse der Gewässer der Zwischenmoränenschichten im Gebiet der biologischen Teiche von Minsk (Russisch). Im Sammelband vgl. [89], 155–168.

[244] Kazančeev, E. N.: Über den möglichen Einfluß der Hybridisierung auf die Bestandsgrößen von Volga-Hering (*Caspialosa volgensis*) und Kaspij-Dickwanst (*Caspialosa caspia* typ.) (Russisch). Tr. Soveščc. Ichtiol. komiss. AN SSSR 1961 (13), 443–444.

[245] Kaler, V. L. & R. Z. Kovalevskaja: Die Bestimmung der Selbstabsorptionskurve bei der Anwendung der Radiokohlenstoff-Methode (Russisch). Im Sammelband vgl. [37], 204–208.

[246] Kančaveli, K.: Für Gruzinien neue Diatomeen-Arten (Gruzinisch mit russ. Zus.fass.). Zametki po sistem. i geogr. rastenij AN Gruzinsk. SSR 1961 (22), 3–7.

[247] Karaeva, N. I.: Diatomeen des Aufwuchses am Westufer des Kaspij-Sees (Russisch). Tr. Inst. okeanol. AN SSSR 1961, **49**, 108–117.

[248] Karmanova, E. M.: Helminthenlarven, gefunden unter Oligochaeten im südwestlichen Teil des Volga-Deltas (Russisch). Tr. Astrachansk. gos. zapovednika 1961 (5), 330—335.

[249] Karpanin, D. P. & N. P. Ušakov: Die Wirkung einer Zugabe von Penicillin und Kobalt zum Futter junger Karpfen (Russisch). Dokl. Moskovsk. sel'sko-choz. akad. im. K. A. Timirjazeva 1961 (61), 163—168.

[250] Karpevič, A. F. & E. N. Bokova: Die in den Jahren 1957—1959 in der UdSSR durchgeführten Umsetzungen von Fischen und aquatischen Wirbellosen (Russisch). Vopr. ichtiol. 1961, 1 (3/20), 552—563.

[251] Kasimov, R. Ju.: Der Tagesrhythmus der Bewegungsaktivität der Arten störartiger Fische und ihrer Hybriden (Russisch mit engl. Zus.fass.). Zool. Ž. 1961, **40** (1), 63—72.

[252] Kasymov, A. G.: Die benthischen Futtervorräte des Varvarinsker Stausees im ersten Jahre seines Bestehens (Russisch). Im Sammelband vgl. [8], 147—149.

[253] Kafanova, V. V.: Materialien zur Systematik des Altaj-Osman aus der Gattung *Oreoleuciscus* Warpachowski (Russisch). Vopr. ichtiol. 1961, 1 (1/18), 9—18.

[254] Kaftannikova, O. G.: Die Intensität der Photosynthese des Aufwuchses und des Mikrophytobenthos des Flusses Moskva (Russisch). Im Sammelband vgl. [67], 221—234.

[255] Kaftannikova, O. G. & Mitarbeiter: Besonderheiten der Entwicklung des Planktons und des Benthos im Cimljansker Stausee (Russisch). Im Sammelband vgl. [8], 128—133.

[256] Kačanova, A. A.: Einige Daten über die Vermehrung von *Dreissena polymorpha* Pallas im Učinsker Stausee (Russisch). Tr. Vsesojuzn. hidrobiol. obšč, 1961, **11**, 117—121.

[257] Kaškin, N. I.: Über den Ausnutzungsgrad höherer Wasserpflanzen durch einige Wirbellose (Phytophage) (am Beispiel des Jachromsker Stausees des Moskva-Volga-Kanals) (Russisch). Tr. Murmansk. morsk. biol. inst. 1961 (3/7), 170—184.

[258] Kipper, Z. M.: Über die Benutzung der Schiffahrtsschleusen der Hydroelektrischen Stationen für den Aufstieg der Fische aus dem Unterlauf in den Stausee (Russisch). Im Sammelband vgl. [8], 239—243.

[259] Kiseleva, E. V.: Zur Morphologie und Biologie der Marinka (*Schizothorax*) des Flußsystems des Zeravšan (Russisch). Tr. Samarkandsk. univ. 1961 (110), 65—77.

[260] Kiselite, G. S.: Die Verbreitung von *Limnocalanus grimaldii* var. *macrurus* (G. O. Sars) in den Seen der Litauischen SSR (Litauisch mit russ. Zus.fass.). Tr. AN Litovsk. SSR, Ser. V 1961 (1/24), 125—132.

[261] Kiselite, T. S.: Das Zooplankton einiger Seen im nordwestlichen Teil Litauens (Russisch.) Tr. AN Litovsk. SSR, Ser. V 1961 (1/24), 111—124.

[262] Koblickaja, A. F.: Der Einfluß der Veränderung einiger Durchschnittsfaktoren auf Charakter und Erfolg des Ablaichens teilweise wandernder Fische in den Unterläufen des Volga-Deltas (Russisch). Tr. Soveśč. ichtiol. komiss. AN SSSR 1961 (13), 265—276.

[263] Koblickaja, A. F.: Die Bedeutung der Deltagewässer der unteren Volga als Laichplatz in Abhängigkeit vom Charakter der hydrologischen Verhältnisse (Russisch). Tr. Astrachansk. gos. zapovednika 1961 (5), 180—200.

[264] Koblickaja, A. F.: Neue Daten zur Biologie der Grundel *Potamoschistus caucasicus* (Kawrajski) Berg aus dem Außendelta der Volga (Russisch). Vopr. ichtiol. 1961, 1 (2/19), 253—261.

[265] Koval'skij, V. V. & S. V. Letunova: Die Rolle des Phyto- und Zooplanktons der Gewässer beim Kreislauf des Kobalts (Russisch mit engl. Zus.fass.). Zool. Ž. 1961, **40** (6), 809—817.

[266] Kogan, Š. I.: Über die Bildung des Phytoplanktons in den Gewässern des Karakumsker Kanals (Russisch). Izv. AN Turkmensk. SSR, Ser. biol. nauk 1961 (2), 3—12.

[267] Kočov, M. M. & M. V. Tjumencev: Über die biologischen Auswirkungen der Wasserstandsschwankungen des Bajkal (Russisch mit engl. Zus.fass.). Bjull. Moskovsk. obšč. ispytatelej prir., Otd. biol. 1961, **66** (3), 32—39.

[268] Kočova, O. M.: Über periodische Veränderungen in der Entwicklung des Phytoplanktons des Bajkal-Sees (Russisch). Tr. Vsesojuzn. gidrobiol. obšč. 1961, **11**, 28—43.

[269] Kočova, O. M.: Über das Ausfließen von Phytoplankton aus dem Bajkal in die Angara (Russisch). Im Sammelband vgl. [30], 69—76.

[270] Kokin, K. A.: Einige Daten über die Konkurrenz zwischen dem Phytoplankton und den saprophytischen Mikroorganismen im verunreinigten Gewässer (Russisch). Naučn. dokl. vysš. školy. Biol. nauki 1961 (2), 132—134.

[271] KOKINA, A. G.: Die Feststellung einer Verunreinigung unterirdischer Gewässer durch direktes Mikroskopieren (Russisch). Im Sammelband vgl. [89], 169–174.

[272] KOKINA, A. G.: Die Gesamt-Keimzahl des Wassers während der Selbstreinigung des Flusses Svisloč' nach den Daten der direkten Zählung (Russisch). Im Sammelband vgl. [89], 175 bis 182.

[273] KOKINA, A. G. & V. A. LOCHMANENKO: Die Entfernung der Helminthen aus den Abwässern und ihren Ablagerungen in biologischen Teichen (Russisch). Im Sammelband vgl. [89], 126–130.

[274] KOLESNIKOV, P. O. & L. O. EJNOR: Untersuchung über die metallhaltigen Oxydasen bei *Chlorella* (Ukrainisch mit engl. Zus.fass.). Ukrains'k. bot. Ž. 1961, **18** (4), 46–51.

[275] KOLOSOVA, N. N. & Mitarbeiter: Hydrochemische und hydrobiologische Beobachtungen in einigen Stauseen des Kujbyševsker Gebiets (Russisch). Tr. Kujbyševsk. medinst. 1961 **16**, 120–137.

[276] KONOVALOV, P. M.: Biologische Grundlagen der künstlichen Verbreitung der Aral'-Wanderfische Schip (*Acipenser nudiventris*) und Aral-Barbe (*Barbus brachycephalus*) (Russisch). Im Sammelband [74], 21–32.

[277] KONSTANTINOV, A. S.: Die Aufzucht von Chironomiden-Larven ohne Bodenfläche (Russisch). Ryb. choz. 1961 (4), 40–41.

[278] KONSTANTINOV, A. S.: Dynamik der Anzahl und der altersmäßigen Zusammensetzung der Populationen der hauptsächlichsten Vertreter der Familie Chironomidae der Volga bei Saratov (Russisch). Naučn. dokl. vysš. školy. Biol. nauki 1961 (2), 23–29.

[279] KONSTANTINOV, A. S.: Über die Ernährung einiger räuberischer Larven der Chironomidae (Russisch). Vopr. ichtiol. 1961, **1** (3/20), 570–582.

[280] KONSTANTINOVA, N. A.: Die Bedeutung der Hochwasserperiode für die jahreszeitliche Dynamik in der Biologie einiger Fischarten der Unteren Volga (Russisch). Tr. Sovešč. ichtiol. komiss. AN SSSR 1961 (13), 420–426.

[281] KONSTANTINOVA, N. S.: Über das Wachstumstempo der Cladoceren und die Bestimmung ihrer Produktion (Russisch). Vopr. ichtiol. 1961, **1** (2/19), 363–367.

[282] KONURBAEV, A. O.: Aufzuchtsversuch junger Issyk-kul'sker Nackter Osmane (*Diptychus dybowskii*) unter künstlichen Bedingungen (Russisch). Izv. AN Kirgizsk. SSR, Ser. biol. nauk 1961, **3** (1), 111–114.

[283] KOPEC, V. A.: Die Zucht von *Daphnia magna* (STRAUS) in Netz-Behältern (Russisch). Tr. Azovsk. naučno-issledov. inst. ryb. choz. 1961 (4), 142–144.

[284] KORDE, N. V.: Über die Typen der Biostratifikation der Sedimente russischer sapropeler Seen (Thesen eines Referats) (Russisch). Im Sammelband vgl. [6], 197–198.

[285] KOROTKEVIČ, G.: Der Einfluß der Überwinterung auf Gewicht und Körperzusammensetzung des Karpfens (Russisch). Rybovodstvo i rybolovstvo 1961 (4), 27–28.

[286] KOSOVA, A. A.: Errechnete Gewichte einiger Formen des Zooplanktons des unteren Volga-Deltas (Russisch). Tr. Astrachansk. gos. zapovednika 1961 (5), 151–159.

[287] KOSTOMAROVA, A. A.: Die Bedeutung des Zeitraums der gemischten Futteraufnahme für die Lebensfähigkeit der Hechtlarven (Russisch). Tr. Sovešč. Ichtiol. komiss. AN SSSR 1961 (13), 344–347.

[288] KOCHIJA, A. B.: Materialien zur Ernährung der Fische des Flusses Kodora (Gruzinisch mit russ. Zus.fass.). Tr. Inst. zool. AN Gruzinsk. SSR 1961, **18**, 73–84.

[289] KOCHIJA, A. B.: Materialien zur Ernährung der Fische des Sees Paravani (Gruzinisch mit russ. Zus.fass.). Tr. Inst. zool. Gruzinsk. SSR 1961, **18**, 85–94.

[290] KOŠELEV, B. V.: Jahreszeitliche Besonderheiten der Eireifung bei den Fischen mit zweierlei Art des Laichens (Russisch). Dokl. AN SSSR 1961, **136** (1), 214–217.

[291] KRASIKOVA, V. A.: Der See-Peljad [*Coregonus peled* (GMELIN)] aus dem See Makovskyj (Russisch). Vopr. ichtiol. 1961, **1** (3/20), 462–467.

[292] KRASIKOVA, V. A. & O. L. OL'ŠANSKAJA: Der Tschir (*Coregonus nasus*) als Objekt der Einbürgerung (Russisch). Im Sammelband: Voprosy ichtiologii (Fragen der Ichthyologie). Izd. AN SSSR, Moskva 1961 (17), 115–121.

[293] KRASNOŠČEKOV, S. I.: Über die Gründe der Bestandsschwankung des Omul (*Coregonus autumnalis*) im Bajkal-See (Russisch). Tr. Sovešč. ichtiol. komiss. AN SSSR 1961 (13), 238–247.

[294] KRAJUCHIN, B. V.: Über die Abhängigkeit der Intensität des am Sauerstoffverbrauch gemessenen Austausches von Alter und Gewicht der Fische (Russisch). Bjull. Inst. biol. vodochranilišč AN SSSR 1961 (11), 42—43.

[295] KRUGLOVA, V. M.: Die Bedeutung des Veselovsker Stausees für die Produktion teilweise wandernder Fische des Azov-Don-Einzugsgebiets (Russisch). Tr. Sovešč. Ichtiol. komiss. AN SSSR 1961 (13), 430—432.

[296] KRUGLOVA, V. M.: Perspektiven der Einbürgerung einiger Arten der Kaspijschen Fauna (Russisch). Tr. Vsesojuzn. gidrobiol. obšč. 1961, **11**, 345—358.

[297] KRYMOVA, R. V.: Die Biologie des Forellenbarsches und seine Verbreitung in Teichen (Russisch). Tr. Vserossijsk. naučno-issledov. inst. prud. ryb. choz. 1961, **10**, 48—136.

[298] KUBRAK, I. F.: Materialien über die Gewinnung einer örtlichen Nachkommenschaft der Peipus-Maräne (*Coregonus lavaretus maraenoides*) in den Teichen Moldaviens (Russisch). Im Sammelband vgl. [95], 40—50.

[299] KUDERSKIJ, L. A.: Über die Gründe für das Fehlen des Zanders im Einzugsgebiet des Weißen Meeres und des Flusses Pečora (Russisch). Im Sammelband: Materialy po zoogeografii Karelii (Materialien zur Zoogeographie Kareliens) Bd. 1. Petrozavodsk 1961, 8—18.

[300] KUDERSKIJ, L. A.: Materialien zur Zoogeographie der Fische der Binnengewässer Kareliens (Russisch). Im Sammelband vgl. [299], 19—33.

[301] KUDERSKIJ, L. A.: Über die innerartlichen Nahrungsverhältnisse beim Zander (*Lucioperca lucioperca* L.) (Russisch). Vopr. ichtiol. 1961, **1** (3/20), 533—541.

[302] KUDERSKIJ, L. A.: Die Ernährung der ältern Größenklassen des Zanders in den Gewässern Kareliens (Russisch). Uč. zapiski Karel'sk. pedag. inst. 1961, **11** (2), 128—135.

[303] KUDERSKIJ, L. A.: Die Verbreitung des Zanders in den Seen Kareliens (Russisch). Priroda 1961 (11), 109—111.

[304] KUDRJAŠOVA, JU. V.: Der Einfluß des Futters auf Wachstum und Entwicklung des Karpfens (Russisch). Rybovodstvo i rybolovstvo 1961 (3), 24—25.

[305] KUDRJAŠOVA, JU. V.: Der Einfluß verschiedener Futtermittel auf Wachstum und Entwicklung junger Karpfen (Russisch). Dokl. Moskovsk. sel'skochoz. akad. im. K. A. Timirjazeva 1961 (61), 155—162.

[306] KUDRJAŠOVA, JU. V.: Der Einfluß der Aufzuchtbedingungen einsömmriger Karpfen auf ihre Überwinterung (Russisch). Dokl. Moskovsk. sel'skochoz. akad. im. K. A. Timirjazeva 1961 (69), 183—192.

[307] KUZNECOV, S. I.: Die grundlegenden Faktoren für die Bildung einer Bakterien-Besiedelung der Volga-Stauseen (Russisch). Im Sammelband vgl. [8], 114—118.

[308] KUZNECOVA, Z. I.: Verbreitung und Ökologie der Mikroorganismen in tiefen unterirdischen Gewässern einiger Territorien der UdSSR (Russisch). Tr. Inst. mikrobiol. AN SSSR 1961 (9), 124—130.

[309] KUZ'MENKO, K. N.: Funde von Reliktkrebsen in einer Anzahl von Seen der Karelischen Landenge (Russisch). Im Sammelband vgl. [6], 315—317.

[310] KUZ'MIN, A. G.: Mehrjährige Veränderungen von Bestand und Schwarmgröße des Volga-Zanders (Russisch). Tr. Sovešč. Ichtiol. komiss. AN SSSR 1961 (13), 414—419.

[311] KUKIEV, M. A.: Das Laichen der störartigen Fische im Gebiet des Staatlichen Fischschonreviers am Don (Russisch). Ryb. choz. 1961 (6), 35.

[312] KUKSY, M. S.: Zur Frage der Bildung des Phytoplanktons im Novosibirsker Stausee (Russisch). Im Sammelband vgl. [8], 150—152.

[313] KUKSY, M. S.: Die Verbreitung und die jahreszeitliche Entwicklung des Phytoplanktons im Novosibirsker Stausee in den ersten Jahren seines Anstaus (1957—1958) (Russisch). Tr. Biol. inst. Sibirsk. otdel. AN SSSR 1961 (7), 51—63.

[314] KULEMIN, A. A.: Die Fische unserer Gewässer (Russisch). Knigoizdat, Jaroslavl' 1961. 40 S.

[315] KULIKOVA, E. F.: Die Lebensbedingungen der Ichthyofauna in den Humusgewässern des südwestlichen Kareliens (Russisch). Uč. zapiski Karel'sk. pedag. inst. 1961, **11** (2), 15—46.

[316] KUMSARE, A. V.: Die Biomasse des Phytoplanktons des Flusses Dyrava im Gebiet des regulierten Flusses (Russisch). Im Sammelband vgl. [37], 122—126.

[317] KUMSARE, A. JA. & Mitarbeiter: Ergebnisse der Untersuchung der Verunreinigung des Sees Kimezers durch Abwässer und Vorschläge zu dessen Reinigung (Russisch). Tr. Inst. biol. AN Latvijsk. SSR 1961, **19**, 239–258.

[318] KUNDZIN', M.: Bestimmung der Geschwindigkeit des Fischwachstums mit der Projektionsmethode (Lettisch mit russ. Zus.fass.). Uč. zapiski Latvijsk. gos. univ. 1961, **39**, 149–151.

[319] KUTJURIN, V. M. & M. V. ULUBEKOVA: Die Intensität der Phytosynthese der Algen und die Methode ihrer Bestimmung nach dem Chlorophyllgehalt (Russisch). Im Sammelband vgl. [37], 249–255.

Л

[320] LABLAJKA, I.: Die Fische des Sees Burtnieki, ihre Biologie und ihr Fang (Russisch). Uč. zapiski Latvijsk. gos. univ. 1961, **39**, 47–111.

[321] LAGANOVSKAJA, R. JU.: Ernährung und Nahrungsbeziehungen minderwertiger Wirtschaftsfische im See Usmas (Russisch). Tr. Inst. biol. AN Latvijsk. SSR 1961, **19**, 275–290.

[322] LAGANOVSKAJA, R. JU. & O. L. KAČALOVA: Fischwirtschaftlicher Zustand der Seen an der Mündung des Flusses Gauja und die Aussichten seiner Verbesserung (Russisch). Tr. Inst. biol. AN Latvijsk. SSR 1961, **19**, 259–274.

[323] LAPIN, JU. E.: Über die Gesetzmäßigkeiten der Strukturänderung der Fischpopulationen mit kurzem Lebenszyklus (Thesen eines Referats) (Russisch). Tr. Soveśč. Ichtiol. komiss. AN SSSR 1961 (13), 203–204.

[324] LAPICKAJA, L. N.: Über den Ausnutzungsgrad der Futterbasis in den Volga-Don-Stauseen durch die Fische (Russisch). Im Sammelband vgl. [8], 159–163.

[325] LAPICKIJ, I. I.: Die Fischbestände des Cimljansker Stausees und ihre wirtschaftliche Nutzung (Russisch). Im Sammelband vgl. [8], 223–231.

[326] LASTOČKIN, D. A.: Das Zoobenthos des Flusses Moskva und des Rublevsker Stausees (Russisch). Im Sammelband vgl. [67], 64–67.

[327] LEBEDEV, V. D.: Über die Ansiedlung störartiger Fische Sibiriens und des Fernen Ostens in Gewässern des östlichen Europa (Russisch). Ryb. choz. 1961 (10), 11–14.

[328] LEBEDEVA, G. D.: Die Anreicherung von Strontium-90 in jungen Moderlieschen und Karpfen (Russisch). Im Sammelband: Raspredelenie, biologičeskoe dejstvie i migracija radioaktivnych izotopov (Verteilung, biologische Wirkung und Wanderung der radioaktiven Isotope). Medgiz, Moskva 1961, 319–322.

[329] LEBEDEVA, L. I.: Einige Angaben zur Reproduktion der Cladoceren in der Uferzone des Rybinsker Stausees (Autoreferat eines am 12. 6. 1961 vor der Sektion Hydrobiologie und Ichthyologie der Moskauer Gesellschaft der Naturforscher gehaltenen Vortrages) (Russisch). Bjull. Moskovsk. obšč. ispytatelej prirody, Otd. biol. 1961, **66** (5), 158–159.

[330] LEVADNAJA, G. D.: Die Algen des Aufwuchses und des Bodens des Novosibirsker Stausees (Russisch). Tr. Biol. inst. Sibirsk. otd. AN SSSR 1961 (7), 41–50.

[331] LEVINA, R. I.: Antagonismus zwischen Planktonalgen und Mikroflora in biologischen Teichen (Russisch). Im Sammelband vgl. [89], 136–147.

[332] LEVINA, R. I.: Die Erzielung bakterienfreier Kulturen von Protococcalen durch Anwendung von Antibiotika (Russisch). Im Sammelband vgl. [89], 148–154.

[333] LEVINA, R. I. & T. N. SIVKO: Die Geschwindigkeit des Absterbens von Darmbazillen in Protococcalen-Kulturen im Abwasser (Russisch). Im Sammelband vgl. [89], 119–125.

[334] LEGOVIČ, N. A.: Die Vertreter von *Oocystis* NAEG. im Sevan-See (Russisch). Izv. AN Armjansk. SSR, biol. nauki 1961, **14** (11), 81–85.

[335] LIVŠIČ, A. M.: Die Ausnutzung seichter Zonen der Stauseen für die Einrichtung großer gewerblicher Fischzuchten vom Teichwirtschafts-Typ (Russisch). Im Sammelband vgl. [8], 42–50.

[336] LINDE, E. & T. VEJNBERG: Dynamik der Mikroflora des Sapropelschlamms im See Kanieris (Lettisch mit russ. Zus.fass.). Izv. AN Latvijsk. SSR 1961 (8/169), 91–96.

[337] LICHODEEVA, N. F.: Die täglichen Vertikalwanderungen des Zooplanktons des Mingečaursker Stausees (Russisch). Izv. AN Azerbajdžansk. SSR, Ser. biol. i med. nauk 1961 (11), 71–78.

[338] Lubjanov, I. P.: Das hydrobiologische Regime der Stausee-Kaskade im Fluß Psel (Russisch). Im Sammelband vgl. [6], 282–288.

[339] Lubjanov, I. P.: Einige Angaben zur Verbreitung der Bodenfauna in den kleinen Flüssen nördlich des Azovschen Meeres (Russisch). Im Sammelband vgl. [6], 354–358.

[340] Lubjanov, I. P.: Die Bodenfauna des Kachovsker Stausees unter der Einwirkung gewerblicher und häuslicher Abwässer (Russisch). Im Sammelband vgl. [8], 102–104.

[341] Lubjanov, I. P.: Die Bodenfauna der Stauseen im Vorgebirge der Krym im Zusammenhang mit ihrer fischwirtschaftlichen Nutzung (Russisch). Im Sammelband vgl. [8], 143–146.

[342] Lubjanov, I. P. & Mitarbeiter: Die Fragen der Bestimmung der Primärproduktion bei der komplexen Untersuchung des mittleren Dnepr und des Dneprovsker Stausees (Russisch). Im Sammelband vgl. [37], 106–111.

[343] Lukašov, V. N.: Die Populationsdynamik der nutzbaren Schwärme von Plötze, Blei und Zander des nördlichen Kaspij (Russisch). Tr. Sovešč. Ichtiol. komiss. AN SSSR 1961 (13), 445–453.

[344] Luferov, V. P.: Über die Ernährung der Larven der Pelopiinae (Diptera, Tendipedidae) (Russisch). Tr. Inst. biol. vodochranilišč AN SSSR 1961, **4** (7), 232–245.

[345] Ljachnovič, V. P.: Die Wechselbeziehungen zwischen der Biomasse des Futters und der Fischproduktion in Karpfenteichen (Russisch). Tr. Vsesojuzn. gidrobiol. obšč. 1961, **11**, 299–308.

[346] Ljachnovič, V. P. & Mitarbeiter: Die Primärproduktion der Teiche als Anzeiger ihrer Fischproduktivität (Russisch). Im Sammelband vgl. [37], 133–138.

[347] Ljachov, S. M.: Die Drift des Benthos in der Volga bei Kujbyšev vor der Regulierung dieser Strecke (Russisch). Tr. Vsesojuzn. gidrobiol. obšč. 1961, **11**, 150–161.

[348] Ljachov, S. M.: Materialien über die Bodenbesiedlung der Volga von Rybinsk bis Astrachan zu Beginn ihres hydrotechnischen Ausbaus (Russisch). Tr. Inst. biol. vodochranilišč AN SSSR 1961, **4** (7), 187–203.

[349] Ljachov, S. M.: Die Bildung des Benthos im Stalingrader Stausee im ersten Jahr seines Anstaus (Russisch). Tr. Inst. biol. vodochranilišč AN SSSR 1961, **4** (7), 204–218.

[350] Ljachov, S. M.: Über die Massenentwicklung von *Dreissena* im Stalingrader Stausee (Russisch). Bjull. Inst. biol. vodochranilišč AN SSSR 1961 (10), 18–21.

[351] Ljaščenko, A. F.: Materialien zur Biologie des jungen Zanders im Kachovsker Stausee in den ersten zwei Jahren seines Anstaus (Russisch). Im Sammelband vgl. [292], 56–67.

M

[352] Mailjan, R. A.: Neue Methoden zur Bestimmung der Fruchtbarkeit von Fischen mit kleinem Laich (Russisch mit engl. Zus.fass.). Zool. Ž. 1961, **40** (8), 1261–1262.

[353] Makarov, I. V.: Über das Phytoplankton des nördlichen Kaspij-Sees (Russisch). Bot. Ž. 1961, **46** (11), 1669–1678.

[354] Makeeva, A. P. & S. G. Soin: Einige Materialien über die Vermehrung der Mongolischen Rotfeder *Erythroculter mongolicus* (Bas.) (Russisch). Vopr. ichtiol. 1961, **1** (1/18), 149–156.

[355] Maksimova, L. P.: Die Nahrungsaufnahme und der Ausnutzungsgrad natürlichen und künstlichen Futters durch die Hybriden zwischen Karpfen und Amur-Wildkarpfen (Russisch). Izv. Gos. naučno-issledov. inst. ozern. i rečn. ryb. choz. 1961, **51**, 65–95.

[356] Maksunov, V. A.: Materialien zur morphologisch-biologischen Charakteristik der Fische des Farchadsker Stausees (Russisch). Dušanbe 1961, 159 S. (Tr. Inst. zool. i parazitol. AN Tadžiksk. SSR **23**).

[357] Malinovskaja, A. S.: Zur Biologie der im Aral'-See eingebürgerten Garnelen (Russisch). Sbornik rab. po ichtiol. i gidrobiol. AN Kazachsk. SSR 1961 (3), 113–123.

[358] Malinovskaja, A. S.: Die Rolle des Salzgehalts bei der Verbreitung der Cladoceren in den Seen des Nördlichen Kazachstan (Russisch). Im Sammelband vgl. [74], 195–200.

[359] Malovickaja, L. M.: Die letale Bedeutung von pH-Wert und Sauerstoffgehalt auf *Eudiaptomus gracilis* Sars und *E. graciloides* (Lill.) (Copepoda, Calanoida) (Russisch). Bjull. Inst. biol. vodochranilišč AN SSSR 1961 (11), 13–16.

[360] Malovickaja, L. M.: Die Verbreitung der Diaptomiden (Copepoda, Calanoida) im Rybinsker Stausee (Russisch mit engl. Zus.fass.). Zool. Ž. 1961, **40** (3), 457–461.

[361] Malovickaja, L. M.: Die jahreszeitliche Dynamik von *Eudiaptomus gracilis* Sars und *E. graciloides* (Lill.) (Copepoda, Calanoida) im Rybinsker Stausee (Russisch). Bjull. Inst. biol. vodochranilišč AN SSSR 1961 (10), 35–37.

[362] Malovickaja, L. M. & Ju. I. Sorokin: Experimentelle Untersuchung über die Ernährung von *Diaptomus* (Crustacea, Copepoda) mittels C^{14} (Russisch). Tr. Inst. biol. vodochranilišč AN SSSR 1961, **4** (7), 262–272.

[363] Mamontova, L. I.: Die Erhöhung der Fischproduktion der Abwachsteiche durch Düngung (Russisch). Dokl. Moskovsk. sel'skochoz. akad. im. K. A. Timirjazeva 1961 (69), 171–174.

[364] Mamontova, L. N.: Über die Erhöhung der Fischproduktion der Teiche durch verschiedene Gaben Mineraldünger (Russisch). Im Sammelband vgl. [37], 173–178.

[365] Mamontova, L. N. & Mitarbeiter: Über die gezielte Entwicklung der natürlichen Futterbasis in Teichen (Russisch). Im Sammelband [141], 17–27.

[366] Manujlova, E. F.: Absterben des Zooplanktons als Ursache des Anstiegs der Keimzahl in den Gewässern (Russisch). Nauč. dokl. vysš. školy, biol. nauki 1961 (2), 19–22.

[367] Margolina, G. L.: Über die Ernährung von *Tendipes plumosus* im Rybinsker Stausee (Russisch). Tr. Inst. biol. vodochranilišč AN SSSR 1961, **4** (7), 246–250.

[368] Markova, E. A.: Biologische Indikatoren der Wirtschaftsschwärme des Blei als des Hauptobjekts der Wirtschaft des Aral'-Sees (Russisch). Im Sammelband vgl. [74], 33–44.

[369] Markova, E. L.: Materialien zur Biologie der Aral'-Wanderbarbe *Barbus brachycephalus* K. (Russisch). Sbornik rabot po ichtiol. i gidrobiol. AN Kazachsk. SSR 1961 (3), 154–170.

[370] Martechov, M. F.: Biologische Grundlagen einer rationellen Nutzung der Fischbestände des Kamyšly-Bašker Seensystems (Russisch). Sbornik rabot po ichtiol. i gidrobiol. AN Kazachsk. SSR 1961 (3), 146–153.

[371] Martechov, M. F.: Zur Einbürgerung des Blei in den Gewässern des Irtyš-Zajsansker Einzugsgebiets (Russisch). Im Sammelband vgl. [74], 63–72.

[372] Martyšev, F.: Karpfen in Torf-Tagebauen (Russisch). Rybovodstvo i rybolovstvo 1961 (4), 4–5.

[373] Martyšev, F. G.: Forschungsaufgaben auf dem Gebiete der Teich-Fischwirtschaft (Russisch). Vopr. ichtiol. 1961, **1** (4/21), 612–621.

[374] Martyšev, F. G.: Wachstum und Entwicklung der Nachkommenschaft des Karpfens von Eltern verschiedenen Alters (Russisch). Dokl. Moskovsk. sel'skochoz. akad. im. K. A. Timirjazeva 1961 (69), 159–165.

[375] Maslov, N. I.: Wachstum und Entwicklung des Karpfens bei unterschiedlicher Besatzdichte (Russisch). Dokl. Moskovsk. sel'skochoz. akad. im. K. A. Timirjazeva 1961 (69), 203–209.

[376] Masjuk, N. P.: Zwei neue Characeen (*Hydrianum pyrenoidiferum* und *Lambertia viridis* spp. nov.) (Ukrainisch mit engl. Zus.fass.). Ukrains'k. bot. Ž. 1961, **18** (3), 78–80.

[377] Masjuk, N. P.: Die karotinhaltige Alge *Dunaliella salina* Teod. in den Salzgewässern des Krymsker Gebiets (Ukrainisch mit engl. Zus.fass.). Ukrains'k. bot. Ž. 1961, **18** (4), 100–109.

[378] Masjuk, N. P.: Über die Einwirkung der Gibberellinsäure auf die Alge *Dunaliella salina* Teod. (Ukrainisch mit engl. Zus.fass.). Ukrains'k. bot. Ž. 1961, **18** (5), 62–64.

[379] Materialy po izučeniju prirody Novosibirskogo vodochranilišča (Materialien zur Erforschung der Natur des Novosibirsker Stausees). Izd. Sibirsk. otd. AN SSSR, Novosibirsk 1961. 280 S. (Tr. Biol. inst. Sibirsk. otd. AN SSSR 7).

[380] Matisone, M. V.: Die Primärproduktion des Planktons in den Teichen der Lettischen SSR (Russisch). Im Sammelband vgl. [37], 159–164.

[381] Matisone, M. N.: Eigenschaften des Milieus während der Überwinterung einsömmriger Karpfen in Winterteichen und Überwinterungshäuschen (Russisch). Tr. Inst. biol. AN Latvijsk. SSR 1961, **19**, 181–208.

[382] Machlin, E. E.: Die Wärmebeständigkeit der Brustbeine der Bajkal'-Gammariden (Russisch). Dokl. AN SSSR 1961, **139** (4), 980–983.

[383] Mednikov, B. M. & Ja. I. Starobogatov: Die Random-Kammer zur Auszählung kleiner biologischer Objekte (Russisch). Tr. Vsesojuzn. gidrobiol. obšč. 1961, **11**, 426–428.

[384] MEJER, K. I.: Zur Phylogenie der Grünalgen (Chlorophycophyta) (Russisch mit engl. Zus.fass.). Bot. Ž. 1961, **46** (8), 1073–1086.

[385] MEJSNER, E. V.: Die Bedeutung des Wasserhaushalts für die hydrochemischen Verhältnisse und die Futterbasis der Fische in den kleinen Stauseen des Moskva-Kanals (Russisch). Im Sammelband vgl. [6], 333–336.

[386] MEL'NIKOV, G. B.: Das Zooplankton des Simferopol'sker Stausees und seine besonderen Existenzbedingungen (Russisch). Tr. Vsesojuzn. gidrobiol. obšč. 1961, **11**, 44–53.

[387] MEL'NIKOV, G. B. & A. M. ČAPLINA: Hydrobiologische und fischwirtschaftliche Charakteristik der kleinen Flüsse nördlich des Azov'schen Meeres unter Berücksichtigung ihres gegenwärtigen Zustandes (Russisch). Im Sammelband vgl. [6], 336–345.

[388] MEL'NIKOV, G. B. & A. M. ČAPLINA: Die Ichthyofauna der Stauseen des Vorgebirges der Krym und Wege zu ihrer gezielten Veränderung (Russisch). Im Sammelband vgl. [8], 274–279.

[389] MEL'NIKOV, E. F.: Über die Erhöhung der Fischproduktion der Teiche (Ein Versuch zur Zucht der Schleie) (Russisch). Naučn. dokl. vysš. školy, biol. nauki 1961 (4), 24–28.

[390] MENJUK, N. S.: Die Ernährung der Dneprovsker Zope (*Abramis ballerus*) (Russisch). Im Sammelband vgl. [8], 164–166.

[391] MESSINEVA, M. A.: Mikrobiologische Charakteristik des Bodens des Moskva-Flusses in den Jahren 1944–1945 (Russisch). Im Sammelband vgl. [67], 68–85.

[392] MESSINEVA, M. A.: Über den Einfluß der Kultivierungsbedingungen der Actinomyceten auf die Erzeugung von Erdgeruch (Russisch). Im Sammelband vgl. [67], 86–91.

[393] MESSINEVA, M. A.: Der Erdgeruch als „Nahrungsreiz" für die Bakterien der Gattung *Pseudomonas* (Russisch). Im Sammelband vgl. [67], 96–116.

[394] MESSINEVA, M. A. & V. I. USPENSKAJA: Spezialgeräte und Methoden zur quantitativen Charakteristik der Biozönosen des Aufwuchses (Russisch). Im Sammelband vgl. [67], 130–142.

[395] MESSINEVA, M. A. & V. I. USPENSKAJA: Die Entwicklung von Aufwuchs-Biozönosen in Abhängigkeit von Eigenschaft und Form der künstlichen Unterlage (Russisch). Im Sammelband vgl. [67], 181–197.

[396] MESSINEVA, M. A. & V. I. USPENSKAJA: Die Wirkung der Aufwuchs-Biozönosen auf die Beschaffenheit des durch sie hindurchströmenden Wassers (Russisch). Im Sammelband vgl. [67], 273–283.

[397] MINEEVA, L. A.: Die Ausnutzung verschiedener organischer Verbindungen in den Kulturen von *Chlorella vulgaris* und *Scenedesmus obliquus* (Russisch mit engl. Zus.fass.). Mikrobiologija 1961, **30** (4), 586–592.

[398] MINC, A. G. & E. N. CHAJRULINA: Die Ausnutzung der Torf-Tagebaue zur Teichfischzucht (Russisch). Tr. Vserossijsk. naučno-issledov. inst. prud. ryb. choz. 1961, **10**, 32–47.

[399] MITROFANOV, V. P.: Die Fische des Sees Marka-Kul' (Russisch). Im Sammelband vgl. [74], 51–62.

[400] MICHAJLOV, V. V. & D. L. TEPLYJ: Über die Toxizität der Blaualgen des Flusses Volga (Russisch mit engl. Zus.fass.). Zool. Ž. 1961, **40** (11), 1619–1624.

[401] MICHEEV, P. V. & Mitarbeiter: Die Aufnahme lebenden Futters durch die Fische im Licht (Russisch). Tr. Vserossijsk. naučno-issledov. inst. prud. ryb. choz. 1961, **10**, 26–31.

[402] MICHIN, V. S.: Die Besonderheiten der Bildung der Ichthyofauna im Narvsker Stausee (Russisch). Im Sammelband vgl. [8], 203–205.

[403] MOVČAN, V. A.: Eingewöhnung und Einbürgerung wertvoller Fischarten in die Binnengewässer der Ukrainischen SSR (Thesen eines Vortrags) (Russisch). Im Sammelband vgl. [6], 323–324.

[404] MOVČAN, V. A. & M. F. POLIVANNAJA: Die biologischen Verhältnisse der kleinen Stauseen des Volgogradsker Bezirks in Verbindung mit ihrer fischwirtschaftlichen Nutzung (Russisch). Im Sammelband vgl. [8], 268–273.

[405] MONAKOV, A. V. & JU. I. SOROKIN: Quantitative Daten zur Ernährung der Daphniden (Russisch). Tr. Inst. biol. vodochranilišč AN SSSR 1961, **4** (7), 251–272.

[406] MONČENKO, V. I.: Über die Berechtigung der Art *Acanthocyclops americanus* (MARSH.) und ihre Verbreitung in der UdSSR (Russisch mit engl. Zus.fass.). Zool. Ž. 1961, **40** (1), 13–19.

[407] Mončenko, V. U.: Die Ruderfußkrebse der Flüsse Rosa und Ol'šanka (Ukrainisch mit russ. Zus.fass.). Zbirnik praz' Zool. mus. AN URSS 1961 (30), 67—81.

[408] Morduchaj-Boltovskoj, F. D.: Die Bodenfauna der Deltas der pontokaspischen Flüsse (Russisch). Tr. Vsesojuzn. gidrobiol. obšč. 1961, **11**, 136—149.

[409] Morduchaj-Boltovskoj, F. D.: Die Besonderheiten des Prozesses der primären Bildung des Benthos in den Volga-Stauseen (Russisch). Im Sammelband vgl. [8], 123—127.

[410] Morduchaj-Boltovskoj, F. D.: Der Prozeß der Bildung der Bodenfauna im Gor'kovsker und Kujbyševsker Stausee (Russisch). Tr. Inst. biol. vodochranilišč AN SSSR 1961, **4** (7), 49—178.

[411] Mosevič, M. V.: Die Auswirkung einiger Arten von Industrieabwässern auf die mikrobiologischen Prozesse in den Gewässern (Russisch). Im Sammelband vgl. [8], 87—91.

[412] Mosevič, N. A.: Das winterliche Sauerstoff-Defizit in Seen und seine Verhütung durch Belüftung (Russisch). Im Sammelband vgl. [6], 317—320.

[413] Moskalenko, B. K.: Wege zur Vermehrung der Rohstoffbasen der Gewässer des Ob'-Irtyšsker Einzugsgebietes (Russisch). Ryb. choz. 1961 (6), 16—22.

[414] Moskalenko, B. K. & N. P. Votinov: Probleme der gezielten Bildung von Fischbeständen im künftigen Stausee am Unteren Ob (Russisch). Im Sammelband vgl. [8], 190—194.

[415] Muzafarov, A. M. & K. Ju. Musaev: Materialien zur Algenflora der Stauseen im Flußgebiet des Zeravšan (Russisch). Tr. Taškensk. univ. 1961 (187), 235—249.

[416] Muzafarov, A. M. & Mitarbeiter: Ein Versuch zur Kultivierung der *Chlorella* in Uzbekistan (Russisch). Uzbeksk. biol. Ž. 1961 (3), 16—21.

[417] Mušenko, V. G.: Vertikalverteilung der Bodenorganismen auf dem Grunde der Gewässer des Don-Aksaj-Überschwemmungsgebiets (Russisch). Tr. Vsesojuzn. gidrobiol. obšč. 1961, **11**, 122—131.

[418] Mjaemets, A.: Zur Ökologie und Phänologie der Wasserflöhe (Cladocera) Estlands (Estnisch mit engl. Zus.fass.). Im Sammelband: Gidrobiologičeskie issledovanija (Hydrobiologische Untersuchungen) **2**, 108—158. Izd. AN Estonsk. SSR, Tartu 1961.

H

[419] Naberežnyj, A. I.: Die Besonderheiten des Zooplanktons der kleinen Gewässer Moldaviens (Russisch). Im Sammelband vgl. [95], 3—9.

[420] Naberežnyj, A. I. & Mitarbeiter: Die Ernährung der Larven der Peipus-Maräne (*Coregonus lavaretus maraenoides*) in den Teichen Moldaviens (Russisch). Im Sammelband vgl. [95], 51—58.

[421] Nabiev, A.: Zur Biologie der Kurinsker Chramulja (*Varicorhinus*) im Mingečaursker Stausee (Azerbajdžanisch mit russ. Zus.fass.). Izv. AN Azerbajdžansk. SSR, Ser. biol. i med. nauk 1961 (1), 59—62.

[422] Nabiev, A. I.: Zur Biologie der Kurinsker Chramulja (*Varicorhinus*) im Mingečaursker Stausee (Russisch). Im Sammelband vgl. [8], 293—294.

[423] Nejman, A. A.: Über die Gesetzmäßigkeiten des Wachstums der ostsibirischen Maräne im Delta des Enisej (Russisch mit engl. Zus.fass.). Zool. Ž. 1961, **40** (2), 286—288.

[424] Nečaev, P. I.: Wertvolles Futter für die jungen Störfische (Russisch). Ryb. choz. 1961 (6), 32—35.

[425] Nikitin, P. P.: Die Überwinterung einsömmriger Karpfen in den Becken der Überwinterungshäuschen (Russisch). Tr. Inst. biol. AN Latvijsk. SSR 1961, **19**, 209—224.

[426] Nikitin, P. P. & A. P. Volkova: Über die Laichzeiten des Karpfens in den Teichwirtschaften der Lettischen SSR (Russisch). Tr. Inst. biol. AN Latvijsk. SSR 1961, **19**, 225—238.

[427] Nikol'skij, G. V.: Über einige Fragen der zukünftigen fischwirtschaftlichen Forschungen im Aral (Russisch). Sbornik rabot po ichtiol. i gidrobiol. AN Kazachsk. SSR 1961 (3), 45—51.

[428] Nickanskij, S. G.: Hydrobiologische Charakteristik der bei Hochwasser überschwemmten Seen am Fluß Prut (Russisch). Tr. Kišinevsk. sel'skochoz. inst. 1961, **25**, 167—185.

[429] Nickanskij, S. G.: Nahrung und Wachstumsgeschwindigkeit von Hecht, Barsch und Wels in den bei Hochwasser überschwemmten Seen am Fluß Prut (Russisch). Tr. Kišinevsk. sel'skochoz. inst. 1961, **25**, 187—192.

[430] Nosal', A.: Ein Versuch zur Aufzucht des Hechtes in der Ukraine (Russisch). Rybovodstvo i rybolovstvo 1961 (4), 23—24.

[431] Nusenbaum, L. M.: Über das Verhalten von Fischen in den Abschnitten vor den Staudämmen im Zusammenhang mit dem Bau von Fischpässen und Einrichtungen zum Schutz der Fische (Russisch). Im Sammelband vgl. [8], 235—238.

O

[432] Obuchova, V. M.: Die Algenflora der Reisfelder einiger Gebiete Kazachstans (Russisch). Tr. Inst. bot. AN Kazachsk. SSR 1961, **10**, 85—187.

[433] Ožegova, V. E.: Die Stauseen Tadžikistans und die Perspektiven ihrer fischwirtschaftlichen Nutzung (Russisch). Im Sammelband vgl. [8], 287—289.

[434] Olivari, G. A.: Das Benthos des sowjetischen Abschnitts der Donau (Russisch mit engl. Zus.fass.). Tr. Inst. gidrobiol. AN USSR 1961 (36), 145—165.

[435] Olivari, G. A.: Das Benthos der Gewässer des Donaugebiets (Russisch mit engl. Zus.fass.). Tr. Inst. gidrobiol. AN USSR 1961 (36), 264—273.

[436] Ostapenja, P. V. & Mitarbeiter: Die Dynamik des Absterbens der pathogenen Darm-Mikroflora in biologischen Teichen und die Rolle des Phytoplanktons bei diesem Prozeß (Russisch). Im Sammelband vgl. [89], 131—135.

[437] Ostroumov, A. A.: Über die Bestandsdynamik der wichtigsten Fische in den Stauseen der oberen Volga (Russisch). Im Sammelband vgl. [8], 206—213.

[438] Ostroumov, N. A.: Die Planung des Fischfangs und die Bedingungen der Primärproduktion im Kamsker (Permsker) Stausee (Russisch). Im Sammelband vgl. [37], 102—105.

[439] Očerki po biologičeskim osnovam rybnogo chozjajstva. Voprosy teorii dinamiki čislennosti ryb (Abriß der biologischen Grundlagen der Fischwirtschaft. Fragen der Theorie der Populationsdynamik der Fische). Izd. AN SSSR, Moskva 1961, 240 S. (AN SSSR, otd. biol. nauk. Ichtiol. komiss.).

П

[440] Pavlov, P. I.: Morphometrische Charakteristik des Dneprovsker Taran (*Rutilus rutilus heckeli*) und seine wirtschaftliche Bedeutung (Russisch mit engl. Zus.fass.). Zool. Ž. 1961, **40** (2), 244—250.

[441] Pavlov, P. I.: Einige Ergebnisse der fischwirtschaftlichen Erforschung des Östlichen Sivaš und des Moločnyj-Liman (Russisch). Vopr. ichtiol. 1961, **1** (3/20), 422—434.

[442] Pavlova, M. V.: Die Futterbasis der Fische einiger Buchten des Sees Issyk-Kul' (Russisch). Im Sammelband vgl. [74], 155—166.

[443] Parfenik, A. N.: Systematischer Überblick und biologische Besonderheiten der Weißfische (Cyprinidae) der Kabardino-Balkarsker ASSR (Russisch). Uč. zapiski Kabardino-Balkarsk. univ. 1961 (10), 147—160.

[444] Pajusova, A. N.: Über die Methoden der Beobachtung junger Plötzen und Bleie in einfachen Populationen (Russisch). Tr. Sovešč. Ichtiol. komiss. AN SSSR 1961 (13), 471—479.

[445] Pajusova, A. N.: Das Verhalten junger Plötzen in einfachen Populationen zur Zeit ihrer Abwanderung aus den Volga-Deltagewässern (Russisch). Bjull. Moskovsk. obšč. ispyt. prirody, Otd. biol. 1961, **66** (5), 155—156.

[446] Penjaz', V. S.: Die Wachstumsgeschwindigkeit einiger Fischarten des Gonolessker Stausees (Weißrussisch mit russ. Zus.fass.). Vesci AN BSSR, Ser. bijal. navuk 1961 (3), 104—107.

[447] Penjaz', U. S.: Biologie der Fische des Osipovsker Stausees (Russisch). Vesci AN BSSR, Ser. bijal. navuk 1961 (4), 96—99.

[448] Petkevič, A. N.: Die Bildung der Ichthyofauna im Novosibirsker Stausee in den ersten zwei Jahren seines Anstaus (Russisch). Tr. Biol. inst. Sibirsk. otd. AN SSSR 1961 (7), 81—89.

[449] Petrova, N. A.: Zusammensetzung und Dynamik des Phytoplanktons der Jakimvarsker Bucht (Russisch). Tr. Labor. ozeroved. AN SSSR 1961, **12**, 211–235.

[450] Petrovič, P. G.: Das gegenseitige Verhältnis von Biomasse und Produktion des Zooplanktons, der Bakterien, des Phytoplanktons und der Makrophyten in den Seen Naroč, Mjastro und Batorin (Russisch). Im Sammelband vgl. [37], 381–385.

[451] Petrovič, P. G. & E. A. Šuškina: Die Berechnung der Produktion des Zooplanktons (Russisch). Dokl. AN SSSR 1961, **139** (5), 1235–1238.

[452] Pečnikova, N. V. & N. B. Vorob'eva: Die Ernährung des Schip (*Acipenser nudiventris*) im Einzugsgebiet des Balchaš-Sees (Russisch). Vestnik Karakalpaksk. fil. AN Uzbeksk. SSR 1961 (4/6), 68–73.

[453] Pidgajko, M. L.: Zooplankton und Zoobenthos einiger neugebauter Teiche der Versuchs-Fischzucht „Nivki" (Russisch). Tr. Vsesojuzn. gidrobiol. obšč. 1961, **11**, 105–116.

[454] Pidgajko, M. L.: Über die Bildung des Zooplanktons der Gewässer des Donaugebiets (Russisch mit engl. Zus.fass.). Tr. Inst. gidrobiol. AN USSR 1961 (36), 230–241.

[455] Pidgajko, M. L.: Die Bildung der Fauna der neugebauten Teiche im Ingulecker Bewässerungsgebiet (Russisch). Im Sammelband vgl. [6], 254–259.

[456] Pil'čuk, V. Ja.: Das Benthos und seine Ausnutzung durch Fische in den Seen des Pavlodarsker Gebiets (Russisch). Im Sammelband [74], 143–153.

[457] Pinevič, V. V. & N. N. Verzilin: Die Wirkung des Hydrazids der Maleinsäure auf einige protococcale Algen (Russisch). Dokl. AN SSSR 1961, **137** (5), 1230–1232.

[458] Pinevič, V. V. & Mitarbeiter: Die Wirkung verschiedener Stickstoffquellen auf Wachstum und Vermehrung der Masse bei *Chlorella pyrenoidosa* (Russisch mit engl. Zus.fass.). Vestnik Leningradsk. univ. 1961 (9), 16–25.

[459] Pirožnikov, P. L.: Das Zooplankton der Stauseen und seine Bedeutung für die Ernährung der Fische (Russisch). Izv. Gos. naučno-issledov. inst. ozern. i rečn. choz. 1961, **50**, 323–340.

[460] Piskunov, I. A.: Über die wechselseitigen Nahrungsbeziehungen einiger Wirtschaftsfische des Kaspijschen Meeres (Russisch). Vopr. ichtiol. 1961, **1** (1/18), 79–88.

[461] Pichu, E.: Über die Fruchtbarkeit von Güster, Rotfeder, Ucklei, Karausche, Schleie und Kaulbarsch im See Vyrtsjarv (Estnisch mit engl. Zus.fass.). Im Sammelband vgl. [418], 235–260.

[462] Podberezskaja, I. F. & Mitarbeiter: Versuche zur Aufzucht von Störfischen in den Unterläufen von Donau und Dnepr (Russisch). Ryb. choz. 1961 (3), 36–39.

[463] Poddubnaja, T. L.: Materialien über die Ernährung der Tubificidenarten mit Massenvorkommen im Rybinsker Stausee (Russisch). Tr. Inst. biol. vodochranilišč AN SSSR 1961, **4** (7), 219–231.

[464] Poddubnaja, T. L. & Ju. I. Sorokin: Die Tiefenschicht der optimalen Ernährung der Tubificiden im Zusammenhang mit ihrer Wanderung im Boden (Russisch). Bjull. Inst. biol. vodochranilišč AN SSSR 1961 (10), 14–17.

[465] Poddubnyj, A. G. & V. A. Sacharova: Über die Ergebnisse der Einbürgerung und die Vermehrungsverhältnisse der Maränen im Rybinsker Stausee (Russisch). Bjull. Inst. biol. vodochranilišč AN SSSR 1961 (10), 42–45.

[466] Poddubnyj, A. G. & M. A. Fortunatov: Die Frage der fischwirtschaftlichen Nutzung der Stauseen verschiedener geographischer Zonen (Russisch). Vopr. ichtiol. 1961, **1** (4/21), 599–611.

[467] Pokrovskij, V. V.: Die wichtigsten Umweltfaktoren, die die Zahl der Kleinen Maränen bestimmen (Russisch). Tr. Sovešč. Ichtiol. komiss. AN SSSR 1961 (13), 228–234.

[468] Poljakov, G. D.: Die Anpassungsbedeutung der Veränderung der Merkmale und Eigenschaften der Fischpopulationen (Russisch). Tr. Sovešč. Ichtiol. komiss. AN SSSR 1961 (13), 158–172.

[469] Popa, L. L.: Die Ichthyofauna des Flusses Prut (Russisch). Uč. zapiski Tiraspol'sk. gos. pedag. inst. 1961 (12), Biol., 33–39.

[470] Popova, K. S.: Der Einfluß des Hungerns auf die Entwicklung des Kutum (*Rutilus frisii kutum*) zu Beginn des Larvenstadiums (Russisch). Tr. Inst. morf. živ. AN SSSR 1961 (33), 63–71.

[471] POPOVA, M. S.: Materialien zur Morphologie und Biologie der im Sengileevsker Stausee (Stavropol'sker Gebiet) eingebürgerten Schemaja (*Chalcalburnus chalcoides schischkovi* DRENSKY) (Russisch). Vopr. ichtiol. 1961, 1 (3/20), 468–480.

[472] POPOVA, O. A.: Über das Verhalten von Hecht und Barsch gegenüber den Populationen einiger Fische im Volga-Delta (Russisch). Tr. Sovešč. Ichtiol. komiss. AN SSSR 1961 (13) 283–289.

[473] POPOVA, T. G. & T. A. SAFONOVA: Über die Verbreitung der Euglenen in den Gewässern des Überschwemmungsgebiets des mittleren Ob und der angrenzenden Teile der Taiga (Russisch). Tr. Biol. inst. Sibrisk. otd. AN SSSR 1961 (7), 261–270.

[474] POPOVSKAJA, G. I.: Das Phytoplankton des Sor Posol'ski und Sor Istokski des Bajkal-Sees (Russisch). Izv. Sibirsk. otd. AN SSSR 1961 (9), 104–116.

[475] POPOVSKAJA, G. I.: Das Phytoplankton des Selenginsker Seichtwassers und der angrenzenden Teile des offenen Bajkal (Russisch). Izv. Sibirsk. otd. AN SSSR 1961 (10), 110–129.

[476] PORK, M.: Vorläufiges Verzeichnis der Diatomeen (Bacillariophyta) der Seen Estlands (Estnisch mit engl. Zus.fass.). Im Sammelband vgl. [418], 63–107.

[477] POTAPOV, A. A.: Die Verlandung der seichten Teile des Učinsker Stausees (Russisch). Bjull. Inst. biol. vodochranilišč AN SSSR 1961 (10), 7–10.

[478] POTAPOV, A. A.: Die Verbreitung der Hydrophyten in den Stauseen des Volga-Don-Kanals und ihre sanitär-epidemiologische Beurteilung (Russisch). Tr. Vsesojuzn. gidrobiol. obšč. 1961, 11, 354–360.

[479] POTAPOVA, O. I.: Konferenz über die theoretischen Grundlagen der rationellen Nutzung, der Reproduktion und der Vermehrung der Fisch- und Nichtfisch-Bestände des Weißen Meeres und der Binnengewässer Kareliens (Russisch). Ryb. choz. 1961 (3), 86–87.

[480] PRIJMAČENKO, A. D.: Die Strömung als bestimmender Faktor für die Entwicklung des Phytoplanktons im Gewässer (Russisch). Im Sammelband vgl. [37], 314–318.

[481] PRIJMAČENKO, A. D.: Das Phytoplankton des Gor'kovsker Stausees in den ersten Jahren seines Anstaus (1956–1957) (Russisch). Tr. Inst. biol. vodochranilišč AN SSSR 1961, 4 (7), 3–19.

[482] PRICHOD'KO, V. & A. NOSAL': Der Weiße Amur (*Ctenopharyngodon*) in den Teichen der Ukraine (Russisch). Rybovodstvo i rybolovstvo 1961 (6), 24.

[483] PYRINA, I. L.: Die Abhängigkeit der Primärproduktion von der Zusammensetzung des Phytoplanktons (Russisch). Im Sammelband vgl. [37], 308–313.

P

[484] Raboty po ekologičeskoj morfologii i fiziologii ryb (Arbeiten zur ökologischen Morphologie und Physiologie der Fische). Izd. AN SSSR, Moskva 1961 (Tr. Inst. morfol. živ. AN SSSR 33).

[485] RADAKOV, D. V.: Über Besonderheiten des Verteidigungsverhaltens der Schwärme einiger pelagischer Fische (Russisch). Tr. Inst. morfol. živ. AN SSSR 1961 (39), 47–71.

[486] RADZIMOVSKIJ, D. A.: Über das Phytoplankton der Teiche der südlichen Gebiete des Nikolaevsker und Chersonsker Bezirks der USSR (Russisch). Tr. Vsesojuzn. gidrobiol. obšč. 1961, 11, 12–27.

[487] RADZIMOVSKIJ, D. A.: Das Phytoplankton der Teiche des Ingulecker Bewässerungsgebietes (Russisch). Im Sammelband vgl. [6], 248–253.

[488] Razvedenie Bajkal'skogo omulja (Die Aufzucht des Bajkal-Omul, *Coregonus autumnalis migratorius*). Ryb. choz. 1961 (4), 32–35.

[489] RAJNSONE-JURANE, A. D. & Mitarbeiter: Hydrobiologische und fischwirtschaftliche Untersuchungen der Teichwirtschaften der Kolchozen und Sovchozen Westlettlands und die Hauptmaßnahmen zu ihrer Ertragssteigerung (Russisch). Tr. Inst. biol. AN Latvijsk. SSR 1961, 19, 127–180.

[490] RAKER, UL'JAM: Abriß der Entwicklung der Theorie der Populationsdynamik der Fische in den Ländern Westeuropas und Nordamerikas (Russisch). Tr. Sovešč. Ichtiol. komiss. AN SSSR 1961 (13), 211–215.

[491] RANNAK, L.: Über Wachstum und Biologie der im Fluß Vjaža laichenden Forelle (*Salmo trutta* L.) (Estnisch mit dtsch. Zus.fass.). Im Sammelband vgl. [418], 261–288.

[492] RASPOPOV, I. M.: Die Gesellschaft höherer Wasserpflanzen des Schärengebietes des Ladoga-Sees (Russisch). Tr. Labor. ozeroved. 1961, **12**, 193–210.

[493] REKSTIN, B. K.: Über die Ernährung des Barsches des Sor Posol'ski (Russisch). Im Sammelband vgl. [30], 83–89.

[494] REŠETNIKOV, P. M.: Ein pneumatischer Belüfter für sauerstoffarme Fischgewässer (Russisch). Im Sammelband vgl. [6], 321–322.

[495] RISTKOK, JU.: Ichthyophänologische Beobachtungen in der Estnischen SSR 1951–1955 (Estnisch, russisch und deutsch). Tartu 1961, 74 S. (AN Estonsk. SSR, Obšč. estestvoispyt.).

[496] RODINA, A. G.: Über die Verbreitung der Schwefelbakterien in den Binnengewässern und ihre Stellung im System der Indikator-Organismen (Russisch mit engl. Zus.fass.). Mikrobiologija 1961, **30** (6), 1080–1083.

[497] ROLL, JA. V.: Das Phytoplankton des sowjetischen Abschnitts der Donau, ihrer Arme und Zuflüsse (Russisch mit engl. Zus.fass.). Tr. Inst. gidrobiol. AN USSR 1961 (36), 70–93.

[498] ROLL, JA. V.: Der Verschmutzungsgrad des Donauwassers (Russisch mit engl. Zus.fass.). Tr. Inst. gidrobiol. AN USSR 1961 (36), 94–102.

[499] ROLL, JA. V.: Das Phytoplankton der Gewässer des Donaugebiets (Russisch mit engl. Zus.fass.). Tr. Inst. gidrobiol. AN USSR 1961 (36), 222–229.

[500] RUDAKOV, N. P.: Der Isotopeneffekt bei der Bestimmung der Primärproduktion organischer Stoffe in Gewässern mit der Radioisotopen-Methode (Russisch). Im Sammelband vgl. [37], 214–218.

[501] RUDAKOV, N. P.: Die Besonderheiten des Verhaltens von Ca^{45}, Sr^{90}, Ce^{144} und Cs^{137} im Organismus der Fische und die Methoden der Radiomarkierung von Jungfischen (Russisch). Izv. Gos. naučnoissledov. inst. ozern. i rečn. ryb. choz. 1961, **51**, 165–254.

[502] RUDZROGA, A. I.: Abriß der Algenflora des Naturschutzgebiets Kemera (Russisch). Bot. Ž. 1961, **46**, (2), 263–266.

[503] Rukovodstvo po izučeniju pitanija ryb v estestvennych uslovijach (Leitfaden zur Untersuchung der Ernährung der Fische unter natürlichen Bedingungen). Red.: E. N. PAVLOVSKIJ. Izd. AN SSSR, Moskva 1961, 263 S. (Ichtiol.komiss., Inst. morfol. živ., Vsesojuzn. naučno-issledov. inst. morsk. ryb.-choz. i okeanogr.).

[504] RUSINA, O. N.: Einige Fragen der Massenkultur von Protococcalen (Russisch). Im Sammelband vgl. [37], 339–341.

[505] RUCHLJADEV, JU. P.: Die Entwicklungsdynamik der Rädertiere der Volga unterhalb Kujbyšev unter den Bedingungen nichtregulierter hydrologischer Verhältnisse (Russisch). Tr. Kujbyševsk. medinst. 1961, **16**, 39–78.

[506] RUCHLJADEV, JU. P.: Zur Frage der Tageswanderungen und Pulsation des Potamoplanktons (Russisch). Tr. Kujbyševsk. medinst. 1961, **16**, 160–166.

[507] RUCHLJADEV, JU. P.: Das Spezifische Gewicht des Zooplanktons im Hauptstrom der Volga bei unveränderten hydrologischen Verhältnissen (Russisch mit engl. Zus.fass.). Zool. Ž. 1961, **40** (4), 490–497.

[508] RUCHLJADEV, JU. P. & NAT. N. KOLOSOVA: Ichthyofauna, Zooplankton und hydrochemische Charakteristik einiger Teiche des Kujbyševsker Bezirks (Russisch). Tr. Kujbyševsk. medinst. 1961, **16**, 138–157.

[509] Rybnoe chozjajstvo vnutrennich vodoemov Latvijskoj SSR VI (Fischwirtschaft in den Binnengewässern der Lettischen SSR VI). Izd. AN Latvijsk. SSR, Riga 1961, 427 S. (Tr. Inst. biol. AN Latvijsk. SSR **19**).

[510] RYŽKOV, L. P.: Der Einfluß der Umweltbedingungen auf die Höhe des Sauerstoffbedarfs bei jungen Sevan-Forellen (*Salmo ischchan*) (Russisch). Dokl. AN Armjansk. SSR 1961, **33** (1), 31–34.

[511] RYŽKOV, L. P.: Der Gasaustausch bei Brut und Jungfischen der Sevan-Forelle (*Salmo ischchan*) (Russisch). Izv. AN Armjansk. SSR, biol. nauki 1961, **14** (12), 55–68.

[512] RJABOV. F. P.: Mikrobiologische Charakteristik des oberen Teils des Karchovsker Stausees im Zusammenhang mit seiner Verschmutzung durch Abwässer (Russisch). Im Sammelband vgl. [8], 96–98.

C

[513] SABURENKOV, N.: Die Fischwirtschaft der Chinesischen Volksrepublik (Russisch). Rybovodstvo i rybolovstvo 1961 (4), 52—54.

[514] SAVVAITOVA, K. A.: Über die innerartlichen biologischen Formen von *Salvelinus alpinus* (L.) der Kamčatka (Russisch). Vopr. ichtiol. 1961, **1** (4/21), 695—706.

[515] SAVVAITOVA, K. A.: Über die Ernährung der fernöstlichen Saiblinge (Russisch). Ryb. choz. 1961 (1), 9—11.

[516] SAVVAITOVA, K. A.: Zur Systematik der Saiblinge der Gattung *Salvelinus* (Salmonidae) aus dem Einzugsgebiet des Ostsibirischen Meeres (Russisch). Naučn. dokl. vysš. školy, biol. nauki 1961 (2), 37—41.

[517] SAVVAITOVA, K. A. & JU. S. REŠETNIKOV: Die Ernährung einiger biologischer Formen des Saiblings *Salvelinus malma* (WALB.]) in einigen Gewässern der Kamčatka (Russisch). Vopr. ichtiol. 1961, **1** (1/18), 127—135.

[518] SAVINA, N. O.: Über den Balchaš-Karpfen als Objekt der Einbürgerung in Stauseen (Russisch). Im Sammelband vgl. [8], 295—296.

[519] SADLAEV, K. A.: Die Rolle der Teichwirtschaften bei der Erhöhung der Fischproduktion der Seen (Russisch). Ryb. choz. 1961 (6), 22—24.

[520] SADOV, I. A. & E. M. KOCHANSKAJA: Die Inkubationszeit des Laichs der Störfische in offenen Rinnen (Russisch). Tr. inst. morfol. živ. AN SSSR 1961 (37), 5—66.

[521] SALMANOV, M. A.: Die Bestimmung der Primärproduktion der Photosynthese des Phytoplanktons im Mingečaursker Stausee mittels Radiokohlenstoff (Russisch). Im Sammelband vgl. [37], 223—227.

[522] SALMANOV, M. A. & JU. I. SOROKIN: Die Primärproduktion und die Destruktion des organischen Stoffes im Kujbyšesvker Stausee (Russisch). Im Sammelband vgl. [8], 61—64.

[523] SALMANOV, M. E.: Die Rolle der Chemosynthese-Prozesse in der Produktivität des Mingečaursker Stausees (Azerbajdžanisch mit russ. Zus.fass.). Izv. AN Azerbajdžansk. SSR, Ser. biol. i med. nauk 1961 (9), 51—57.

[524] SAL'NIKOV, N. E.: Über Bestand und Fang der Störfische in der Donau (Russisch mit engl. Zus.fass.). Tr. Inst. gidrobiol. AN USSR 1961 (36), 166—182.

[525] SAL'NIKOV, N. E.: Fischwirtschaftliche Charakteristik des Unterlaufs der Donau und der vorgelagerten Meeresgebiete (Russisch mit engl. Zus.fass.). Tr. Inst. gidrobiol. AN USSR 1961 (36), 274—311.

[526] SAPOŽNIKOV, D. I. & Mitarbeiter: Über die Extraktion der Pigmente einzelliger Grünalgen (Russisch). Bot. Ž. 1961, **46** (10), 1543—1544.

[527] SAFONOVA, T. A.: Neue und seltene Vertreter der Gattungen *Trachelomonas* EHR. und *Strombomonas* DEFL. aus dem Tomsker Bezirk (Russisch). Tr. Biol. inst. Sibirsk. otd. AN SSSR 1961 (7), 271—278.

[528] SVETOVIDOVA, A. A.: Materialien zu Alter und Wachstumsgeschwindigkeit des Sommer-Keta [*Oncorhynchus keta* (WALBAUM)] des Flusses My (Russisch). Naučn. dokl. Vysš. školy, biol. nauki 1961 (1), 29—32.

[529] SEMENOVA, L. M. & A. N. RODIONOVA: Die Besonderheiten der Kutikula der Larven der Wasserinsekten im Zusammenhang mit ihren Lebensbedingungen (Russisch mit engl. Zus.fass.). Ž. obšč. biol. 1961, **22** (2), 128—135.

[530] SEMČENKO, I. A.: Die Morphologie der Karausche der Seen des Überschwemmungsgebiets der mittleren Kama (Russisch). Tr. Permsk. sel'skochoz. inst. 1960 (1961), **17** (3), 129—142.

[531] SERENKOV, G. P. & M. V. PACHOMOV: Untersuchung der Nukleinsäuren der Hell- und Dunkel-Kulturen von *Scenedesmus quadricauda* (Russisch). Vestn. Moskovsk. univ. Biol., počvoved. 1961 (1), 40—44.

[532] SIBIRCOVA, L. K. & Mitarbeiter: Hydrobiologische Charakteristik des Oberlaufs des Flusses Zeravšan (Russisch). Tr. Samarkandsk. univ. 1961 (110), 97—117.

[533] SIVKO, T. N.: Versuch der Reinigung der Abwässer von Minsk in biologischen Teichen (Russisch). Im Sammelband vgl. [89], 43—101.

[534] SIDOROV, M. F.: Schema der fischwirtschaftlichen Nutzung der Stauseen der Flüsse im Einzugsgebiet des Oberen Amur (Russisch). Im Sammelband vgl. [8], 195—199.

[535] SIMONOVA, L. G.: Einige Angaben zur Entwicklung von Ziege (*Pelecus cultratus*) und Kilka (*Clupeonella*) im Kachovsker Stausee (Russisch). Im Sammelband vgl. [8], 290–292.

[536] SKADOVSKIJ, S. N.: Einführung (Russisch). Im Sammelband vgl. [67].

[537] SKADOVSKIJ, S. N.: Hydrobiologische Untersuchungen des Bodens des Moskva-Flusses im Gebiet von Rublev (Russisch). Im Sammelband vgl. [67], 16–31.

[538] SKADOVSKIJ, S. N.: Mikrozönosen des Sestons und der Sedimente im Fluß (Russisch). Im Sammelband vgl. [67], 117–129.

[539] SKADOVSKIJ, S. N.: Experimentelle Untersuchungen über das Wachstum des Aufwucheses auf den Rechen unter Versuchsbedingungen in der Rublevsker Wasserentnahme-Station (Russisch). Im Sammelband vgl. [67], 298–314.

[540] SKADOVSKIJ, S. N.: Über die hydrobiologische Methode der Reinigung des Wassers von organischen Verschmutzungen und über die Biozönologie in der Hydrobiologie (Russisch). Tr. Vsesojuzn. gidrobiol. obšč. 1961, **11**, 331–337.

[541] SKADOVSKIJ, S. N., V. I. USPENSKAJA & M. A. MESSINEVA: Bauprinzip und Arbeitsweise eines neuen wasserreinigenden Geräts „biopoglotitel'" („Biovernichter") (Russisch). Im Sammelband vgl. [67], 266–272.

[542] SKADOVSKIJ, S. N. & Mitarbeiter: Die Auswirkung der Arbeitsweise des Modells des Biovernichters auf die Verbesserung der Wasserqualität (Russisch). Im Sammelband vgl. [67], 315–341.

[543] SKADOVSKIJ, S. N. & Mitarbeiter: Über die Rolle des Bodens im Selbstreinigungsprozeß des Moskva-Flusses im Gebiet von Rublev (Russisch). Im Sammelband vgl. [67], 43–63.

[544] SKADOVSKIJ, S. N. & Mitarbeiter: Beobachtungen über die Entwicklung der Aufwuchs-Biozönosen und ihre Anreicherung mit organischen Stoffen im „kovše"-Klärbecken der Rublevsker Wasserentnahme-Station (Russisch). Im Sammelband vgl. [67], 198–220.

[545] SKADOVSKIJ, S. N. & Mitarbeiter: Perspektiven der biophysiko-chemischen Methoden der Wasseraufbereitung für die Wasserversorgung (Russisch). Im Sammelband vgl. [67], 341–349.

[546] SKADOVSKIJ, S. N. & Mitarbeiter: Die jahreszeitlichen quantitativen Veränderungen in den Aufwuchs-Biozönosen (Russisch). Im Sammelband vgl. [67], 143–180,

[547] SKADOVSKIJ, S. N. & Mitarbeiter: Die Verbesserung der Qualität des Flußwassers mit Hilfe des Biovernichters und eines Oxydiermittels (Russisch). Naučn. dokl. Vysš. školy, biol. nauki 1961 (2), 127–131.

[548] SKLJAROVA, T. V.: Hydrobiologische Charakteristik von Don und Chopr und ihrer Nebenflüsse als Futterbasen der Wirtschaftsfische (Nach Materialien der Expedition 1958) (Russisch). Bjull. Obšč. estestvoispyt. prir. Voronežsk. univ. 1961, **12**, 61–69.

[549] SLOKA, N.: Materialien zur Hydrobiologie der Seen der Zentral-Vidzemsker Hochebene, Alauksts, Inesis, Kals und Kataitis (Lettisch mit dtsch. Zus.fass.). Uč. zapiski Latvijsk. univ. 1961, **39**, 153–200.

[550] SMIRNOV, N. N.: Die Höhe des Jahresbedarfs der Wirbellosen an drei halbsubmersen giftigen Pflanzen (Russisch). Im Sammelband vgl. [37], 397–401.

[551] SMIRNOVA, E. N.: Morpho-ökologische Besonderheiten der Entwicklung des Kutum (*Rutilus frisii kutum* KAMENSKY) (Russisch). Tr. Inst. morfol. živ. AN SSSR 1961 (33), 3–29.

[552] SMIRNOVA, E. N.: Die Entwicklung der Kuban-Schemaja *Chalcalburnus chalcoides schischkovi* (Drensk) im Embryonal- und Larvenstadium (Russisch). Tr. Inst. morfol. živ. AN SSSR 1961 (33), 30–62.

[553] SMOLEJ, A. I.: Die Auswirkung der Absenkung des Sevan-Sees auf seinen Forellenbestand (Russisch). Tr. Sovešč. Ichtiol. komiss. AN SSSR 1961 (13), 480–486.

[554] SMOL'JANOV, I. I.: Die Entwicklung des Lenok *Brachymystax lenok* (PALLAS) (Russisch). Vopr. ichtiol. 1961, **1** (1/18), 136–148.

[555] SOKOLOV, N. P.: Ein Gerät zur Untersuchung der Verbreitung der Wasserorganismen in Reisfeldern (Russisch). Tr. Vsesojuzn. gidrobiol. obšč. 1961, **11**, 424–425.

[556] SOKOLOVA, G. A.: Jahreszeitliche Veränderungen der Artenzusammensetzung und der Anzahl der Eisenbakterien und der Kreislauf des Eisens im Glubokoe-See (Russisch). Tr. Vsesojuzn. gidrobiol. obšč. 1961, **11**, 5–11.

[557] SOKOLOVA, N. JU.: Zur Frage der Bildung der Bodenfauna des Možajsker Stausees (Russisch). Tr. Vsesojuzn. gidrobiol. obšč. 1961, **11**, 132–135.

[558] SOKOL'SKAJA, N. L.: Materialien zur Naididenfauna (Fam. Naididae, Oligochaeta) des Primorsker Gebiets (Russisch). Sbornik tr. Zool. musea Moskovsk. univ. 1961, **8**, 47—77.

[559] SOKOL'SKAJA, N. L.: Materialien zur Fauna der Süßwasser-Oligochaeten des Amur-Einzugsgebiets (Nach Aufsammlungen der komplexen Sovjetisch-chinesischen Amur-Expedition 1957 bis 1958) (Russisch). Sbornik tr. Zool. musea Moskovsk. univ. 1961, **8**, 79—101.

[560] SOKOL'SKAJA, N. L.: Materialien zur Fauna der Süßwasser-Oligochaeten der Kamčatka (Russisch mit engl. Zus.fass.). Bjull. Moskovsk. obšč. ispyt. prirody, otd. biol. 1961, **66** (1), 54—68.

[561] SOKOL'SKAJA, N. L.: Neue Daten zur geographischen Verbreitung des Oligochaeten *Branchiura sowerbyi* BEDD. und einige Angaben zur Ökologie der Art (Russisch mit engl. Zus.-fass.). Zool. Ž. 1961, **40** (4), 605—606.

[562] SOLOVKINA, L. N.: Die Fische der KomiASSR, ihre rationelle Nutzung und ihr Schutz (Russisch). Im Sammelband vgl. [73], 106—112.

[563] SOLONEVSKAJA, A. V.: Das Zooplankton des Flusses Ob und des Stausees der Novosibirsker Hydroelektrischen Station im ersten Jahre seines Anstaus (Russisch). Tr. Biol. inst. Sibirsk. otd. AN SSSR 1961 (7), 109—117.

[564] SOROKIN, JU. I.: Zur Frage der Ernährung einiger Diaptomiden-Arten (Copepoda, Calanoida) durch Bakterien (Russisch). Dokl. AN SSSR 1961, **136** (4), 948—950.

[565] SOROKIN, JU. I.: Die Produktion der Photosynthese in den Volga-Stauseen Ende Juni 1959 (Russisch). Bjull. inst. biol. vodochranilišč AN SSSR 1961 (11), 3—6.

[566] SOROKIN, JU. I.: Die Rolle der Chemosynthese bei der Produktion von organischem Stoff in Stauseen. V. Photosynthese und Chemosynthese in den Buchten des Kujbyševsker Stausees (Russisch mit engl. Zus.fass.). Mikrobiologija 1961, **30** (2), 289—293.

[567] SOROKIN, JU. I.: Die Rolle der Chemosynthese bei der Trophie der Gewässer (Russisch). Im Sammelband vgl. [37], 363—368.

[568] SPANOVSKAJA, V. D.: Stenophagie und Euryphagie bei den Fischen der Unterfamilie Gobioninae (Russisch mit engl. Zus.fass.). Zool. Ž. 1961, **40** (10), 1516—1531.

[569] SPANOVSKAJA, V. D. & V. A. GRIGORAŠ: Der Tagesrhythmus der Nahrungsaufnahme einiger Weißfische (Russisch). Vopr. ichtiol. 1961, **1** (2), 297—306.

[570] SPURIS, Z. D.: Chironomidenlarven im See Rušon im Jahre 1959 (Lettisch mit dtsch. Zus.-fass.). Latv. entomol. 1961 (3), 75—81.

[571] SPURIS, Z. D.: Chironomidenlarven des Sees Usmas (Lettisch mit dtsch. Zus.fass.). Latv. entomol. 1961 (4), 39—48.

[572] SPURIS, Z. D.: Chironomidenlarven des Sees Rezans (Russisch). Tr. Inst. biol. AN Latvijsk. SSR 1961, **19**, 415—426.

[573] SRETENSKAJA, N. I.: Die Biomasse des Phytoplanktons der Fischzuchtteiche im Weißrussischen Polesien (Russisch). Im Sammelband vgl. [37], 148—154.

[574] SRETENSKAJA, N. I.: Volumen und Gewicht der Hauptformen des Teich-Phytoplanktons in den Fischzuchten im Weißrussischen Polesien (Russisch). Dokl. AN BSSR 1961, **5** (1), 41—45.

[575] SRETENSKAJA, N. I. & T. A. SOKOLOVA: Zusammensetzung und quantitative Entwicklung des Phytoplanktons in biologischen Teichen (Russisch). Im Sammelband vgl. [89], 102 bis 112.

[576] STAL'MAKOVA, G. A.: Zur Kenntnis des Benthos des Schärengebiets des Ladoga-Sees (Russisch). Tr. Labor. ozeroved. 1961, **12**, 267—283.

[577] STEPANOVA, N. A.: Das biologische Regime und die fischwirtschaftliche Bedeutung der Stauseen Uzbekistans (Russisch). Im Sammelband vgl. [8], 280—286.

[578] SUCHOVERCHOV, F. & R. KRYMOV: Der Einfluß von Kobalt-Salzen auf das Wachstum des Karpfens (Russisch). Rybovodstvo i rybolovstvo 1961 (1), 18—19.

[579] SUCHOVERCHOV, F. M.: Die Aufzucht des Ural-Ripus (*Coregonus albula*) in den Teichen des Moskauer Bezirks (Russisch). Im Sammelband vgl. [141].

[580] SUCHOVERCHOV, F. M. & A. S. PISARENKOVA: Die Ausnutzung der Primärproduktion durch die Fische in den Teichen der Savvinsker Fischzucht (Russisch). Im Sammelband vgl. [37], 186—194.

[581] SUŠČENJA, L. M.: Die Ausnutzung der Primärproduktion des Planktons in den folgenden Gliedern der Nahrungskette (Russisch). Im Sammelband vgl. [37], 386—396.

[582] SUŠČENJA, L. M.: Der Nahrungsbedarf der Planktonkrebse, berechnet aus ihrer Atmungs-Intensität (Russisch). Naučn. dokl. vysš. školy, biol. nauki 1961 (4), 48–52.

[583] SYROVATSKIJ, I. JA.: Über die Reaktionsbreite des Taran [*Rutilus rutilus heckeli* (NORDM.)] (Russisch). Naučn. dokl. vysš. školy, biol. nauki 1961 (2), 48–50.

T

[584] TANASIJČUK, N. P.: Über die Einbürgerung des Weißen Amur (*Ctenopharyngodon*) im Unterlauf der Volga (Russisch). Im Sammelband vgl. [292], 176–178.

[585] TELITČENKO, M. M.: Die Anreicherung radioaktiver Protonen von Strontium (89–90) – Yttrium (90) in Spiegelkarpfen (Russisch). Ryb. choz. 1961 (5), 40–43.

[586] TEPLOVA, E. P.: Versuch einer Aufzucht des Tolstolob (*Hypophthalmichthys molitrix*) im Mündungsgebiet des Kuban (Russisch). Ryb. choz. 1961 (12), 28–30.

[587] TITOVA, K. N.: Ökologische und morphologische Besonderheiten des Taran (*Rutilus rutilus heckeli*) der Malyčsker Stauseen (Russisch). Naučn. dokl. vysš. školy, biol. nauki 1961 (3), 39–43.

[588] TLEUOV, E.: Materialien über das Laichen des Aral'-Zobel (*Abramis sapa*) im Amu-Ḋarja-Delta (Russisch). Vestnik Karakalpaksk. filiala AN Uzbeksk. SSR 1961 (2/4), 53–61.

[589] TORSUNOV, S. N.: Zur Methodik der Entnahme hydrobiologischer Bodenproben (Russisch mit engl. Zus.fass.). Zool. Ž. 1961, **40** (2), 275–276.

[590] TRET'JAKOV, F.: Der Schlangenkopf (*Ophiocephalus*) im Chimkinsker Stausee (Russisch). Rybovodstvo i rybolovstvo 1961 (2), 19.

[591] TROICKIJ, S. K.: Die kaukasische Fluß-Grundel im Flußgebiet des Don (Russisch mit engl. Zus.fass.). Zool. Ž. 1961, **40** (4), 620.

[592] TRUSOV, V. Z.: Probleme der Wiederherstellung der Schwärme des Volga-Kaspij-Störs nach der Errichtung des Volgogradsker Stausees (Russisch). Im Sammelband vgl. [8], 260–264.

[593] TURDAKOV, A. F.: Parthenogenetische Entwicklung des *Leuciscus bergi* KASCHKAROV des Issyk-Kul' (Russisch). Vopr. ichtiol. 1961, **1** (3/20), 491–496.

[594] TURDAKOV, F. A.: Ergänzende Daten zur Parthenogenese bei *Leuciscus bergi* des Issyk-Kul' (Russisch). Izv. AN Kirgizsk. SSR, Ser. biol. nauk 1961, **3** (1), 105–110.

[595] TURDAKOV, F. A.: Beobachtungsergebnisse zur Ökologie der Entwicklung der Fische des Issyk-Kul' (Russisch). Im Sammelband vgl. [74], 167–193.

[596] TURDAKOV, F. A. & A. O. KONURBAEV: Beobachtungen über die Laichwanderung des Issyk-Kul'sker *Leuciscus bergi* KASCHKAROV in der Čolpon-Atinsker Bucht (1959) (Russisch). Izv. AN Kirgizsk. SSR, Ser. biol. nauk 1961, **9** (1), 85–103.

[597] TEN, V. A.: Das Benthos des Sees Marka-Kul' (Russisch). Im Sammelband vgl. [74], 131–142.

[598] TJURIN, P. V.: Der Einfluß der Wasserstandsverhältnisse in den Stauseen auf die Bildung von Fischbeständen (Russisch). Izv. Gos. naučno-issledov. inst. ozern. i rečn. ryb. choz. 1961, **50**, 395–410.

[599] TJURIN, P. V.: Fischwirtschaftliche Klassifizierung der Stauseen und Methoden der Bestimmung ihrer Fischproduktivität (Russisch). Izv. Gos. naučno-issledov. inst. ozern. i rečn. ryb. choz. 1961, **50**, 429–444.

[600] TJUTEN'KOV, S. K.: Transportmethoden bei der Einbürgerung von Mysideen (Russisch). Im Sammelband vgl. [74], 117–130.

[601] TJUTEN'KOV, S. K.: Ponto-Kaspijsche Mysideen im Balchaš (Russisch). Vestnik AN Kazachsk. SSR 1961 (2), 62–66.

У

[602] ULOMSKIJ, S. N.: Der seltene Fall eines Hermaphroditismus bei *Eudiaptomus graciloides* (LILL.) (Crustacea, Copepoda) aus dem Kamsker (Permsker) Stausee (Russisch). Dokl. AN SSSR 1961, **137** (3), 732–734.

[603] USAČEV, P. I.: Die quantitative Methode des Sammelns und der Bearbeitung des Phytoplanktons (Russisch). Tr. Vsesojuzn. gidrobiol. obšč. 1961, **11**, 411–415.

[604] USPENSKAJA, V. I.: Das Auftreten und die Anreicherung des Erdgeruchs in Oscillatorien-Kulturen (Russisch). Im Sammelband vgl. [67], 92–95.

[605] USPENSKAJA, V. I.: Vorläufige Beobachtungen zur Abschwächung und Beseitigung des Erdgeruchs im Flußwasser (Russisch). Im Sammelband vgl. [67], 284–297.

Ф

[606] FEDIJ, V. A.: Einige Angaben über die Algenflora des Kachovsker Stausees und ihre Beeinflussung durch industrielle Verschmutzung (Russisch). Im Sammelband vgl. [8], 99–101.

[607] FEDIJ, S. P.: Der negative Einfluß der Industrieabwässer auf Flora und Fauna des Kachovsker Stausees und die Wege zu seiner Beseitigung (Russisch). Im Sammelband vgl. [8], 92–95.

[608] FEDOROV, A. V.: Die Veränderung der Ichthyofauna des Oberlaufs des Don unter dem Einfluß der Hydrobauten (Russisch). Naučn. dokl. vysš. školy, biol. nauki 1961 (2), 44–47.

[609] FEDOROV, V. G.: Über die Anpassung einiger Mollusken an das Austrocknen des Gewässers (Russisch mit engl. Zus.fass.). Zool. Ž. 1961, **40** (1), 133.

[610] FENJUK, V. JU.: Die Bodenbesiedelung der zeitweise überfluteten Zone des Rybinsker Stausees (Russisch). Tr. Darvinsk. gos. zapovednika 1961 (7), 277–308.

[611] FEOKTISTOVA, I. L.: Der Einfluß von Kobalt auf die Anzahl der planktischen Blaualgen und auf ihre Vitamin B_{12}-Synthese (Russisch). Bjull. Inst. biol. vodochranilišč AN SSSR 1961 (10), 3–6.

[612] FIALKOV, D. N.: Der See Žalauly (Russisch). Izv. Omsk. otd. Geogr. obšč. SSSR 1961 (4/11), 33–38.

[613] FRANCEV, A. V.: Über einige Wege der Einwirkung auf das Leben der Binnengewässer (Russisch). Tr. Vsesojuzn. gidrobiol. obšč. 1961, **11**, 323–330.

[614] FRANCUZOV, N. I.: Zur Frage des Umsetzens von Störfischen in den Volgogradsker Stausee (Russisch). Im Sammelband vgl. [8], 265–267.

X

[615] CHMELEVA, N. N.: Vergleichende Bestimmungen der Primärproduktion des Planktons in den Teichen der Lettischen SSR durch die Sauerstoff- und die Radiokohlenstoff-Methode (Russisch). Im Sammelband vgl. [37], 209–218.

[616] CHUSAINOVA, N. Z.: Übersicht über die Untersuchungen des Zoobenthos des Aral'-Sees (Russisch). Sbornik rabot po ichtiol. i gidrobiol. AN Kazachsk. SSR 1961 (3), 52–70.

Ц

[617] CEEB, JA. JA.: Hydrobiologische Charakteristik der Stauseen der Krym für die 20 Jahre ihres Bestehens (Russisch). Im Sammelband vgl. [6], 230–242.

[618] CEEB, JA. JA.: Zur Typologie der schwach salzigen und der Salzgewässer der Krym und Charakteristik ihrer Fauna (Russisch). Im Sammelband vgl. [6], 293–305.

[619] CEEB, JA. JA.: Das Zooplankton des sowjetischen Abschnitts der Donau (Russisch mit engl. Zus.fass.). Tr. Inst. gidrobiol. AN USSR 1961 (36), 103–127.

[620] CICHON-LUKANINA, E. A.: Zur Frage der Filtrationsmethode der Ernährung bei *Bithynia tentaculata* (L.) und *Valvata piscinalis* (MÜLLER) (Gastropoda, Prosobranchia) (Russisch). Bjull. Inst. biol. vodochranilišč AN SSSR 1961 (10), 28–30.

[621] CICHON-LUKANINA, E. A.: Die Abhängigkeit der Geschwindigkeit der Nahrungsaufnahme und Filtration bei einigen Süßwasser-Schnecken von der Konzentration der Nahrungsteilchen im Medium (Russisch). Bjull. Inst. biol. vodochranilišč AN SSSR 1961 (10), 31–34.

Ч

[622] ČVANKINA, M. A.: Die gegenseitigen Nahrungsbeziehungen der Jungfische im Rybinsker Stausee (Russisch). Vopr. ichtiol. 1961, **1** (1/18), 107–118.

[623] ČERNIKOV, N. I.: Das natürliche Ablaichen der Zährte (*Vimba*) im Teich (Russisch). Ryb. choz. 1961 (10), 18–19.

[624] Černjakova, E. L.: Die Biomasse des Phytoplanktons in den Fischzuchtteichen der Kolchozen und Sovchozen Weißrußlands (Russisch). Im Sammelband vgl. [37], 155—158.

[625] Čerfas, B. I.: Fischzuchtmaßnahmen in den Stauseen (Russisch). Im Sammelband vgl. [8], 26—30.

[626] Česnokov, V. A. & Mitarbeiter: Einige Resultate der Arbeiten über Massenkulturen einzelliger Algen (Russisch). Im Sammelband vgl. [37], 333—338.

[627] Čečuga, B. Z.: Die jahreszeitlichen Schwankungen der Gesamtzahl der Bakterien und die Generationsdauer in Seen verschiedenen Typs (Russisch). Im Sammelband vgl. [37], 232—265.

[628] Čečuga, B.: Chlorophyllgehalt und Primärproduktion in den Rajgrodsker Seen verschiedenen Typs (Russisch). Im Sammelband vgl. [37], 266—272.

[629] Čirvinskaja, B. M.: Hydrobiologische Charakteristik einiger Teiche des Elovsker und Častinsker Gebiets im Permsker Bezirk (Russisch). Uč. zapiski Permsk. univ. 1961, **18** (3), 93—105.

[630] Čugunova, N. I.: Über die Gesetzmäßigkeiten des Wachstums der Fische und ihre Bedeutung für die Dynamik der Populationen (Russisch). Tr. Sovešč. ichtiol. komiss. AN SSSR 1961 (13), 94—107.

[631] Čurbakov, E.: Futterteiche und Futterzonen (Russisch). Rybovodstvo i rybolovstvo 1961 (3), 15.

III

[632] Šalar', V. M.: Die jahreszeitliche Dynamik des Phytoplanktons des Dubassarsker Stausees (Russisch). Im Sammelband vgl. [95], 71—79.

[633] Šaronov, I. V.: Über die Rolle des Hechtes bei der Bildung der Ichthyofauna des Kujbyševsker Stausees (Russisch). Ryb. choz. 1961 (12), 30—33.

[634] Šelomov, I. K. & M. V. Fedosov: Über den Kreislauf des organischen Stoffes in den Gewässern (Russisch). Tr. Azovsk. naučno-issledov. inst. ryb. choz. 1961 (4), 190—201.

[635] Šenberg, N.: Zur Biologie einiger pelagischer Copepoden-Arten im See Vyrtsjarv (Russisch mit dtsch. Zus.fass.). Im Sammelband vgl. [418], 159—193.

[636] Šentjakov, V. A.: Die Wirkung des elektrischen Stromes von Industrie-Frequenz auf die Kolonien von *Dreissena polymorpha* Pall. (Russisch). Bjull. Inst. biol. vodochranilišč AN SSSR 1961 (10), 22—27.

[637] Šentjakov, L. F.: Die Anwendung des Čebyšev-Verfahrens bei der Methodik der Wachstumsberechnung der Fische nach den Schuppen (Russisch). Tr. Inst. biol. vodochranilišč AN SSSR 1961, **4** (7), 281—293.

[638] Šestakova, T. I.: Die bakterielle Besiedelung von Wasser und Boden des Novosibirsker Stausees nach Beobachtungen 1957—1958 (Russisch). Tr. Biol. inst. Sibirsk. otd. AN SSSR 1961 (7), 23—40.

[639] Šikleev, S. M.: Untersuchung des Zooplanktons und der sanitär-chemischen Verhältnisse des Ural-Flusses und einiger seiner Zuflüsse im Gebiet der Stadt Orsk (Russisch). Tr. Kujbyševsk. medinst. 1961, **16**, 103—119.

[640] Šilova, A. I.: Eine neue Gattung und Art der Tendipediden (Diptera, Tendipedidae) (Russisch). Bjull. Inst. biol. vodochranilišč AN SSSR 1961 (11), 19—23.

[641] Šornikov, E. I.: Zur Erforschung der Ostracoden der Gewässer des Kuban-Deltas (Russisch). Tr. Azovsk. naučno-issledov. inst. ryb. choz. 1961 (4), 131—141.

[642] Špet, G. I.: Die Bedeutung der Photosynthese für die Sauerstoffverhältnisse in Karpfenteichen (Russisch). Im Sammelband vgl. [37], 179—185.

[643] Špet, G. I.: Über die Mollusken-Ernährung der Karpfen (Russisch mit engl. Zus.fass.). Zool. Ž. 1961, **40**, (6), 939—941.

[644] Špet, G. I.: Teichgröße und Produktivität (Russisch). Ryb. choz. 1961 (5), 31—33.

[645] Špet, G. I. & M. B. Fel'dman: Die Sauerstoffverhältnisse der Teiche unter den Bedingungen der intensiven Karpfenzucht (Ukrainisch). Ukr. akad. sil's'kogosp. n., Kiiv 1961, 127 S.

[646] Šterman, L. Ja.: Die Beziehung zwischen der Größe einjähriger Fische und dem Grade ihrer Osmoregulation (Russisch). Naučn. dokl. vysš. školy, biol. nauki 1961 (2), 76—79.

Щ

[647] ŠČERBAKOV, A. P.: Die Produktivität der tierischen Besiedlung des Ufer-Gesträuchs am Glubokoe-See (Russisch). Tr. Vsesojuzn. gidrobiol. obšč. 1961, **11**, 285–298.

Э

[648] EGGERT, M. B.: Das Plankton des Il'men-Sees (Russisch). Tr. Vsesojuzn. gidrobiol. obšč. 1961, **11**, 82–104.

[649] EGLITE, R. M.: Wanderung und Laichen des Flußneunauges [*Lampetra fluviatilis* (L.)] in den Flüssen der Lettischen SSR (Lettisch mit engl. Zus.fass.). Uč. zapiski Latvijsk. gos. univ. 1961, **39**, 9–28.

[650] EKZERCEV, V. A.: Die ersten Stadien der Verlandung der seichten Gebiete der Volga-Stauseen (Russisch). Bjull. Inst. biol. vodochranilšč AN SSSR 1961 (10), 11–13.

[651] EKZERCEVA, V. V.: Die Produktion der litoralen Wasserpflanzen des Ugličesker Stausees (Russisch). Bjull. Inst. biol. vodochranilišč AN SSSR 1961 (11), 7–9.

[652] ELANIDZE, R. F.: Die Ichthyofauna des Flusses Kodora (Gruzinisch mit russ. Zus.fass.). Tr. Inst. zool. AN Gruzinsk. SSR 1961, **18**, 53–72.

[653] ERGAŠEV, A. E.: Über den Algenbewuchs einiger Bewässerungsanlagen der Golodner Steppe (Uzbekisch mit russ. Zus.fass.). Dokl. AN Uzbeksk. SSR 1961 (10), 60–62.

[654] ERM, V.: Über biologische und morphologische Unterschiede zwischen dem Salzwasser- und dem Süßwasser-Zander Estlands (Estnisch mit dtsch. Zus.fass.). Im Sammelband vgl. [418], 289–342.

Ю

[655] JUROVICKIJ, JU. G. & P. N. REZNIČENKO: Über einige Besonderheiten der Entwicklung des Kurinsker Störs (*Acipenser güldenstädti* BRANDT) bei unterschiedlichen Sauerstoff-Verhältnissen (Russisch). Vopr. ichtiol. 1961, **1** (2), 314–320.

[656] JUR'EV, G. S.: Morphologie des Wildkarpfens (*Cyprinus carpio* L.) des Proletarsker Stausees (Russisch). Vopr. ichtiol. 1961, **1** (2), 243–252.

Я

[657] JABLONSKAJA, E. A.: Über die jahreszeitliche Dynamik des Benthos des Aral'-Sees (Russisch). Sbornik rabot po ichtiol. i gidrobiol. AN Kazachsk. SSR 1961 (3), 71–92.

[658] JAKOVLEVA, A. N.: Die Ichthyofauna des Volga-Flusses im Gebiet des Volgogradsker Stausees (Russisch). Im Sammelband vgl. [8], 251–255.

[659] JAKUBOVA, A. I.: Die Grundzüge der Algengesellschaften des Ob' in seinem Oberlauf (Russisch). Tr. Biol. inst. Sibirsk. otd. AN SSSR 1961 (7), 65–79.

[660] JANKAVIČJUS, K. K., A. JU. BARANAUSKENE, T. S. KISELITE & G. JU. JANKAVIČJUTE: Einige Angaben zur Tagesdynamik der Anzahl des Bakterio-, Phyto- und Zooplanktons im See Disnaj (Russisch). Tr. AN Litovsk. SSR, Ser. V 1961 (2/25), 147–162.

[661] JANKEVIČJUTE, G.: Einige Angaben zur Primärproduktion des Sees Disnaj (Russisch). Im Sammelband vgl. [37], 127–132.

[662] JARVEKJUL'G, A.: Die Fauna der Muschelkrebse (Ostracoda) der austrocknenden Gewässer Estlands (Estnisch mit dtsch. Zus.fass.). Im Sammelband vgl. [418], 194–234.

[663] JAŠNOV, V. A.: Ein schnellfiltrierendes Planktonnetz (Russisch mit engl. Zus.fass.). Zool. Ž. 1961, **40** (1), 122–128.

Anschrift der Verfasser:
N. I. SEMENOVIČ, St. naučn. sotrudnik,
N. JU. JAKOVLEVA,
Laboratorija ozerovedenija (Laboratorium für Seenkunde)
Leningrad P-46, Petrovskaja ul. 3-a

(Übersetzung aus dem Russischen: INGRID FLÖSSNER; Redaktion: THEODOR SCHRÄDER).

Limnologica (Berlin)	2	4	1964	539–541

Tagungsberichte

Kolloquium der Arbeitsgemeinschaft für Unterwasserforschung, Fachgebiet Biologie, der Deutschen Akademie der Wissenschaften zu Berlin

Das Plenum der Deutschen Akademie der Wissenschaften zu Berlin bestätigte am 17. Dezember 1959 die Einrichtung der „Kommission für Unterwasserforschung" der Akademie, deren Vorsitz seit ihrer Gründung der Präsident der Akademie, Herr Prof. Dr. Dr. h. c. WERNER HARTKE, führt. Aufgabe der Kommission ist die Koordinierung der Unterwasserforschung in der DDR; Mitglieder der Kommission sind acht Vertreter der an der Unterwasserforschung interessierten Fachgebiete, so für das Gebiet der Biologie der Direktor der Forschungsstelle für Limnologie der Akademie, Herr Doz. Dr. habil. THEODOR SCHRÄDER.

Als ausführendes Organ ist der Kommission die „Arbeitsgemeinschaft für Unterwasserforschung" zugeordnet, in der sich ehrenamtliche Mitarbeiter zusammengeschlossen haben. Aufgabe dieser Arbeitsgemeinschaft ist die Erkundung technischer Möglichkeiten für die Anwendbarkeit des autonomen Tauchens zur Unterstützung von Forschungsarbeiten auf den Gebieten der Archäologie, Biologie, Geologie, Hydrologie, Ozeanographie, Medizin, Physik und Technik in Zusammenarbeit mit den bestehenden Institutionen und Einrichtungen der DDR.

Als erste öffentliche Veranstaltung der Arbeitsgemeinschaft fand am 29. November 1963 in Berlin ein Kolloquium des Fachgebiets Biologie statt, das von einer erfreulich hohen Anzahl vorwiegend jüngerer Biologen besucht war, die an der Arbeitsmethodik des autonomen Tauchens bei Forschungsarbeiten in Gewässern interessiert sind, und an dem auch der Vorsitzende der Kommission, Akademiepräsident W. HARTKE und Mitglieder der Kommission teilnahmen. Sieben Vorträge wurden gehalten, die sich sowohl mit Fragen der Methodik der Unterwasserforschung beschäftigten als auch mit Teilergebnissen biologischer Forschungsarbeiten, die mit Hilfe des autonomen Tauchens erzielt wurden. Lebhafte Diskussionen, die sich an die einzelnen Vorträge anschlossen, bezeugten das breite Interesse der Teilnehmer des Kolloquiums an der vorgetragenen Thematik. Über den Inhalt der Vorträge berichten die folgenden Kurzreferate:

D. KÜHLMANN (Institut für Spezielle Zoologie der Humboldt-Universität Berlin): Die Unterwasserforschung, eine junge Arbeitsmethode in der Biologie.

Der Referent, Leiter des Fachgebiets Biologie der Arbeitsgemeinschaft, gab zur Einführung in das Kolloquium einen umfassenden Überblick über Möglichkeiten und Aufgaben der Unterwasserforschung, vor allem in der Meeresforschung; er stützte sich dabei vornehmlich auf die Ergebnisse des 1. Plenums der Sektion für Unterwasserforschung der Akademie der Wissenschaften der UdSSR in Moskau 1961 und des 2. Weltkongresses der Confédération Mondiale des Activités Subaquatiques. Für die Lösung bestimmter Probleme ist der Einsatz tauchender Wissenschaftler unerläßlich, vor allem dort, wo das Substrat dem von der Wasseroberfläche aus arbeitenden Biologen verschlossen bleibt: auf Fels- und Geröllgrund und in untermeerischen Höhlen und Höhlengewässern. Der autonome Taucher kann hier bei unmittelbarer Beobachtung chemische und biologische Proben gezielt entnehmen. Unmittelbare Beobachtungen von Fanggeräten der Fischerei während ihres Einsatzes und der Reaktionen der Fische auf die Geräte können zu wichtigen Korrekturen hinsichtlich Konstruktion des Geräts, Netzfarbe, Schleppgeschwindigkeit usw. führen.

G. Mothes (Forschungsstelle für Limnologie, Jena-Lobeda): Der Wert des autonomen Tauchens bei limnologischen Arbeiten.

Im Rahmen quantitativer bodenfaunistischer Arbeiten im Stechlinsee wurde durch autonomes Tauchen das Funktionieren der vom Boot aus „blind" bedienten üblichen Bodengreifer auf verschiedenem Sediment unmittelbar beobachtet; die Beseitigung der dabei festgestellten Mängel führte zu verbesserten Ergebnissen. Der Wissenschaftler bekommt als autonomer Taucher einen unmittelbaren Eindruck von Bodengestaltung, Pflanzenbewuchs und ungestörter Anordnung der makroskopischen Bodentierwelt eines Gewässers; das ungleichmäßige Mosaik der Besiedlung des Biotops durch bestimmte Organismen wird ebenso leicht erkannt wie die Bevorzugung bestimmter Strukturen und Habitate durch die Vertreter einer Tiergruppe. Geräte, die über längere Zeit physikalische oder chemische Daten registrieren sollen, kann der Taucher einwandfrei an den ihn interessierenden Stellen im Gewässer anbringen und dort kontrollieren.

F. Möller (Bezirks-Hygieneinstitut Potsdam): Zur Frage der Planktonwolken in Binnengewässern und die Möglichkeit ihrer Klärung durch Unterwasserbeobachtungen.

In der Planktonforschung können die Methoden der Probenentnahme durch Schöpfen oder Pumpen, die Feststellung von Horizonten durch Echolotung und das Unterwasser-Fernsehen durch die Methode des autonomen Tauchens wertvoll ergänzt werden. Außer einer Kontrolle der Zuverlässigkeit der bisherigen Arbeitsmethoden bietet das autonome Tauchen die Möglichkeit, durch unmittelbare Beobachtung die Verteilung des Planktons im Gewässer zu studieren, insbesondere bei der Erforschung der horizontalen Inhomogenität und der Frage der Entstehung der Planktonwolken mitzuwirken.

D. Kühlmann (Institut für Spezielle Zoologie der Humboldt-Universität Berlin): Ökologische Unterwasserforschungen im Benthal der Schwarzmeerküste Rumäniens.

Als Beispiel für Untersuchungen in einem Biotop, in dem die Methode des autonomen Tauchens besonders vorteilhaft ist, wird über Arbeiten berichtet, die im felsigen Litoral der rumänischen Schwarzmeerküste bis in 5 m Tiefe durchgeführt wurden. Bei gleichbleibendem Substrat ändert sich mit zunehmender Tiefe die Zusammensetzung der Pflanzen- und Tierwelt in charakteristischer Weise; einwandfreie Proben vor allem der Tierwelt und ihrer Zusammensetzung sind auf solchen Substraten mit „blind" arbeitenden Methoden kaum zu gewinnen.

M. Taege (Zoologisches Institut der Humboldt-Universität Berlin): Verhaltensstudien an Schwarzgrundeln (*Gobius niger* L.) der Ostsee im natürlichen Biotop.

Der Vortragende zeigte, daß auch auf dem Gebiete der Verhaltensforschung das autonome Tauchen geeignet ist, an Aquarienversuchen gewonnene Erkenntnisse entweder zu bestätigen oder aber zu berichtigen. Ein technisch guter 16 mm-Unterwasser-Farbfilm veranschaulichte in einprägsamer Weise die Beobachtungen hinsichtlich der Nahrungsaufnahme und der Gewöhnung der Fische an den fütternden Menschen und die Konkurrenzkämpfe beim Fressen unter Artgenossen und gegenüber Artfremden.

H. Karst (Zoologisches Institut der Pädagogischen Hochschule Potsdam) und D. Kühlmann: Freiwasserbeobachtungen an Tobiasfischen (Ammodytidae) in der westlichen Ostsee.

Die Methode des autonomen Tauchens erwies sich auch für das Studium des Schwarmverhaltens der Tobiasfische (*Ammodytes tobianus* und *Hyperoplus lanceolatus*) in der westlichen Ostsee als geeignet. Schwarmbildung zur Nahrungsaufnahme nach der Nachtruhe der Fische im ufernahen Sandgrund, Bewegungen der Schwärme, Verhalten gegenüber Störungen durch Fische (Aal,

Scholle) oder auch durch den Taucher selbst, Nahrungsaufnahme usw. konnten beobachtet und analysiert werden.

M. Rauschert (Sekretär der Arbeitsgemeinschaft für Unterwasserforschung): Zur Anwendung von Unterwasserphotographie und -Film in der biologischen Forschung.

Der Vortrag gab eine Einführung in die Technik der Unterwasser-Photographie mit vielen praktischen Beispielen und Hinweisen unter besonderer Berücksichtigung der Stereophotographie. Insbesondere wurde die Anwendung der Unterwasserphotographie und des Unterwasser-Films in der biologischen Forschung demonstriert.

D. Kühlmann & Th. Schräder

Limnologica (Berlin)	2	4	1964	543–550

Buchbesprechungen

Alexis Scamoni, unter Mitarbeit von Harro Passarge: Einführung in die praktische Vegetationskunde. 2. Aufl. Jena: VEB Gustav Fischer Verlag. XI + 236 S., 25 Abb., 12 Karten, 10 Tab.; 8 Tafeln und 1 Vordruck als Beilagen. Lw. MDN 19,20.

Das Buch gibt eine Einführung in die Vegetationskunde unter besonderer Berücksichtigung der von A. Scamoni und seinen Mitarbeitern aus forstpraktischen Gesichtspunkten heraus entwickelten Methode der Vegetationsgliederung nach der Artengruppenkombination. Es entstand aus Vorlesungen über forstliche Vegetationskunde an der ehemaligen Forstwirtschaftlichen Fakultät in Eberswalde. So ist es verständlich, daß die forstliche Seite der Vegetationskunde in diesem Buche überall im Mittelpunkt steht. Nach einleitenden Ausführungen über Stellung, Aufgaben und geschichtliche Entwicklung der Vegetationskunde werden die floristischen Grundlagen (in Anlehnung an Meusel 1943) und die praktischen Untersuchungsverfahren dargestellt. Das nächste Kapitel beschäftigt sich mit der Ausarbeitung der Vegetationseinheiten, wobei entsprechend der Grundeinstellung der Verfasser die Einteilungen auf der alleinigen Grundlage soziologischer Artengruppen bzw. der sogenannten „charakteristischen Artengruppenkombination" in den Vordergrund gerückt werden. Es geht aber nicht an, nur diese Verfahren als „soziologische Gliederungsprinzipien" zu bezeichnen; denn auch die vegetationskundliche Systematik nach Braun-Blanquet bedient sich doch durchaus soziologischer Gliederungsprinzipien. In weiteren Kapiteln werden sodann die Untersuchungen der Umwelt- und Haushaltsbedingungen, die Standortsbeurteilung nach ökologischen Artengruppen, Probleme und Verfahren der experimentellen Vegetationskunde, Vegetationsdynamik, Vegetationskartierung, Vegetationsgeographie und Fragen der praktischen Vegetationskunde dargestellt. Ein abschließender Abschnitt, von H. Passarge bearbeitet, bringt eine Übersicht über die wichtigsten Vegetationseinheiten Deutschlands. Diese Übersicht ist hinsichtlich ihrer theoretischen Grundlagen aber recht heterogen. Einerseits wird für die baumfreien Pflanzengesellschaften die klassische Gliederung (nach Charakterarten) wiedergegeben, mit Ausnahme verschiedener Verbände der Calluno-Ulicetalia, bei der die sehr umstrittene Gliederung von Schubert kritiklos übernommen wird. Andrerseits liegt der Gliederung der Wald- und Gebüsch-Gesellschaften zum größten Teil eine von Passarge und Scamoni auf der Grundlage der Artengruppenkombination entworfene neue Systematik zugrunde. Diese Heterogenität führt zu einer erheblichen Wertminderung der Übersicht; handelt es sich doch bei den unter den höheren Vegetationseinheiten verzeichneten Arten einmal um eigentliche Kennarten, zum anderen aber nur um soziologische Artengruppen. So bietet das vorliegende Buch im wesentlichen nur einen Einblick in die Arbeitsweise der Eberswalder Schule der Vegetationskunde. Wer sich einen weiteren Blick verschaffen will, wird daher noch zu anderen Werken greifen müssen.

Krausch

T. Swain (Editor): Chemical Plant Taxonomy. London & New York: Academic Press 1963. 543 S. Lw. 110 s.

Der Band enthält 16 Beiträge, die die beiden Disziplinen Chemie und Botanik verknüpfen sollen. Er vermittelt einen Überblick über das Erreichte und erlaubt einen Einblick in die Arbeits- und Denkweise der Fachvertreter. Für den Botaniker ist die Anwendung der Chemie auf taxonomische und phylogenetische Fragestellungen von Interesse; der Chemiker findet eine Zusammenstellung des Vorkommens zahlreicher Naturstoffe und eine Einführung in deren Biosynthese vor. Eingeleitet wird das inhaltsreiche Buch mit einem Artikel über die Methoden der klassischen Pflanzentaxonomie (Walter); ihm folgt eine „moderne" Darstellung der Konzeption des Artbegriffs (Heslop-Harrison). Beide Arbeiten können nicht befriedigen: Dem Chemiker geben sie zu wenig greifbares Material; der Botaniker hat viele der angeschnittenen Probleme bereits klarer und tiefer von anderer Seite kennengelernt. Nach einem kurzen und klugen historischen Überblick über die Chemotaxonomie (GIBBS), an dem lediglich zu bemängeln wäre, daß in ihm die Bemühungen der sowjetischen Biochemiker zu kurz kommen — der Name BLAGOWESTSCHENSKIS taucht an keiner Stelle des Bandes auf —, nach grundsätzlichen Erörterungen der Aspekte der Chemotaxonomie (ERDTMAN) und der Biosynthese-Probleme (BIRCH) werden in den folgenden Beiträgen bestimmte Naturstoffgruppen auf ihr Vorkommen im Pflanzenreich und auf ihre Bedeutung für systematische Fragestellungen hin untersucht. BATE-SMITH stellt die Flavonoide dar; über Alkane berichten EGLINTON & HAMILTON; die organischen Säuren analysiert SØRENSEN; die Verteilung der Fettsäuren in pflanzlichen Lipoiden beleuchtet SHORLAND; aliphatische Polyole und Cyclitole bearbeitet PLOUVIER; über Pflanzenglykoside handelt PARIS, und HARBORNE erläutert die Verteilung der Anthocyanine in höheren Pflanzen. Ein Beitrag über die taxonomische Bedeutung der Alkaloide (HEGNAUER) wird ergänzt durch eine Analyse der Alkaloide der Rutaceen (PRICE). Den Beschluß macht eine Studie über die Schwefelverbindungen (KJAER). Im Anhang finden sich neben dem Autorenverzeichnis eine Übersicht über die Ordnungen und Familien der Spermatophyten und eine alphabetische Liste von ihnen sowie ausführliche Indices der Autoren, der behandelten Gattungen, Arten und chemischen Verbindungen. Fast alle Beiträge zeichnen sich durch vorsichtige Einschätzung und Beurteilung des Tatsachenmaterials aus. Die relativ geringe Anzahl von Pflanzen, für die genaue und ausreichende chemische Daten vorliegen, erlaubt nur allgemeine Schlüsse. Dennoch beurteilen die Autoren die zukünftige Entwicklung der Chemotaxonomie optimistisch. Sie sind sich einig, daß chemische Daten taxonomisch wertvolle Merkmale sind, daß sie aber eben nur einen Merkmalskomplex darstellen, der sich zwanglos in die Summe bereits bekannter und deshalb vorwiegend von Systematikern beachteter Charaktere einfügt und im Zusammenhang mit diesen geeignet ist, die Einblicke in die Sippenzusammenhänge zu vertiefen. Das Buch bietet eine Vielzahl von Anregungen und kann allen empfohlen werden, die an einer Erneuerung der Taxonomie interessiert sind. CASPER

ERNST G. PRINGSHEIM: Farblose Algen. Ein Beitrag zur Evolutionsforschung. Stuttgart: Gustav Fischer Verlag 1963. XI + 471 S., 80 Abb., Lw. DM 64,—.

Dieses Buch des Vaters der modernen Methode der absoluten Reinkultivierung der Algen ist eine der anregendsten und vielseitigsten Darstellungen der Flagellatenkunde der neueren Zeit. Es ist die Absicht des Verfassers, die Bedeutung und den Vorgang der Entwicklung farbloser heterotropher Algen aus pigmentierten phototrophen zu analysieren. Darüberhinaus sollen die farblosen Algen lehren, die biologischen Folgerungen aus der Wirkung des Verlustes der Chlorophyllbildung überhaupt zu ziehen.

Die herkömmliche Systematik hat sich daran gewöhnt, im Bereiche der „niederen" Lebewesen die farblosen Formen generell als „tierisch" zu betrachten und sie damit dem Arbeitsgebiet des Zoologen zuzuweisen, dagegen die gefärbten Sippen als Pflanzen anzusehen und sie in Lehrbüchern der Botanik zu behandeln. Es gibt aber eine ganze Reihe von Protisten, für die als typische Übergangsformen die naive Unterscheidung von Tier und Pflanze sinnlos geworden ist, und darüberhinaus solche, die trotz „Farblosigkeit" ihre Verwandtschaft zu eindeutig gefärbten Formen noch erkennen lassen. PRINGSHEIM sucht zu zeigen, daß gefärbte Algen die Basis für die Entstehung apochlorotischer Formen abgeben können und sie im Laufe der Evolution auch abgegeben haben. Im einzelnen wird eine Antwort auf u. a. folgende Fragen gesucht: Wo kommen im System farblose Formen vor und wie lassen sie sich taxonomisch erfassen? Welcher Art sind die Ähnlichkeiten zwischen den farblosen Algen und ihren gefärbten Verwandten und worin bestehen die Verwandtschaftsmerkmale? Wie sind die farblosen Algen entstanden? Stammen sie von gefärbten ab oder umgekehrt? Wie hat sich der Pigmentverlust zugetragen? Läßt sich die Entstehung apochlorotischer Zellen beobachten und experimentell lenken? Zur Beantwortung dieser Fragen werden nicht nur Tatsachen aus dem Bereiche der farblosen Organismen selbst mitgeteilt, sondern in großem Maße auch die Verhältnisse bei den gefärbten Algen herangezogen. Morphologische, physiologische, ökologische, systematische und genetische Erkenntnisse werden erörtert. Dadurch ist das Werk mehr als nur eine „farblose" Algenkunde.

Nach einer wissenschaftstheoretischen und methodologischen Einleitung wird intensiv die allgemeine Morphologie der in Frage stehenden Organismen behandelt, wobei naturgemäß Plastiden, Farb- und Reservestoffe, Augenfleck und Apochlorose im Vordergrunde des Interesses stehen. Der folgende taxonomische Abschnitt beschäftigt sich — der üblichen systematischen

Anordnung folgend — mit denjenigen Gruppen, in denen farblose Vertreter bekannt sind. Unter den Cyanophyceen sind das die Chaemosiphonaceen, Oscillatoriaceen, Achromatiaceen, Beggiatoaceen und Thiotrichaceen; unter den Chrysophyten die Chrysophyceen, Xanthophyceen und Diatomeen; unter den Cryptophyten die Cryptomonadaceen und Katablepharidaceen; unter den Peridineen die Dinomonadaceen und Desmomonadaceen; die Eugleninen; die Chloromonadinen, unter den Chlorophyten die Chlamydomonadaceen, Tetrasporaceen, Chlorellaceen, Oocystaceen und Selenastraceen; unter den Rhodophyten eine Anzahl parasitischer Formen. Bei den Phaeophyten finden sich keine farblosen Arten. Die Abschnitte über die Physiologie und Ökologie, die weit über das hinausgehen, was in vergleichbaren Büchern über diese Teilgebiete gesagt wird, gipfeln in der für die Fragestellung bedeutsamen Erkenntnis, daß für viele „primitive" Sippen eine gemischte Ernährungsweise charakteristisch ist, daß also offenbar die Fähigkeit zur Verwertung organischer Nährstoffe bei chlorophyllführenden Lebewesen die Voraussetzung dafür war, daß ein Verlust des photosynthetischen Pigmentsystems überstanden werden konnte. Das zusammenfassende Kapitel über die Entstehung der Farblosigkeit und die sich anschließenden Schlußbetrachtungen runden die überaus inhaltsreiche Untersuchung ab.

Trotz des reichen Materials, das der Verfasser vorlegen kann, sind die Ergebnisse hinsichtlich des „wirklichen Geschehens" der Entstehung der Apochlorose unsicher. Zwar scheint gesichert, daß die Apochlorose durch Verblassen, durch Verminderung der Plastidengröße, durch ungleiche Aufteilung der Chromatophoren oder durch Chromatophorenzerfall entstehen kann. Aber „alle diese Fälle lehren uns nicht, wie die farblosen aus den gefärbten Algen entstanden sind. Sie zeigen nur, daß eine Verminderung oder das zeitweilige Fehlen des Pigmentgehaltes ertragen werden kann". So bietet PRINGSHEIMS Buch keine endgültige Lösung. Es ist vielmehr und in besonders hohem Maße Anregung für künftige Forschungen. Es sollte Maßstab für alle Botaniker und Zoologen sein, denen die fraglichen Organismengruppen „am Herzen liegen". Trotzdem seien dem Referenten einige kritische Bemerkungen gestattet. Auf den ersten Blick erscheint demjenigen, der mit der landläufigen Einteilung der niederen Pflanzen in Flagellaten und Algen vertraut ist, der Titel „Farblose Algen" irreführend, da sich die Darstellung im wesentlichen auf die Flagellaten beschränkt. PRINGSHEIM begründet sein Vorgehen damit, daß die Grenzen zwischen diesen beiden Organisationsstufen nicht scharf seien und den Begriffen „Alge" und „Flagellat" keine systematische Bedeutung zukäme. Folglich könnten die chlorophyllhaltigen Flagellaten unbedenklich zu den Algen gerechnet werden; eine Auffassung, die besonders von PASCHER ausgegangen ist. Dennoch bemüht sich PRINGSHEIM an vielen Stellen seines Werkes, die Flagellaten und die Algen begrifflich zu fassen; dabei bleibt er bei den formalistischen Formulierungen von KLEBS und PASCHER stehen. Referent vermißt in diesem Zusammenhang den Namen SCHUSSNIG. SCHUSSNIG hat mit seiner These, daß die Algen aus trophisch gewordenen cystären Entwicklungsphasen der Flagellaten entstanden seien, einen echt biologischen Gedanken in die Diskussion gebracht, der höchste Aufmerksamkeit verdiente. Selbst wenn sich PRINGSHEIM nicht zu dieser Hypothese bekennen kann, so sollte er zumindest auf sie hinweisen, und dies um so mehr, als sie in dem immerhin kaum zu übersehenden „Handbuch der Protophytenkunde" in extenso niedergelegt ist; das SCHUSSNIGsche „Handbuch" findet sich jedoch nicht einmal im Literaturverzeichnis! Aber nicht nur das Problem Flagellat — Alge, sondern auch zahlreiche, ja fast alle Fragestellungen des PRINGSHEIMschen Werkes werden bei SCHUSSNIG erörtert, wobei vor allem auf die bedeutsamen Darlegungen über die Abstammung der Pilze verwiesen sei. Referent betont, daß es ihm nicht um eine Kritik um der Kritik willen geht. Der junge Botaniker, der sich den Zugang zu den schwierigen und vielschichtigen Problemen der Algenkunde eröffnen will, ist genötigt, sich überall informieren und beraten zu lassen; ihm ist nicht damit gedient, wenn ihm nur Ausschnitte geboten werden.

Zwei minder wichtige Hinweise: Ginkgo und Cycadaceen können kaum als Blütenpflanzen bezeichnet werden (S. 2); *Beggiatoa* läßt sich plasmolysieren: vielleicht ein Hinweis auf ihre systematische Stellung (S. 106). CASPER

RALPH A. LEWIN (Editor): Physiology and Biochemistry of Algae. New York & London: Academic Press 1963. 929 S., 53 Tab., Lw. $ 32,— (229 s).

Das vorliegende Werk bringt eine zusammenfassende Darstellung der Fortschritte auf dem Gebiet der experimentellen Phykologie. Die Autoren dieses Bandes stammen aus zwölf verschiedenen Ländern. In 55 Kapiteln, die jeweils von Spezialisten rezensiert und ergänzt wurden, werden die heute vorliegenden Ergebnisse physiologischer und biochemischer Untersuchungen an

Algen dargestellt und diskutiert. An vielen Stellen wird auf die noch ungelösten Probleme hingewiesen. Jedes Kapitel enthält ausführliche Literaturangaben (Stichtag: 31. Mai 1960), die ein intensives Studium des z. T. stark konzentrierten Stoffes erleichtern. Eine Reihe experimenteller Themen blieb unberücksichtigt, da noch keine oder zu wenig Befunde vorliegen; z. B. über endozoische Cyanophyceen, über an Fischen parasitierende Dinoflagellaten oder jene farblosen Rhodophyceen, die auf ihren autotrophen Verwandten schmarotzen. Der Band gliedert sich in vier Teile: I. Ernährung, II. Chemische Zusammensetzung der Zellen, III. Physiologie der Gesamtzelle und IV. Physiologie im Zusammenhang mit der Ökologie. Daran schließen sich drei Anhänge: A. Kurze systematische Übersicht aller erwähnten Arten, B. Aufnahme von radioaktiven Stoffen durch Algen und C. Antibiotica aus Algen. Den Abschluß bilden drei sorgfältig ausgearbeitete Register der Autoren (mit Angabe sämtlicher Zitate), der Sachwörter und der taxonomischen Begriffe.

Im ersten Teil finden sich in 17 Kapiteln ausführliche Darstellungen über Assimilation, Atmung und Heterotrophie, über Aminosäuren und Eiweiße sowie über die Bedeutung einzelner Stoffe für die Ernährung. Besondere Kapitel sind weiterhin den Lichtreaktionen bei der Photosynthese, den Nukleotiden und Nukleinsäuren und dem Vorkommen von Schwefel und Halogenen gewidmet. Verteilung und Transport von Kationen auf zellularer Ebene werden dargestellt; organische und anorganische Spurenstoffe, auch in ihrer ökologischen Bedeutung, werden behandelt. Der 13 Kapitel umfassende zweite Teil bringt Abhandlungen über Reservestoffe, Zellwandbestandteile, Schleimbildungen, Fette und Steroide, Lipoide, Chlorophylle, Carotinoide, Phycobiline, Tannine und Vakuolenpigmente, Verkieselungen, Verkalkungen und flüchtige Bestandteile der Zelle. Das ausführlichste Kapitel des dritten Teiles behandelt die Permeabilität; daneben finden sich Ausführungen über Salzgehalt und osmotische Vorgänge sowie über den Einfluß der Temperatur. Weiterhin wird über Intrazellularbewegungen, Bewegungsformen (z. B. Gleiten), taxisches Verhalten und Kultivierungsbedingungen berichtet sowie über die Möglichkeiten, durch neue Methoden die sexuelle Vermehrung zu beeinflussen. Der vierte Teil demonstriert an Hand einiger Algenbiotope den Einfluß physiologischer Aspekte auf die Ökologie. Erfreulicherweise wird gerade an dieser Stelle auf die Notwendigkeit der Zusammenarbeit von Physiologen und Ökologen-Systematikern hingewiesen.

Die straffe Darstellung des umfangreichen Themenkreises, begrüßenswert übersichtlich ergänzt durch Tabellen und Graphiken, dennoch in lesbarem Stil geschrieben, verdient gleichermaßen Beachtung des Physiologen und des Systematikers; das Buch wird Jedem ein unentbehrliches Hilfsmittel sein, der sich mit algologischen Problemen befaßt. Drucktechnische Ausführung und Anordnung tragen dazu bei, auch Studenten und weniger Eingeweihten seine Benutzung zu erleichtern.

Busse

Vom Wasser. Ein Jahrbuch für Wasserchemie und Wasserreinigungstechnik. Band XXIX (1962). Weinheim/Bergstraße: Verlag Chemie 1963. 421 S., 168 Abb., 121 Tab., Hlw. DM 38,—.

Der jüngste Band der von der Fachgruppe Wasserchemie in der Gesellschaft Deutscher Chemiker unter der Schriftleitung von W. Husmann herausgegebenen Jahrbücher enthält die auf der Jahrestagung 1962 in Fulda gehaltenen Vorträge sowie weitere Beiträge namhafter Fachleute. Von seinen letzten Vorgängern unterscheidet sich der vorliegende Band dadurch, daß in ihm erstmals die meist mehr als 100 Druckseiten umfassende alljährliche „Amerikanische Rückschau auf die Abwasserliteratur" aus der Feder von F. Sierp nicht mehr enthalten ist, weil sie künftig, um einer zentralen Dokumentation auf dem Wasser- und Abwassergebiet die Wege zu ebnen, im Rahmen der „Dokumentation Wasser" veröffentlicht werden soll. Trotzdem ist der vorliegende Band an Umfang nicht schmaler als seine Vorgänger.

Mit einem auf den Tagungsort bezogenen regionalen Thema, „Reinhaltemaßnahmen an der Weser und ihren Quellflüssen" (H. Lüssem), beschäftigt sich der erste der 18 Beiträge des Bandes. G. Wagner diskutiert „Methoden zur Beurteilung von Mischungsverhältnissen und Umsetzungsprozessen im Gebiet der Vermischung zweier unterschiedlicher Wässer nach dem Prinzip des Salzverdünnungsverfahrens". Karl F. H. Mehls behandelt „Besondere Erfordernisse der Trinkwasserbereitung bei überregionalen Notständen", die aus einer großräumigen biologischen, chemischen oder radioaktiven Kontamination des Wassers entstehen und dann als Gegenmaßnahme eine entsprechende Aufbereitung verlangen. J. Holluta & S. Velten berichten über „Untersuchungen über die Enteisenung", die bei der Trinkwasser-Aufbereitung aus Rohwässern mit mehr als 0,1 mg/l Fe notwendig ist. FRITZ BÖHMLÄNDER behandelt die „Entwicklung von Chlordioxyd aus Natriumchlorit-Lösung mit Hilfe von Schwefelsäure". Beim Fluor-Gehalt des Trinkwassers ist die Spanne zwischen dem Optimum und Dosen, die gesundheitliche Schäden hervorrufen können, gering. Bei der auch in Europa zunehmenden Fluoridierung des Trinkwassers im Zuge kariesprotektiver Maßnahmen ist daher besonders aktuell der Beitrag von K.-E. QUENTIN „Die colorimetrische Fluorbestimmung im Wasser" mit der Angabe einer Methode, die nach Anreicherung durch Wasserdampf–Säure-Destillation die anschließende kolorimetrische Bestimmung von F-Mengen im Bereich von 0—50 γ gestattet. Mit Fragen des Nachweises, der Auswirkung und der Beseitigung technischer Kohlenwasserstoffe und Öle befassen sich die Beiträge von P. LADENDORF „Zur Methodik der quantitativen Bestimmung von Heizölen und flüssigen Treibstoffen in Wasser", RUDOLF ZAHNER „Über die Wirkung von Treibstoffen und Ölen auf Regenbogenforellen" und HANSJÜRGEN ULLRICH „Zur kontinuierlichen Aufbereitung von ölhaltigem Abwasser". Eine Reihe von Arbeiten beschäftigt sich mit Problemen, die zum Fragenkomplex der Qualität, der Aufbereitung und des Verhaltens des Brauchwassers im Dampfkesselbetrieb gehören: VOLKER BREITLING „Wasser im Kraftwerksbetrieb", H. LIST „Regenerieren einer Vollentsalzung", HERBERT KÖHLE „Speisewasserfragen bei Kesseln niederer und mittlerer Druckstufen", G. J. DE JONG, J. P. BRANTS & G. OTTEN „Über die nutzbare Volumen-Kapazität der schwachbasischen Anionenaustauscher", E. HERRE „Aggressivität und Kalkstabilität in Kühl- und Heißwassersystemen" und W. HOFFMANN „Die Bedeutung der im Kesselwasser gelösten Kieselsäure für den Betrieb von Dampfkraftwerken". Die letzten drei Beiträge des Bandes betreffen den Problemkreis der radioaktiven Verseuchung der Gewässer und der Möglichkeiten einer Dekontaminierung. KLAUS HABERER berichtet über „Untersuchungen über den Einfluß radioaktiver Niederschläge auf Trinkwassertalsperren", die über einen Zeitraum von mehr als vier Jahren an acht westdeutschen Trinkwassertalsperren mit unterschiedlichen hydrologischen Verhältnissen durchgeführt wurden. Die turnusmäßig entnommenen Proben aus den Zuflüssen, dem Oberflächenwasser der Talsperren sowie dem Roh- und Reinwasser der Aufbereitungsanlagen zeigten einen durch den unterschiedlichen Fallout im Untersuchungszeitraum bedingten Gang; im Mittel lagen die spezifischen Aktivitäten des Oberflächenwassers um 35% höher, die der Zuflüsse um etwa 20% niedriger als die der Rohwasserproben. Die Dekontaminierungswirkung von Flußschlamm und Ton auf fünf für die klinische Therapie und Diagnostik wichtige Isotope sowie gemischte Spaltprodukte prüften E. SCHAUMLÖFFEL & E. H. GRAUL in ihren „Untersuchungen über die ‚natürliche' Dekontaminierung radioaktiver Abwässer". Eine umfangreiche Analyse der Literatur über „Möglichkeiten der Dekontamination von Wässern mit Schnellfilteranlagen" geben H. BERNHARDT, H. HARTMANN & F. BAUMGÄRTEL.

Der neue Band der Jahrbücher mit seiner Fülle von wertvollen und aktuellen Beiträgen wird ebenso wie seine Vorgänger die Beachtung der an der Wasserchemie interessierten Fachwelt finden.

SCHRÄDER

DAVID G. FREY (Editor): Limnology in North America. Madison 6 (USA): The University of Wisconsin Press 1963. XVIII + 734 S., 253 Abb., 75 Tab., Lw. $ 8,50.

Wie im Vorwort des vorliegenden Werkes festgestellt wird, ist die Limnologie im Vergleich zu manchen anderen Wissenschaften zwar noch jung an Jahren, aber bereits weitgehend herangereift. Seit ihren deskriptiven Anfängen um die Jahrhundertwende hat sie sich rapide entwickelt. Das ungeheure Anwachsen sowohl des angesammelten Wissensstoffes als auch des Verständnisses limnologischer Prozesse bedingt auch in der Limnologie eine Spezialisierung und macht es für den Einzelnen immer schwerer, auf dem Gesamtgebiet der Limnologie auf dem Laufenden zu bleiben und in seiner Vorstellung ein Gesamtbild der limnologischen Wissenschaft zu behalten. Angeregt durch den XV. Kongreß der Internationalen Vereinigung für Limnologie, der im Herbst 1962 in Wisconsin stattfand, will daher der vorliegende umfangreiche und repräsentative Band eine Übersicht über die Entwicklung und den derzeitigen Stand der Limnologie in Nordamerika geben. Nordamerika wird dabei verstanden als ein Gebiet nördlich von Panama einschließlich der Karibischen Inseln und Grönland. Dieses Riesengebiet mit seinen großen regionalen Unterschieden in Topographie, Geologie und Klima wurde in 19 vorwiegend nach der politischen Gliederung abgegrenzte geographische Bereiche eingeteilt, die in den ersten 20 der insgesamt 26 Kapitel des Buches jeweils von mindestens einem regional besonders sachkundigen Autor bearbeitet wurden. Diese

Kapitel berichten jeweils über die wichtigsten Ergebnisse der bereits geleisteten wissenschaftlichen Arbeit, beschreiben die markantesten limnologischen Objekte der betreffenden Region und kommen so zu einer Perspektive der künftigen regionalen Forschung; ausführliche Literaturnachweise am Schluß jedes Kapitels erleichtern den Zugang zu den im Text analysierten Originalarbeiten.

Die ersten beiden Kapitel beschäftigen sich mit Wisconsin, dem geographischen und historischen Ausgangspunkt der nordamerikanischen Limnologie. DAVID G. FREY („Wisconsin: The BIRGE-JUDAY Era") berichtet über die „klassische Zeit" der nordamerikanischen Limnologie, die mit dem Namen E. A. BIRGE und CHANCEY JUDAY verknüpft ist; ARTHUR D. HASLER („Wisconsin 1940 bis 1961") behandelt die dortige regionale Arbeit der letzten beiden Jahrzehnte. Die folgenden 18 Kapitel betreffen die folgenden geographischen Gebiete: Michigan (DAVID C. CHANDLER), New England (JOHN L. BROOKS & EDWARD S. DEEVEY jr.), Illinois (GERALD E. GUNNING), Middle Atlantic States (CLIFFORD O. BERG), Central States (SHELBY D. GERKING), South Atlantic States (JAMES L. YOUNT), Central Gulf States and the Mississippi Embayment (WALTER G. MOORE), Minnesota and the Dakotas (SAMUEL EDDY), Mid-Continent States (KENNETH D. CARLANDER, ROBERT S. CAMPBELL & WILLIAM H. IRWIN), Rocky Mountain States (ROBERT W. PENNAK), Pacific Coast and Great Basin (W. T. EDMONDSON), The American Southwest and Middle America (GERALD A. COLE), The West Indies (GUSTAVO A. CANDELAS & GRACIELA C. CANDELAS), Western Canada (T. G. NORTHCOTE & P. A. LARKIN), Ontario and Quebec (F. E. J. FRY & VIANNEY LEGENDRE), The Atlantic Provinces of Canada (M. W. SMITH), The St. Lawrence Great Lakes (ALFRED M. BEETON & DAVID C. CHANDLER) und Alaska, Yukon, Northwest Territories, and Greenland (DANIEL A. LIVINGSTONE). Die das Buch beschließenden sechs Kapitel handeln über spezielle Gewässertypen oder ergänzende Themen. JOE KENDALL NEEL („Impact of Reservoirs") berichtet über die besonderen limnologischen Verhältnisse von Talsperren und Stauseen, J. S. DENDY („Farm Ponds") über Teiche und Teichwirtschaft. W. H. BRADLEY („Paleolimnology") gibt einen Abriß der Palaeolimnologie und CLARENCE M. TARZWELL („Sanitational Limnology") einen Überblick über limnologische Aspekte der Limnologie des Trink-, Brauch- und Abwassers. GEORGE H. LAUFF („A History of the American Society of Limnology and Oceanography") berichtet über die Geschichte der 1936 zunächst als „Limnological Society of America" gegründeten Gesellschaft. G. E. HUTCHINSON („The Prospect before Us") umreißt die voraussichtliche Weiterentwicklung und die als Schwerpunkte der Arbeit erkennbare Thematik der limnologischen Forschung der kommenden Jahre. Ein umfangreicher Index hilft dem Benutzer bei der Erschließung des in diesem Buche zusammengetragenen umfangreichen Materials. Das trotz seiner hervorragenden Ausstattung ungewöhnlich preiswerte Buch ist eine unentbehrliche Fundgrube für jeden wissenschaftlich arbeitenden Limnologen in der ganzen Welt. SCHRÄDER

G. V. NIKOLSKY: The Ecology of Fishes. Translated from the Russian by L. BIRKETT. London and New York: Academic Press 1963. XV + 352 S., 140 Abb., Lw. 75 s.

Das im Londoner Haus der Academic Press erschienene Werk ist eine völlig neu geschriebene und erweiterte englische Ausgabe der 1944 in Moskau erschienenen „Biologija ryb" des führenden sowjetischen Ichthyologen. In einer kurzen Einleitung werden die wichtigsten Grundbegriffe einer modernen Fischökologie diskutiert. Der erste Hauptteil des Buches beschäftigt sich dann mit den Beziehungen der Fische zu ihrer unbelebten und belebten Umwelt. Von den abiotischen Milieubedingungen und den Anpassungen der Fische an sie werden behandelt: Dichte und Druck des Wassers, Salinität, Temperatur, gelöste Salze, gelöste Gase, Licht, Geräusche und andere Schwingungen, elektrischer Strom und elektromagnetische Schwingungen, Röntgenstrahlen und Radioaktivität, Bodenablagerungen und im Wasser suspendierte Teilchen, Wasserbewegungen und Fortbewegungstypen der Fische. Von den Wechselbeziehungen der Fische zu ihrer belebten Umwelt werden die intraspezifischen Beziehungen zwischen Fischen derselben Art, die interspezifischen Beziehungen zwischen Fischen verschiedener Arten sowie die interspezifischen Beziehungen zwischen Fischen und anderen Organismen (Bakterien und Viren, Pflanzen, andere Tiere) dargestellt. Der zweite Hauptteil des Buches behandelt die wichtigsten Daten im Lebensablauf der Fische: Fortpflanzung und Entwicklung, Gewicht, Größe und Alter, Populationsdynamik, Fischwanderungen (Laichwanderungen, Freßwanderungen und Überwinterungswanderungen), Überwinterung, Nahrungsaufnahme und Ernährung. Ein in der englischen Ausgabe erstmalig angefügtes kurzes drittes Kapitel handelt von der Bedeutung der Fische für den Menschen und den biologischen Grundlagen einer rationellen Fischerei. Literaturverzeichnis und ausführliches Sachregister beschließen den Band, der durch zahlreiche instruktive Abbildungen illustriert ist.

Der Verfasser betont im Vorwort, daß er bei der Auswahl der Beispiele nach Möglichkeit Daten herangezogen hat, die sich auf wirtschaftlich wichtige Fischarten beziehen und daß er bevorzugt diejenigen Aspekte der Fischökologie herausgestellt hat, die für die Einrichtung einer rationellen Fischerei bedeutungsvoll sind. Das empfehlenswerte Buch gibt gleichwohl einen knappen, aber klaren Überblick über das Gesamtgebiet der allgemeinen Fischökologie. Hinsichtlich der Ökologie der einzelnen Fischarten verweist der Autor selbst u. a. auf sein 1954 in zweiter Auflage erschienenes Buch „Častnaja ichtiologija", von dem 1957 eine deutsche Ausgabe (G. W. Nikolski: Spezielle Fischkunde. Berlin: VEB Deutscher Verlag der Wissenschaften. XII + 632 S.) erschienen ist.

Schräder

F. S. Russell (Editor): Advances in Marine Biology. Vol. 1. London and New York: Academic Press 1963. XIII + 410 S., 92 Abb., 17 Tab., Lw. 84 s.

Im Rahmen der neuen Buchreihen des Londoner Verlagshauses, die regelmäßig über die Fortschritte auf bestimmten Teilgebieten der biologischen Wissenschaften berichten wollen, erschien jetzt auch der erste Band einer dritten Reihe, die der Meeresbiologie gewidmet ist. Die „Advances in Marine Biology" haben, wie auf ihren Gebieten die parallelen Reihen „Advances in Ecological Research" [vgl. Besprechung in „Limnologica" 2 (2), 259] und „Advances in Botanical Research" [vgl. „Limnologica" 2 (3), 389], es sich zum Ziel gesetzt, regelmäßig über die Fortschritte der vielfältigen Aspekte des Lebens im Meere zu berichten. In den einzelnen Jahresbänden werden jeweils umfassende Überblicke über ausgewählte Kapitel der Meeresbiologie nach dem neuesten Stande des Wissens erscheinen. Dabei sollen auch die Fortschritte der Fischereibiologie Berücksichtigung finden, deren Forschungsergebnisse oft von großem allgemeinen Interesse sind, jedoch oft in Zeitschriften publiziert werden, die in den Bibliotheken biologischer Institute fehlen. Die Veröffentlichungen zur Biologie mariner Organismen sollen die Umwelt nur insofern berücksichtigen, als es für das Verständnis ihrer Eigenart erforderlich ist; Arbeiten, die sich ausschließlich mit den physikalischen und chemischen Verhältnissen im Meere in Beziehung zu den Wasserbewegungen und der Tiefsee-Ozeanographie beschäftigen, wird die vorliegende Reihe nicht publizieren.

Der vorliegende erste Band enthält fünf Beiträge. Victor L. Loosanoff & Harry C. Davis („Rearing of Bivalve Mollusks", S. 1—136) berichten über die künstliche Zucht mariner Muscheln von der Befruchtung bis zur Metamorphose, die vor allem durch die seit rund 20 Jahren von Loosanoff und Mitarbeitern im Millford Laboratory, Connecticut, durchgeführten Arbeiten möglich wurde. Nach ausführlicher Darstellung der Muschelentwicklung, der Zuchtmethoden, der Auswirkung verschiedener Umweltfaktoren (Temperatur, Salzgehalt, Wasserbewegung, Nahrung, Crowding-Effekt) auf Eier und Larven, der Metamorphose, der Krankheiten von Muschellarven und Jungmuscheln und ihrer Bekämpfung sowie der selektiven Zucht und Hybridisierung folgen spezielle Abschnitte über die Zucht von 19 Spezies. Die sehr interessante Arbeit ist durch zahlreiche ausgezeichnete Mikrophotographien normaler und geschädigter Larven der verschiedenen Arten illustriert. In seinem posthum erschienenen Beitrag kommt Anton F. Bruun („The Breeding of the North Atlantic Freswater-Eels", S. 137—169) auf der Grundlage des bereits publizierten Materials zu einer Bestätigung der klassischen Ansicht von Johs. Schmidt (1925) und zu einer Ablehnung der Theorie von D. W. Tucker (1959), nach der amerikanischer und europäischer Aal lediglich Öko-Phänotypen ein und derselben Art sind und die in den europäischen Kontinentalgewässern herangewachsenen Aale die Laichplätze der Art im Sargasso-Meer nicht erreichen, sondern auf ihrer selbstmörderischen Abwanderung zugrundegehen. J. A. C. Nicol („Some Aspects of Photoreception and Vision in Fishes", S. 171—208) gibt einen Überblick über die Lichtwahrnehmung und den Gesichtssinn einschließlich der extra-okularen Rezeption bei Cyclostomen und Fischen. C. M. Yonge („The Biology of Coral Reefs", S. 209—260) behandelt die Biologie der Korallenriffe in flachen tropischen Gewässern unter Beschränkung auf die wichtigsten Aspekte der neueren biologischen Studien, die von der Taxonomie bis zur Bestimmung der organischen Produktion reichen. In einem umfangreichen Beitrag berichten J. H. S. Blaxter & G. G. T. Holliday („The Behaviour and Physiology of Herring and Other Clupeids", S. 261—393) über den derzeitigen Stand des Wissens über Verhalten und Physiologie des Atlantischen Herings (*Clupea harengus*) und einer Reihe anderer Clupeiden. Die Kapitel des Beitrags behandeln Physiologie und Verhalten der Gameten, des sich entwickelnden Eies, der Larven und der Stadien nach der Metamorphose bis zum Laichen. Da über den Atlantischen Hering allein mehr Publikationen erscheinen als über eine irgend andere Fischart, umfaßt das Literaturverzeichnis, das auch die sowjetischen und japanischen Arbeiten voll berücksichtigt, über 21 Seiten. Den Band beschließt ein alle fünf Beiträge erfassendes Autorenregister (S. 395—404) und Sachregister (S. 405—410).

Die rapide und breite Entwicklung der marinen biologischen Forschung in der Gegenwart, die in der Masse der Publikationen in einer großen Anzahl von Zeitschriften und Schriftenreihen zum Ausdruck kommt, macht es immer schwerer, ein Gesamtbild vom heutigen Wissensstand zu gewinnen. Die vorliegende neue Reihe kommt daher einem wirklichen Bedürfnis entgegen und dürfte von allen lebhaft begrüßt werden, die an den Problemen der Erforschung des Lebens im Meere interessiert sind. SCHRÄDER

Beiträge zur Meereskunde. Herausgegeben von ERICH BRUNS. Berlin: Akademie-Verlag.

Heft 9 (1963). 66 S., 11 Abb., 4 Tab., 1 Kartenbeilage, Brosch. DM 13,—. Das vorliegende Heft der Schriftenreihe des Instituts für Meereskunde in Rostock-Warnemünde der Deutschen Akademie der Wissenschaften zu Berlin enthält vier Arbeiten. ERICH BRUNS kommt in seinem Beitrag über maximale und maximal mögliche Wellen des Ozeans zu einer wahrscheinlichen maximalen Wellenhöhe von 30 m, die einer Windgeschwindigkeit bis etwa 44—45 m/sec (Windstärke 14 nach der verlängerten BEAUFORT-Skala) entspricht. HEINZ KASTEN beschreibt ein automatisch registrierendes Temperatur- und Salzgehalts-Meßgerät hoher Genauigkeit für Messungen in situ bis 500 m Tiefe, das von der deutschen Teilnehmergruppe der Atlantik-Expedition des sowjetischen Forschungsschiffs „Michail Lomonossow" mit Erfolg eingesetzt wurde. GÜNTHER SAGER entwickelte aus den Gezeitenstromatlanten und den Seehandbüchern der Anrainerstaaten für das Gebiet der Nordsee, des Ärmelkanals und der Irischen See eine Karte mit Linien gleichen Verhältnisses des kleinsten zum größten Gezeitenstrom bei mittlerer Springzeit und erläutert die Karte für die einzelnen Seegebiete. MANFRED STURM diskutiert die wichtigsten empirischen und halbempirischen Verfahren und Methoden zur Berechnung der Hauptkomponenten des Wärmehaushalts der Meeresoberfläche (Globalstrahlung Q_S, Albedo der Meeresoberfläche = Reflexstrahlung Q_R, Effektive Ausstrahlung der Meeresoberfläche Q_{EA}, Latenter Wärmestrom Q_V und Konvektiver Wärmestrom Q_K) und empfiehlt Formeln, die in günstiger Weise eine numerische Abschätzung der Wärmebilanz der Meeresoberfläche aus Mittelwerten hydrometeorologischer Daten gestatten.

Heft 10 (1963). 51 S., 16 Abb., 2 Tab., Brosch. DM 9,—. Das Heft enthält vier Originalbeiträge und zwei Rezensionen. ERICH BRUNS bespricht ausführlich das neue Werk des namhaften sowjetischen Küstenforschers B. P. SENKOWITSCH „Die Grundlagen der Lehre von der Entwicklung der Meeresküsten", das 1962 im Verlag der Akademie der Wissenschaften der UdSSR in Moskau erschien. EBERHARD FRANCKE & PETER HUPFER beschreiben und diskutieren Größenordnung und Jahresgang zehnjähriger Mittelwerte der interdiurnen Veränderlichkeit von Temperatur und Salzgehalt in 0 und 15 m Tiefe an 5 Stationen im Übergangsgebiet und 2 Stationen im angrenzenden Gebiet von Nord- und Ostsee. Es ergeben sich charakteristische Jahresgänge mit regionalen Unterschieden, die mit dem Jahresgang der ozeanologischen Elemente und den Schichtungsverhältnissen in Zusammenhang stehen. KARL-HEINZ ROHDE berichtet kurz über vorläufige Ergebnisse von Messungen der Radioaktivität in der westlichen Ostsee; 50 Proben bei Warnemünde und weitere 45 in der Zeit vom 15. 11. 1961 bis 15. 12. 1962 in der westlichen Ostsee entnommene Proben ergaben Werte, die niemals die Größenordnung von 10^{-14} Curie/ml überschritten; im Niederschlag wurde jedoch im Dezember 1961 eine Aktivität von $3 \cdot 10^{-12}$ Curie/ml festgestellt. GÜNTHER SAGER diskutiert die Registrierformen bei Gezeiten-Rechenmaschinen und stellt Vor- und Nachteile der visuellen Ablesung, des Druckes über elektromagnetisch-mechanische Geber- und Speicherwerke und der bei der dritten deutschen Maschine installierten optischen Registrierung gegenüber. KLAUS STRIGGOW beschreibt einen neuen automatischen Wellenschreiber des Instituts für Meereskunde, der auf dem Prinzip der Messung und zweimaligen Integration der Vertikalbeschleunigung einer Boje beruht; über die praktischen Erfahrungen mit dem neuen Gerät soll später berichtet werden. Eine Besprechung des im Institut für Meereskunde entwickelten „Atlas der Gezeitenströme für die Nordsee, den Kanal und die Irische See", der 1962 im Verlag des Seehydrographischen Dienstes der DDR in Rostock erschien, beschließt das Heft. SCHRÄDER

Bei Fragen zur Produktsicherheit wenden Sie sich bitte an:
If you have any questions regarding product safety,
please contact:

Walter de Gruyter GmbH
Genthiner Straße 13
10785 Berlin
productsafety@degruyterbrill.com